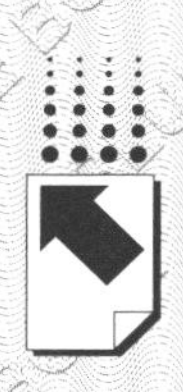

权威·前沿·原创

皮书系列为

“十二五”“十三五”国家重点图书出版规划项目

智库成果出版与传播平台

四川生态建设报告（2020）

ANNUAL REPORT ON ECOLOGICAL CONSTRUCTION OF SICHUAN (2020)

主　编／李晟之
副主编／骆　希　杜　婵

社会科学文献出版社
SOCIAL SCIENCES ACADEMIC PRESS (CHINA)

图书在版编目（CIP）数据

四川生态建设报告.2020 / 李晟之主编. -- 北京：社会科学文献出版社，2020.10
（四川蓝皮书）
ISBN 978 - 7 - 5201 - 6994 - 3

Ⅰ.①四… Ⅱ.①李… Ⅲ.①生态环境建设 - 研究报告 - 四川 - 2020 Ⅳ.①X321.271

中国版本图书馆 CIP 数据核字（2020）第 140814 号

四川蓝皮书
四川生态建设报告（2020）

主　　编 / 李晟之
副 主 编 / 骆　希　杜　婵

出 版 人 / 谢寿光
责任编辑 / 宋　静　柯　宓

出　　版 / 社会科学文献出版社 · 皮书出版分社（010）59367127
地址：北京市北三环中路甲 29 号院华龙大厦　邮编：100029
网址：www.ssap.com.cn
发　　行 / 市场营销中心（010）59367081　59367083
印　　装 / 天津千鹤文化传播有限公司

规　　格 / 开 本：787mm × 1092mm　1/16
印 张：20.5　字 数：306 千字
版　　次 / 2020 年 10 月第 1 版　2020 年 10 月第 1 次印刷
书　　号 / ISBN 978 - 7 - 5201 - 6994 - 3
定　　价 / 128.00 元

本书如有印装质量问题，请与读者服务中心（010 - 59367028）联系

四川蓝皮书编委会

《四川生态建设报告（2020）》
编　委　会

主　编　李晟之

副主编　骆　希　杜　婵

撰稿人　（按文序排列）

李晟之　杜　婵　吴尚芸　倪玖斌　赖艺丹　张远彬
熊若希　冯　杰　刘　德　柴剑峰　马　莉　王诗宇
刘新民　包星月　刘　虹　夏溶娇　马如梦　成迪雅
何　孟　龙　莉　徐明曦　王君勤　罗　艳　许　愿
李绪佳　王　荣　苟小林　涂卫国　樊　华　李　玲
卿明粱　庞　淼　陈　巨　甘庭宇　郭济美　骆　希

主编简介

李晟之　四川省社会科学院农村发展研究所研究员、资源与环境研究中心秘书长，区域经济学博士，四川省政协人口资源环境委员会特邀成员，社区保护地中国专家组召集人。自1992年至今，致力于“自然资源可持续利用与乡村治理”研究，重点关注社区公共性建设与社区保护集体行动、外来干预者和社区精英在自然资源管理中的作用。主持完成国家社科基金课题1项、四川省重点规划课题1项、横向委托课题21项，发表学术论文23篇，专著1本（《社区保护地建设与外来干预》），主编《四川生态建设报告》。获四川省哲学社会科学一等奖1次（2003年）、二等奖1次（2014年）、三等奖1次（2012年），提交政策建议获省部级领导批示12人次。

摘　要

2020 年是具有里程碑意义的一年，我国将全面建成小康社会，实现第一个百年奋斗目标。生态文明建设是中国特色社会主义事业的重要组成部分，也是全面建成小康社会的关键内容。四川是生态资源大省、长江上游重要的生态屏障，肩负着维护国家生态安全的重要使命。近年来，四川省多措并举系统推进生态文明建设，在实践中取得显著成效并探索总结了重要的经验与模式。本书紧扣四川生态建设的重点、难点、亮点、焦点，全面呈现四川生态保护与建设的前沿性探索。值此关键且具有重大特殊意义之年，本书对新中国成立 70 年来全省生态建设发展重大事件进行梳理，以期从历史视角观照过去、展望未来，为新时期新阶段的生态建设提供重要借鉴。

全书共分为六个部分，总报告对四川生态建设的主要行动、成效和挑战等进行系统评估与总结。自然保护体系篇聚焦大熊猫国家公园社区规划能力建设、自然保护地建设中的集体林流转方式、基于文化与经济利用价值的自然保护地建设经验等重要内容进行深入探讨。生态扶贫篇着眼于民族地区、生物多样性富集地区的生态减贫典型模式与重要经验，从生态建设的视角探寻构建扶贫长效机制的有效路径。生态环境污染防治篇从流域水环境治理、节能环保产业发展、生态环境损害赔偿制度构建等不同维度进行研究，突出四川省在生态环境污染防治领域的创新与成效。自然资源管理篇从乡镇层面深入研究水资源管理、自然资源资产离任审计的现状、问题与对策，并对外来入侵植物风险评估等前沿问题进行探讨。附录从自然保护地、污染防治、绿化三个维度梳理新中国成立 70 周年四川生态建设的重大事件，系统呈现四川生态建设与发展的关键历程与重要成果。

关键词： 生态建设　自然保护体系　生态扶贫　生态环境污染防治　自然资源管理

目 录

Ⅰ 总报告

Ⅱ 自然保护体系篇

Ⅲ 生态扶贫篇

Ⅳ 生态环境污染防治篇

Ⅴ 自然资源管理篇

Ⅵ 附录

皮书数据库阅读**使用指南**

总 报 告

General Report

B.1
四川生态建设基本态势

李晟之　杜 婵*

摘　要：本报告沿用“压力－状态－响应”模型（PSR 结构模型），通过对四川生态环境的“状态”、“压力”和“响应”三组相互影响、相互关联的指标组进行信息收集和分析，对当年四川省生态建设面临的问题、生态建设投入和成效进行系统评估，对2020年四川生态保护与建设值得关注的领域进行展望。

关键词：PSR 结构模型　生态建设　生态评估　四川

* 李晟之，四川省社会科学院农村发展研究所研究员，主要研究方向为农村生态；杜婵，四川省社会科学院农村发展研究所助理研究员，主要研究方向为农村生态。

一　四川生态建设总体概况

本报告沿用由加拿大统计学家 David J. Rapport 和 Tony Friend 提出的“压力－状态－响应”模型，模型使用“原因－效应－响应”这一思维逻辑，体现了人类与环境之间的相互作用关系。人类通过各种活动从自然环境中获取生存与发展所必需的资源，同时又向环境排放废弃物，从而改变了自然资源储量与环境质量，而自然和环境状态的变化反过来影响人类的社会经济活动和福利，进而社会通过环境政策、经济政策和部门政策，以及通过意识和行为的变化而对这些变化做出反应。如此循环往复，构成了人类与环境之间的压力－状态－响应关系。通过对四川生态环境的“状态”、“压力”和“响应”三组相互影响关联的指标组进行信息收集和分析，我们对当年四川生态建设面临的问题、生态建设投入和成效进行系统的评估。①

二　四川生态建设“状态”

（一）生态产品

生态产品有狭义与广义两种定义。狭义上的生态产品是指“维系生态安全、保障生态调节功能、提供良好人居环境，包括清新的空气、清洁的水源、生长的森林、适宜的气候等看似与人类劳动没有直接关系的自然产品”;② 广义上的理解，除了狭义的内容之外，生态产品还包括通过清洁生产、循环利用、降耗减排等途径，减少对生态资源的消耗而生产出来的有机食品、绿色农产品、生态工业品等物质产品。由于其涉及领域的广泛性和生

① 李晟之、杜婵：《四川生态建设基本态势》，载李晟之主编《四川生态建设报告（2017）》，社会科学文献出版社，2017。

② 曾贤刚、虞慧怡、谢芳：《生态产品的概念、分类及其市场化供给机制》，《中国人口·资源与环境》2014 年第 7 期，第 12 ~17 页。

态环境的复杂性，至今生态产品仍未有一个权威统一的定义。但可以确定的是，生态产品的生产能力是衡量生态环境“状态”的重要指标。

众所周知，四川拥有丰富的土地、森林、生物、水能、旅游、矿产资源，且在西部地区乃至全国都排名靠前，这里我们选取水资源、森林、草原、湿地、珍稀野生动植物等指标来展现四川生态产品的生产能力，从而反映四川生态保护与建设的成效。

1. 水资源

四川水资源丰富，总量居全国前列。全省年平均降水量约为4889.75亿立方米。水资源以河川径流最为丰富，四川境内共有大小河流近1400条，号称“千河之省”。水资源总量共计约为3489.7亿立方米，其中，多年平均天然河川径流量为2547.5亿立方米，占水资源总量的73%；上游入境水约为942.2亿立方米，占水资源总量的27%。四川境内拥有约546.9亿立方米的地下水资源，其中可开采量为115亿立方米。境内遍布湖泊冰川，有湖泊1000多个、冰川200余条，川西北和川西南还分布有一定面积的沼泽，湖泊总蓄水量约15亿立方米，加上沼泽蓄水量，共计约35亿立方米。四川水资源总的特点是总量丰富，人均水资源量高于全国，但时空分布不均，形成区域性缺水和季节性缺水；水资源以河川径流最为丰富，但径流量的季节分布不均，大多集中在6~10月；洪旱灾害时有发生；河道迂回曲折，利于农业灌溉；天然水质良好，但部分地区也有污染。①

据《2018年四川省环境统计公报》，四川六大水系中，长江干流（四川段）、黄河干流（四川段）、金沙江水系优良水质比例为100%，嘉陵江、岷江和沱江水系优良水质比例分别为93.8%、74.4%和47.2%。

在六大水系的153个国、省控监测断面中，有121个达到优良水质标准，占79.1%；Ⅳ类水质断面26个，占17.0%；Ⅴ类水质断面2个，占1.3%；劣Ⅴ类水质断面4个，占2.6%（见图1）。主要污染指标为总磷、氨氮、化学需

① 四川省统计局、国家统计局四川调查总队编《四川统计年鉴（2017）》，中国统计出版社，2017。

氧量、高锰酸盐指数和五日生化需氧量。在 87 个国考断面中，有 77 个达到优良水质断面，占 88.5%；劣Ⅴ类水质断面 1 个，占 1.1%。

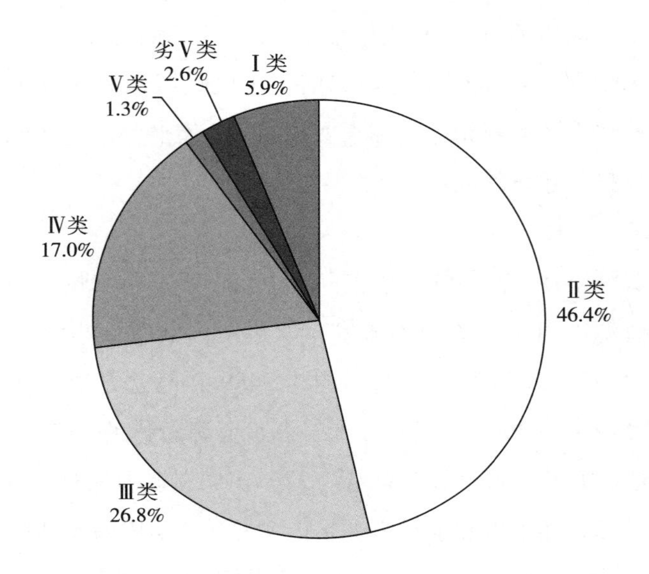

图 1　2018 年四川省六大水系水质状况

资料来源：《2018 年四川省环境统计公报》。

在 13 个湖库中，泸沽湖（有 1 个国考断面）为Ⅰ类，邛海（有 1 个国考断面）、二滩水库、双溪水库、升中湖水库、白龙湖为Ⅱ类，水质优；黑龙潭水库、瀑布沟水库、紫坪铺水库、老鹰水库、鲁班水库（有 1 个国考断面）、三岔湖为Ⅲ类，水质良好；受总磷影响，大洪湖为Ⅳ类。

四川纳入达标评价的全国重要水功能区 269 个。依据全因子评价，达标水功能区 228 个，达标率 84.76%；评价水功能区长 13727.5 千米，达标水功能区长 12640.5 千米，达标率 92.08%；评价湖泊水面面积 31.0 平方千米，达标水面面积 31.0 平方千米，达标率 100%。

在 2018 年纳入国家考核的 34 个地下水监测点中，水质极差点 0 个，较 2017 年减少 1 个，较基准年（2014 年）水质极差点减少 2 个，综合评定 2018 年地下水质量极差控制比例达标，且极差比例优于考核目标。

2018 年，全省 21 个市（州）政府所在城市 42 个集中式饮用水水源地断面（点位）中，有41个所测项目全部达标（达到或优于Ⅲ类标准），所占比例为97.6%，德阳西郊水厂取水点未达标（德阳西郊水厂锰本底超标）。21个市（州）150个县的235个县级集中式饮用水水源地断面（点位）中，有232个所测项目全部达标（达到或优于Ⅲ类标准），所占比例为98.7%；全省除甘孜州外，其余20个市（州）开展了乡镇集中式饮用水水源地水质监测，共监测2748个断面（点位），其中地表水1825个（包括河流1260个、湖库型565个），地下水923个，按实际开展的监测项目评价，全省县级集中式地表饮用水水源地断面达标率为89.3%（见图2），地下饮用水水源地点位达标率为85.8%。

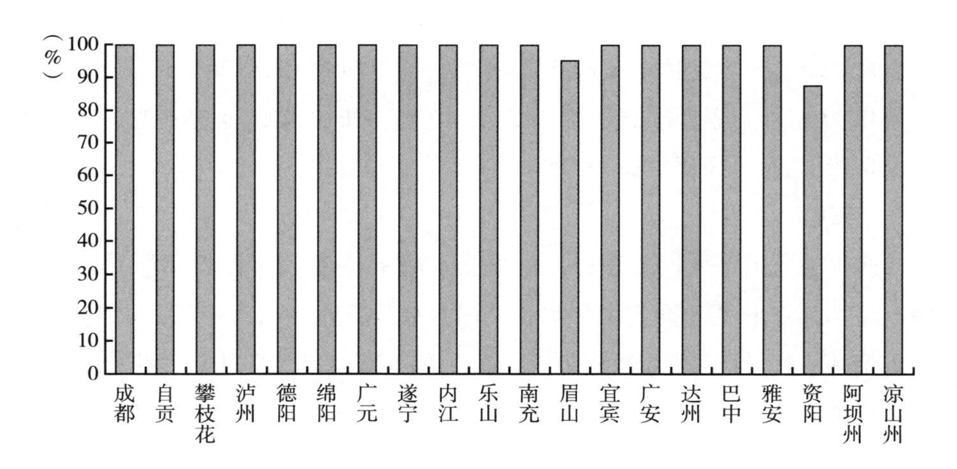

图2　2018年四川省县级集中式地表饮用水水源地断面达标率情况

资料来源：《2018年四川省环境统计公报》。

在全省监测的4411份城市饮用水水样中，31项指标合格率为88.51%。市政供水（包括出厂水、末梢水和二次供水）31项指标合格率枯水期高于丰水期，自建供水31项指标合格率丰水期高于枯水期；在全省监测的17494份农村饮用水水样中，31项指标合格率枯水期高于丰水期，分布式供水31项指标合格率丰水期高于枯水期。

2. 森林

2018年度四川林业资源及效益监测结果表明，四川省森林面积为

1887.11 万公顷，较上年增加 47.34 万公顷；森林蓄积 18.79 亿立方米，较上年增加 0.18 亿立方米；森林覆盖率为 38.83%，较上年增加 0.80 个百分点；森林和野生动植物及湿地类型自然保护区 166 个，森林公园 137 个，湿地公园 64 个，95% 以上在川分布的国家重点保护野生动植物物种得到了有效保护；全省有野生大熊猫 1387 只，大熊猫栖息地面积为 202.7 万公顷，分别占全国总量的 74.4%、78.7%；人工圈养大熊猫 481 只，占全国人工圈养大熊猫总数的 87.8%；2018 年，四川省森林和湿地生态服务价值为 19044.38 亿元，较上年的 17605.72 亿元增长 8.17%，其中森林生态系统生态服务价值为 17034.65 亿元；全省森林全年减少土壤流失 1.63 亿吨，涵养水源 804.88 亿立方米，释放氧气 1.59 亿吨，吸收二氧化硫、氟化物、氮氧化合物和尘埃等有害物质 6.58 亿吨，释放空气负离子 26.26×10^{20} 个；固定碳量 0.82 亿吨，累计碳储量达到 29.21 亿吨；2018 年，全省实现林业总产值 3401.5 亿元，同比增长 11.15%。[①]

3. 草原

四川是全国五大牧区之一，草原总面积 3.13 亿亩。四川草原涵水量达 16 亿立方米，相当于全省常年水利工程蓄水量的近 1/4；每年可减少水土流失 2.65 亿吨；每年可固碳 5600 多万吨，释放氧气 1.5 亿吨，大约能抵消全省年碳排放总量的 1/3。天然草原是四川省牧区绿色植被生态环境中最大的生态系统，是长江、黄河上游重要的水源涵养地和绿色生态屏障，是草原畜牧业发展的重要物质基础和牧区农牧民赖以生存的基本生产资料。[②] 作为地球的“皮肤”，四川天然草原在涵养水源、防止水土流失、固碳储氮、维护生物多样性以及净化空气等方面发挥着重要功能，在全国具有十分重要的生态战略地位。[③]

四川落实草原保护政策，阿坝州、甘孜州、凉山州开展草原禁牧 7000

---

① 《2018 年度四川林业资源及效益监测》，四川省林业和草原局网站，2019 年 10 月 16 日。

② 《2016 年四川草原监测报告：生态状况逐渐向好》，人民网，2017 年 5 月 28 日。

③ 李晟之、杜婵：《四川生态建设基本态势》，载李晟之主编《四川生态建设报告（2017）》，社会科学文献出版社，2017。

万亩、草畜平衡14200万亩。实施退耕还草2.6万亩，完成草原围栏235万亩，改良退化草原和天然草原103万亩，防治草原鼠虫害1356万亩次，落实高产优质牧草人工草地建设33.4万亩。新建家庭牧场253户，牲畜棚圈建设1.5303万户，巷道圈建设268个，草原综合植被盖度在84.8%以上。

4. 湿地

作为地球生态环境的重要组成部分，湿地在涵养水源、净化水质、调节气候等方面起着非常重要的作用。四川第二次湿地资源调查结果显示，四川现有湿地总面积174.78万公顷（不含稻田湿地），面积居全国第8位，占全省面积的3.6%，其中自然湿地166.56万公顷。四川境内的湿地类型多样，生态功能突出。特别是以九寨沟、黄龙、若尔盖、石渠长沙贡玛、海子山等为代表的川西北高原湿地，形成了钙化、冰斗、冰渍湖、高寒沼泽等丰富多彩的湿地景观，若尔盖、石渠长沙贡玛已列为国际重要湿地。这些湿地提供了黄河流量的13%。截至2019年10月，四川已建立各级别湿地自然保护区52个，划建湿地公园64处，湿地保护率达56%。仅在川西北地区，就建立了湿地自然保护区27个，湿地公园23个，有效保护了4475万亩的湿地、森林、草原复合生态系统。在此基础上，四川已初步形成了以自然保护区为主体，国家湿地公园、国际重要湿地和国家重要湿地等多种形式的湿地保护体系。受全球气候变化以及人为因素影响，四川湿地质量总体呈下降趋势，与第一次湿地资源调查相比，大于100公顷的湿地斑块减少了617.79公顷，湿地面积年萎缩率为0.55%，68%的湿地呈萎缩退化状态。

5. 珍稀野生动植物①

四川生物资源十分丰富，保存有许多珍稀、古老的动植物种类，是中国乃至世界的珍贵物种基因库之一。全省有高等植物近万种，约占全国总数的1/3，仅次于云南，居全国第二位。其中，苔藓植物500余种，维管束植物230余科1620余属，蕨类植物708种，裸子植物100余种（含变种），被子

---

① 关于珍稀野生动植物的统计数据，目前暂未做新的变更，本报告沿用《四川生态建设报告（2017）》中的数据。

植物8500余种，松、杉、柏类植物87种，居全国之首。列入国家珍稀濒危保护植物的有84种，占全国的21.6%。有各类野生经济植物5500余种，其中，药用植物4600多种，全省所产中药材占全国药材总产量的1/3，是全国最大的中药材基地；芳香及芳香类植物300余种，是全国最大的芳香油产地；野生果类植物100多种，其中以猕猴桃资源最为丰富，居全国之首，并在国际上享有一定声誉；菌类资源十分丰富，野生菌类资源1291种，占全国的95%。

动物资源丰富，有脊椎动物近1300种，占全国总数的45%以上，兽类和鸟类约占全国的53%。其中，兽类217种，鸟类625种，爬行类84种，两栖类90种，鱼类230种。国家重点保护野生动物145种，占全国的39.6%，居全国之冠。全省野生大熊猫数量约1387只，大熊猫栖息地202.7万公顷，分别占全国总量的74.4%、78.7%；人工圈养大熊猫364只，占全国总数的86.3%。动物中可供经济利用的种类占50%，其中，毛皮、革、羽用动物200余种，药用动物340余种。四川雉类资源也极为丰富，雉科鸟类20种，占全国雉科总数的40%，其中有许多珍稀濒危雉类，如国家一类保护动物雉鹑、四川山鹧鸪和绿尾虹雉等。[①]

（二）生态系统调节

生态系统调节，指当生态系统达到动态平衡的最稳定状态时，能自我调节和维护自身的正常功能，并能在很大程度上克服和消除外来的干扰，保持自身的稳定性。但这种自我调节功能是有一定限度的，当外来干扰因素的影响超过一定限度时就会失衡，从而引起生态失调，甚至导致生态危机发生。

专栏：四川省2018年生态环境指数分区状况

生态环境指数是指反映被评价区域生态环境质量状况的一系列指数的综

① 李晟之、杜婵：《四川省生态建设基本态势》，载李晟之主编《四川生态建设报告（2015）》，社会科学文献出版社，2015。

合。生态环境状况分区评价结果与生态格局具有较高的相似性，同时，也能间接反映不同区域生态系统调节功能的差异。生态环境状况为“优”的区域，生态系统抵御外来干扰能力较强；生态环境状况为“良”的区域，生态系统自我调节能力相对较弱。

2018 年，全省生态环境状况良好，生态环境指数①为 70.6，比上年增加 1.6。生态环境状况二级指标中，生物丰度指数、植被覆盖指数、水网密度指数、土地胁迫指数和污染负荷指数分别为 64.0、87.9、31.6、83.4 和 99.8。

就市域生态环境状况而言，2018 年，四川省 21 个市（州）中，生态环境质量均为“优”和“良”，生态环境指数值介于 61.3 ~ 82.7（见图 3）。其中，雅安、乐山、广元和凉山州的生态环境状况为“优”，占全省面积的 21.5%，占市（州）总数的 19.0%；其余 17 个市（州）的生态环境状况为“良”，占全省面积的 78.5%，占市（州）总数的 81.0%。与上年相比，生

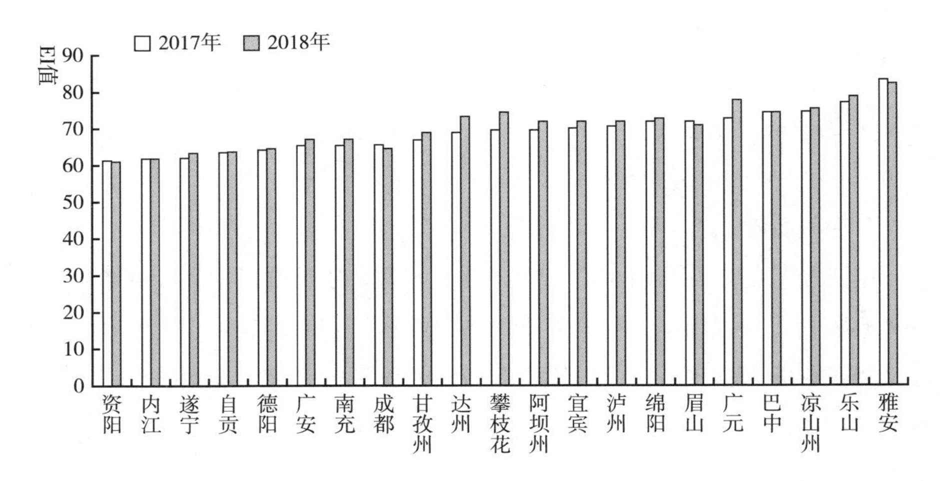

图 3　四川省 21 个市（州）2017 年和 2018 年生态环境质量 EI 值对比

资料来源：《2018 年四川省环境统计公报》。

---

① 生态环境指数（Ecological Environment Index，EI）是反映被评价区域生态环境质量状况的一系列指数的综合。EI = 0.25 × 生物丰度指数 + 0.2 × 植被覆盖指数 + 0.2 × 水网密度指数 + 0.2 × 土地胁迫指数 + 0.15 × 污染负荷指数。

态环境状况“明显变好”的市（州）有3个，分别为攀枝花、广元和达州；生态环境状况“略微变好”的市（州）有8个，分别为阿坝州、甘孜州、广安、宜宾、南充、遂宁、乐山和泸州；生态环境状况“略微变差”的市（州）有1个，为眉山；其余9个市（州）生态环境质量无明显变化。

就县域生态环境状况而言，2018年，四川省183个县（市、区）中，生态环境状况以“优”和“良”为主，占全省总面积的99.9%，占县（市、区）总数的96.7%。其中，生态环境状况为“优”的县（市、区）有39个，生态环境指数值介于75.0～90.4，占全省面积的22.8%，占县（市、区）总数的21.3%；生态环境状况为“良”的县（市、区）有138个，生态环境指数值介于55.3～74.9，占全省面积的77.1%，占县（市、区）总数的75.4%；生态环境状况为“一般”的县（市、区）有6个，生态环境指数介于39.5～52.3，占全省总面积的0.1%，占县（市、区）总数的3.3%。与上年相比，生态环境状况“显著变好”的县（市、区）有1个，“明显变好”的县（市、区）有44个，“略微变好”的县（市、区）有40个，“无明显变化”的县（市、区）有51个，“略微变差”的县（市、区）有31个，“明显变差”的县（市、区）有16个。

1. 空气质量

空气质量的好坏反映了空气污染程度，它是依据空气中污染物浓度的高低来判断的。空气污染是一个复杂的现象，在特定时间和地点，空气污染物浓度受到许多因素影响。来自固定和流动污染源的人为污染物排放情况是影响空气质量的最主要因素之一，城市的发展密度、地形地貌和气象等也是影响空气质量的重要因素。[①]

（1）城市空气

2018年，全省21个市（州）政府所在地城市环境空气质量按《环境空

① 董鹏、汪志辉：《生态产品的市场化供给机制研究》，《中国畜牧业》2014年第21期，第34～37页。

气质量标准》（GB 3095—2012）进行监测和评价，平均优良天数比例为84.8%，与上年相比上升2.6个百分点，其中优占30.1%，良占54.7%；总体污染天数比例为15.1%，其中轻度污染占12.3%，中度污染占2.2%，重度污染占0.6%。

（2）农村空气

全省16个农村环境空气自动站位于成都平原以及四川盆地的川西、川中和川北区域，反映了成都、德阳、绵阳、广元、南充、雅安、巴中、遂宁、眉山等9个市的农村区域空气质量状况，监测项目为二氧化硫、二氧化氮、可吸入颗粒物、一氧化碳、臭氧。

2018年，9个市的农村区域环境空气质量较好，全省总优良率为89.6%。其中，优占36.4%，良占53.2%（见图4）。二氧化硫、二氧化氮、可吸入颗粒物、细颗粒物、一氧化碳（第95百分位数）、臭氧（第90百分位数）年平均浓度分别为7微克/米^3、18微克/米^3、64微克/米^3、34

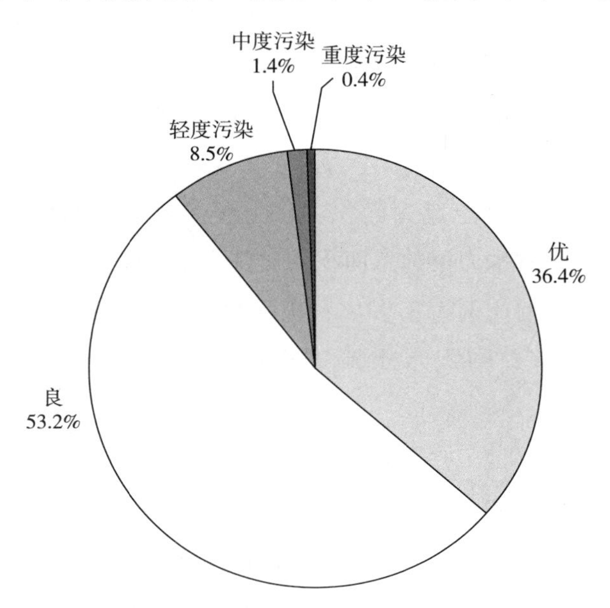

图4 2018年四川省农村区域日空气质量级别分布

资料来源：《2018年四川省环境统计公报》。

微克/米^3、1.1毫克/米^3、116微克/米^3。与上年相比，二氧化硫、二氧化氮、一氧化碳、臭氧年平均浓度分别降低了12.5%、21.7%、8.3%、4.9%；可吸入颗粒物、细颗粒物年平均浓度分别上升了14.3%、3.0%。二氧化硫、二氧化氮、可吸入颗粒物、细颗粒物年平均浓度比城市分别低30.0%、45.5%、4.5%、15.0%。

2. 水土流失与水土保持

水土流失是指由于自然或人为因素的影响，雨水不能就地消纳、顺势下流、冲刷土壤，造成水分和土壤同时流失的现象。主要原因是地面坡度大、土地利用不当、地面植被遭破坏、耕作技术不合理、土质松散、滥伐森林、过度放牧等。①

2018年，四川省完成水土流失治理面积4903平方千米，重点工程总投资81345万元。根据水土流失动态监测结果，2018年四川省水土流失总面积为112946.7平方千米，其中水力侵蚀面积109271.2平方千米，占侵蚀面积的96.75%，风力侵蚀面积3675.5平方千米，占侵蚀面积的3.25%。四川省水土流失类型以水力侵蚀为主，水力侵蚀主要分布在坡耕地、采矿用地、裸土地、灌木林地以及部分位于陡坡地上植被覆盖度植被区域。

水力侵蚀中轻度水土流失面积占水力侵蚀总面积的比例为78.88%；中度水土流失面积占水力侵蚀总面积的比例为1.66%；强烈水土流失面积占水力侵蚀总面积的比例为8.93%；极强烈水土流失面积占水力侵蚀总面积的比例为7.33%；剧烈水土流失面积占水力侵蚀总面积的比例为3.20%。

3. 垃圾分解

生态系统按其形成的影响力和原动力，可分为人工生态系统、半自然生态系统和自然生态系统三类。自然生态系统的物质流动量主要取决于植物、动物和细菌、微生物的种类和数量。生产者、消费者和分解者之间以食物营

① 何盛明主编《财经大辞典》，中国财政经济出版社，1990。

养为纽带形成食物链和食物网，系统中产生的废弃物是复生细菌、真菌、某些动物的食物。人工生态系统中物质流动种类与量是以人的需要为纽带。人类在满足自己物质需要的同时，制造了大量的生产生活垃圾。地球自然生态系统已没有能力及时将这些废弃物还原为简单无机物。如果垃圾不能资源化，根据守恒定律，地球资源中能够为人类开采利用的资源将越来越少。实现人工生态系统中垃圾的资源化、无害化的关键是开发、创造垃圾的分解能力。①

四川从 2015 年起就开始选择有不同地域特点的城市进行垃圾分类试点示范，成都、德阳、广元为国家第一批生活垃圾分类示范城市，遂宁、攀枝花、绵阳、泸州等为省级示范城市。2018 年 3 月，在前期试点经验的基础上，省政府印发了《四川省生活垃圾分类制度实施方案》，逐步规范相关工作，进一步明确垃圾强制分类的基本要求、实施范围和主要任务。由于垃圾分类涉及很多部门，各部门都积极推动这项工作，目前已有初步成效。成都市党政机关、医院、公办中小学、商业综合体的垃圾分类比例已分别达到 100%、74.5%、65.0%、61.8%，在全国处于中等偏上水平。广元市积极引入社会资本参与生活垃圾分类。德阳市统筹推进城市和农村生活垃圾分类处理。在乡村振兴战略指导下，积极开展农村生活垃圾分类，蒲江等七个县入选了全国第一批农村生活垃圾分类和资源化利用示范县（区），蒲江、罗江、丹棱等县正在积极申报全国的试点先进县。

4. 洪水调节

洪水调节主要包含自然调节和人为调节两个方面。自然调节即通过自然生态系统中森林植被、湿地、草原等元素的涵养水源、保持水土、调节气候等自然修复功能进行调节；人为调节即人工生态系统中为保证大坝安全及下游防洪安全，利用水库人为地控制下泄流量、削减洪峰的径流调节。从客观上讲，洪水频发有其不可抗拒的原因，但不可否认，其间受人为因素影响。这里，我

① 周咏馨、苏瑛、黄国华、田鹏许：《人工生态系统垃圾分解能力研究》，《资源节约与环保》2015 年第 3 期，第 225～227 页。

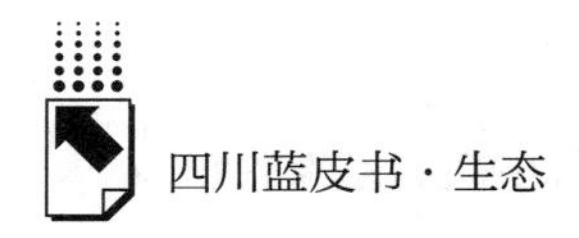

们可以做的是减少人为因素对自然生态的破坏，做好预测监测以及灾害发生后的应急处理，努力将洪水带来的危害降至最低。①

（三）支持功能

1. 固碳

固碳也叫碳封存，指的是增加除大气之外的碳库的碳含量的措施，包括物理固碳和生物固碳。物理固碳是将二氧化碳长期储存在开采过的油气井、煤层和深海里。植物通过光合作用可以将大气中的二氧化碳转化为碳水化合物，并以有机碳的形式固定在植物体内或土壤中。生物固碳就是利用植物的光合作用，提高生态系统的碳吸收和储存能力，从而降低二氧化碳在大气中的浓度，减缓全球变暖趋势。②

2. 土壤质量

土壤质量即土壤在生态系统界面内维持生产，保持环境质量，促进动物和人类健康行为的能力。美国土壤学会把土壤质量定义为在自然或管理的生态系统边界内，土壤具有促进动植物生产持续性，保持和提高水、气质量以及人类健康与生活的能力。

据全国第二次土壤普查，四川省共有 25 个土类 63 个亚类 137 个土属和 380 个土种。自 20 世纪七八十年代开展第二次土壤普查后，没有再开展土壤普查工作，故相关数据未更新。根据国务院决定，四川省于 2006 年 8 月至 2013 年 12 月开展了首次全省土壤污染状况调查，并发布了《四川省土壤污染状况调查公报》，具体信息见《四川生态建设报告（2016）》。此后，关于土壤质量方面的数据暂未更新。

2018 年，四川省出台了《四川省农用地土壤环境管理办法》《四川省污染地块土壤环境管理办法》《四川省工矿用地土壤环境管理办法》；推进土

① 李晟之、杜婵：《四川生态建设基本态势》载李晟之主编《四川生态建设报告（2017）》，社会科学文献出版社，2017。

② 王加恩、康占军、梁河、胡艳华：《浙江岩溶碳汇估算》，《浙江国土资源》2010 年第 6 期，第 50 ~ 51 页。

壤污染状况详查工作，完成28143个农用地点位和3158个农产品协同点位详查，对4514个重点企业地块开展基础信息采集；推进土壤污染治理与修复试点，出台全省土壤污染治理与修复规划，开展项目库建设；强化建设用地土壤环境管理，全面启动全国污染地块土壤环境管理系统，上传354个疑似污染地块信息，确定污染地块20个。推进土壤污染源环境监管，公布2018年度全省土壤污染重点监管单位1017家，开展园区水气土污染综合预警体系试点建设。推进试点示范区域建设，为3个土壤风险管控区和8个土壤先行示范区制定建设方案，开展试点建设。

3. 生物地化循环

生物地化循环指生态系统之间各种物质或元素的输入和输出以及它们在大气圈、水圈、土壤圈、岩石圈之间的交换。生物地化循环还包括从一种生物体（初级生产者）到另一种生物体（消耗者）的转移或食物链的传递及效应。生物地化循环是一个动态的过程，涉及自然界的方方面面，相关的研究大多从生物学角度出发且关于四川省的资料不足，但生物地化循环的重要性不容忽视。

（四）生态文明功能

1. 生态旅游景观价值

2018年四川生态旅游直接收入突破千亿元大关，实现生态旅游直接收入1144.74亿元，较上年同期增长19.0%，接待游客3.35亿人次，带动社会收入2510亿元。其中，森林公园、自然保护区、湿地、乡村生态旅游分别实现直接收入134.43亿元、85.56亿元、57.08亿元、867.67亿元，形成以大熊猫国际生态旅游为龙头，森林生态旅游、湿地生态旅游和乡村生态旅游为骨干，康养生态旅游为补充的四川生态旅游产品体系。

2018年，四川林业继续实施“生态旅游+”行动，探索“生态旅游+节庆”“生态旅游+会议”“生态旅游+体育”“生态旅游+教育”“生态旅游+文化”“生态旅游+康养”等系列生态旅游融合发展新路径，发掘林业供给侧结构性改革新动能。全年共计举办花卉（果类）、大熊猫、红叶生态旅游节会近百场，其中贫困地区40余场，为地方经济转型发展——尤其是贫困地区脱贫攻坚做出突出贡献。如2018年四川花卉（果类）生态旅游节分会场凉山州盐源县，办节直接带动当地苹果每公斤增收1元，50万吨总增收5亿元。

生态旅游新载体蓬勃发展。四川主推的横断山森林步道被纳入第二批国家森林步道名单。雅安市、平武县获全国森林旅游示范市县称号。年度新增省级森林小镇35处，新增星级森林人家558家，其中四星级森林人家58家。开展了森林体验基地、森林养生基地、自然生态体验教育基地和生态康养旅游区建设。

2. 传统生态文化传承

传统生态文化传承是指在我国悠久的农业生态文明实践中延续的关于人与自然和谐相处方式方法、天人合一的生态观、尊重生命的道德观等。四川历史悠久，是文化资源大省，有着与自然环境长期融为一体的原生性地域特色生态文化，如康巴文化、羌族文化、彝族文化、摩梭母系文化、大熊猫文化等。同时，四川也是少数民族聚集最为集中的省份之一，长期生活在崇山峻岭、高山峡谷之间的少数民族，创造、积淀和传承了其民族的传统文化乃至传统生态文化。这些传统生态文化和知识大多体现为其本民族原始的宗教文化，日常生产生活中的采集文化、渔猎文化、花鸟文化，也夹杂在民族节庆、音乐舞蹈、村寨布局、民族服饰、天文历法知识、禁忌习惯和制度之中。[①]

3. 自然资源利用冲突事件与社会公众自然保护意识

自然资源利用冲突，即在开发、利用、保护、管理自然资源的社会经济活动中发生的冲突，其实质就是各种有关资源利用的利益、价值、行为或方向的抵触，主要包括自然资源所有权纠纷、自然资源用益物权纠纷、环境资源破坏及污染纠纷等。[②]

专栏：自然保护地周边社区传统生活方式与自然保护的冲突

自然保护地是对西南山地具有代表性的自然生态系统、珍稀濒危野生动

① 李晟之、杜婵：《四川生态建设基本态势》，李晟之主编《四川生态建设报告（2018）》，社会科学文献出版社，2018。

② 秦晓政：《资源利用冲突解决机制研究》，《资源科学》2008年第4期，第540～545页。

植物物种的天然集中分布区、有特殊意义的自然遗迹等予以特殊保护和管理的区域。自然保护地穿越很多“老少边穷”山区，社区经济发展滞后，产业结构原始，而且周边社区呈现分布广、人口增长快、居民素质低、生产力水平低、资源利用不合理、社会发育程度低、科教文化落后、基础设施薄弱、整体处于封闭状态等特征，特别是经济的增长完全依赖于对资源的需求，再加上靠山吃山的传统观念，导致了人们对自然资源的极度依赖，这与自然保护地强调的科学保护长期存在矛盾。周边社区的生产活动对自然保护地的压力主要表现在放牧、森林砍伐、偷猎盗猎、采集草药、农业活动、开展旅游等几个方面。

三 四川生态建设“压力”

（一）自然压力

1. 地震

四川地区 2019 年发生 8 次 5 级以上地震，其中 6 级地震 1 次，为 6 月 17 日长宁 6.0 级地震。与 2018 年相比，地震数量明显增多，地震强度有所增强。自 2018 年 12 月 16 日兴文发生 5.7 级地震以来，四川东南部盆地内部 5 级以上地震持续活跃，2019 年四川发生的 8 次 5 级以上地震均位于川东南地区。

2. 气温与森林火灾

2018 年四川省年平均气温 15.4℃，比常年偏高 0.5℃，居历史第 9 高位，2006 年、2013 年和 2015 年并列历史第 1 高位；全省大部分地区气温偏高，其中川西高原西部和北部、盆地中西部、盆地东北部和攀西地区部分地区偏高 0.5 ~1.5℃。

冬季、春季四川省林区空气干燥，森林火险气象等级高，森林火灾频发，部分灾情损失较大。2018 年 1 月下旬，凉山州和甘孜州各发生一起森林火灾，2 月中旬，甘孜州雅江县发生两起森林火灾，3 月，全省发生多次森林火灾，4 月，凉山州发生了两次森林火灾。1 月 24 日，凉山州木里县沙湾乡纳娃村发生森林火灾，过火面积 3.5 公顷。甘孜州雅江县河口镇相格宗村发生森林火灾，过火面积约 67 公顷。2 月 16 日，雅江县恶古乡马益西村发生森林火灾，过火面积超过 100 公顷。2 月 19 日，雅江县八角楼乡更觉村发生森林火灾，过火面积超过 100 公顷。3 月 1 日，凉山州德昌县乐跃镇半站营村发生森林火灾，过火面积约 4 公顷，火灾造成 3 名村民死亡，救助村民的扑火队员 1 人死亡、1 人轻伤。4 月 4 日，四川省凉山州冕宁县后山镇马鞍村 2 组发生森林火灾，过火面积约 34 公顷。4 月 17 日，四川省西昌市黄联关镇哈土村发生森林火灾，过火面积约 11 公顷。

3. 强降雨与地质灾害

2018 年全省平均降水量 1156.5 毫米，较常年偏多 199.7 毫米，同比增长 21%，居历史第 1 高位。全省大部地区的年降水量在 700 毫米以上，盆地和攀西地区中部降水量在 1000 毫米以上，其中盆地西南部、盆地西北部及盆地南部部分地区降水量在 1200 毫米以上。有 5 个站全年降水量在 2000 毫米以上，其中峨眉山站全年降水量达 2280.9 毫米，为全省之冠，名山、沐川、天全、雅安、江油 5 站依次为 2202.2 毫米、2189.6 毫米、2155.9 毫米、2138.6 毫米、2040.9 毫米。

据省国土资源部门统计，2018 年全省发生地质灾害灾（险）情 3999 起，是常年平均值的 1.8 倍，处于历史高位。但因灾死亡失踪人数仅为常年平均值的 6.2%，年均因灾死亡率同比降幅达 98.5%。汛期期间，全省紧急避险转移 50.7 万余人，实现成功避险 98 起，避免了 4445 人可能的因灾伤亡。

2018 年全省共出现 8 次区域性暴雨天气，主要集中在盆地西部，其中 6 月下旬到 7 月上旬连续出现 3 次区域性暴雨。与常年相比，2018 年区域性暴雨次数偏多。7 月 9 日 17 时，茂县辖区省道 302 线富顺下场口处发生山体滑坡，致使巨石滚落，造成道路中断；10 日 4 时，汶川辖区国道 213 线 848 公里处国道路基塌陷受损，致使交通中断；10 日 23 时，青川县建峰乡碾子村田家湾发生小型滑坡，导致3间房屋垮塌，3人死亡；11日5时，北川陈家坝镇老场村发生泥石流灾害，造成500人受灾，直接经济损失2000万元。

4. 干旱

2018年全省气象干旱总体不明显，春旱、夏旱和伏旱均弱于常年。

2018年全省有32个县（盆地13个县）发生了春旱，其中轻旱19个县（盆地12个县），中旱4个县（盆地1个县），重旱1个县（盆地0个县），特旱8个县（盆地0个县）。主要分布在攀西地区南部和甘孜州部分地区。春旱县数较常年减少40个县，且多数是轻旱，2018年四川春旱总体属于轻旱。

2018年全省共有77个县（盆地53个县）发生了夏旱，其中轻旱57个县（盆地43个县），中旱13个县（盆地6个县），重旱3个县（盆地3个县），特旱4个县（盆地1个县）。中度以上旱区主要分布在甘孜州西南部和盆地部分地区。夏旱县数较常年减少12个县，并且多数为轻旱。2018年四川夏旱总体属于轻旱。

2018年全省共有54个县（盆地37个县）发生了伏旱，其中轻旱34个县（盆地24个县），中旱6个县（盆地3个县），重旱5个县（盆地3个县），特旱9个县（盆地7个县）。中度以上旱区主要分布在盆地东北部和阿坝州南部。2018年发生伏旱县数与常年接近，且轻旱县居多。2018年四川伏旱总体属于轻旱。

5. 大风冰雹

2018年大风冰雹天气较常年偏少、偏轻。5月1日，雅安市区遭遇大风袭击，大树被吹倒，多辆汽车被吹落物砸中，也有电瓶车被吹倒。5月24日，阿坝州红原县城区出现冰雹天气，持续时间约13分钟，冰雹最大直径为15毫米，平均重量3克，对农作物、车辆等造成损害。9月2日，米易县出现大风冰雹天气，造成丙谷、普威、白坡3个乡（镇）896人受灾，农作物受灾139.7公顷，绝收3.5公顷，直接经济损失89.2万元。9月25日，理塘县上木拉乡和甲洼镇江达村出现冰雹天气，农作物受灾面积134.1公顷，直接经济损失91.3万元。10月23日，阿坝州马尔康市遭受大风、冰雹袭击，导致2个乡镇4个行政村150余人受灾，农作物受灾面积10公顷，其中绝收6公顷，直接经济损失近30万元。

6. 雾和霾

2018年全省平均雾日为25.3天，与常年相比减少3.1天。除6～7月、9～11月雾日较常年偏多外，其余各月雾日均少于常年，尤其是1月雾日与常年相比减少2.4天。超过50个站全年范围大雾天气共出现6天，集中在2月、11月和12月，分别为2月5日和16日、11月25日和28日、12月20日和21日，其中11月25日和12月20日大雾天气范围分别达到75个站和72个站。

除盆地西北部外，盆地其余大部地区全年雾日在30～70天，安岳、洪雅、江安、美姑、纳溪、青神、天全、通江和仪陇9站雾日在71～100天，峨眉山站全年雾日达255天，为全省最多。

2018年全省平均霾日为4.5天，较上年减少3.2天。除1月、6～10月霾日与上年持平外，其余月霾日较上年均减少，其中12月霾日减少了1.7天。

川西高原大部、攀西地区全年霾日在3天以下；盆地区德阳、成都、眉山、乐山、自贡、宜宾、内江7市全年霾日大部分在11～20天，高县、乐山、双流、温江4站在21～30天，自贡站全年霾日高达39天；盆地其余地区霾日则在3～10天。

（二）人为压力

1. 人口变化与城镇化

2018年末，四川总人口8341万人，比2017年末增加39万人（见表1）。四川总人口自2011年开始，已经连续8年实现增长，从2010年的8042万人增加到2018年的8341万人，平均每年增加37.4万人，总量居全国第4位（前3位为广东、山东、河南），位次较上年保持不变，占全国总人口的6%。与此同时，四川城镇化发展成效明显。2018年，四川省常住人口城镇化率为52.29%，比2017年增加1.5个百分点，增幅居全国第3位；城镇化率居全国第24位，与2017年保持不变。2010～2018年，四川常住人口城镇化率年均提高1.51个百分点，高出全国0.3个百分点，四川常住人口城镇化率与全国的差距也由2010年的低9.77个百分点缩小到2018年的低7.29个百分点。四川城镇化发展稳步推进主要有四个原因：一是四川人口出生率和自然增长率在2011年以后持续增加，尤其是2016年“全面二孩”政策实施后，四川出生人口增加较多，死亡率保持平稳，这是全省人口增长的重要因素；二是四川经济稳定增长和提质增效，吸引各类人才来川就业创业；三是四川大力支持农民工和农民企业家返乡就业创业，稳步推进脱贫攻坚、精准扶贫，吸引大量外出务工人员返乡就业创业、脱贫致富；四是四川得天独厚的宜居宜游环境和开放共享的包容性，吸引省外人口入川定居。①

表1　2004～2018年四川省城镇人口和人口城镇化率

单位：万人，%

年份	总人口	城镇常住人口	城镇常住人口增长率	城镇常住人口占总人口的比重
2004	8595.3	2664.54	3.79	31.00
2005	8642.1	2710.00	1.71	31.36
2006	8169.0	2802.00	3.39	34.30
2007	8127.0	2893.20	3.25	35.60
2008	8138.0	3043.60	5.20	37.40
2009	8185.0	3168.00	4.09	38.70
2010	8042.0	3231.20	1.99	40.18
2011	8050.0	3367.00	4.20	41.83
2012	8076.2	3516.00	4.43	43.54
2013	8107.0	3640.00	3.53	44.90
2014	8140.0	3769.00	3.54	46.30
2015	8204.0	3912.00	3.79	47.68
2016	8262.0	4066.00	3.94	49.21
2017	8302.0	4217.00	3.71	50.79
2018	8341.0	4361.50	3.43	52.29

资料来源：《四川统计年鉴》（2005～2019年）。

① 《四川常住人口居全国第四　大数据揭秘人口发展的这些特点》，四川新闻网，2019年3月19日。

2. 工业发展

2018 年以来，四川省委、省政府依据党的十九大提出的加快构建现代产业体系、实现高质量发展的总体要求，通过集中开展“大学习、大讨论、大调研”活动，在充分把握国内外经济及全省产业发展新趋势的基础上，在省委十一届三次全会上提出推动传统产业转型升级，加快培育战略性新兴产业，重点发展食品饮料、电子信息、装备制造等五大产业，力争到2020 年使产值均达到万亿元，同时大力发展数字经济，构建具有四川特色的“5 + 1”产业体系，推动全省经济实现高质量发展的战略。这一新战略在为全省工业发展注入强劲动力的同时，也对工业结构调整提出了更高要求。因此，全省工业在稳增长的同时，加大了结构调整力度，将更多优势资源和关键要素向主导产业及战略性新兴产业集中，加快推动茶叶行业转型升级步伐。2018 年前三季度，全省工业 41 个大类行业中有 37 个实现了增长，其中食品饮料同比增长 11. 4% ，计算机、通信等电子信息制造业同比增长 11. 1% 。从主要产品产量看，发电量同比增长 6. 5% ，天然气同比增长 4. 9% ，电子计算机同比增长 17. 4% ，集成电路同比增长 4. 7% ，移动通信手机同比增长 79. 2% 。[①]

高新技术产业和战略性新兴产业发展加快。2018 年 1 ~ 9 月，全省规模以上高新技术产业增加值同比增长 11. 7% ，高于全省工业增加值 8. 4% 的增速。截至 6 月底，全省经认定的规模以上高新技术企业已达 2305 家，上半年完成增加值同比增长 10. 1% ，实现主营业务收入 5241. 1 亿元，主营业务收入同比增长 17. 6% ；实现利润 277. 2 亿元，出口 1396 亿元，出口同比增长 26. 7% 。全省战略性新兴产业增加值同比增长 14. 29% ，有效带动了新旧动能转换。淘汰落后产能及环境整治力度加大，目前已累计淘汰钢铁产能 872. 4 万吨，并彻底取缔了“地条钢”生产。在省经委和生态环境厅等部门的联合整治下，大批“三高”及“散乱污”企业被整治或淘汰，截至 2018 年 7 月底，全省已整治 2. 6 万余家企业，其中关停取缔 1. 7 万余家，整改提

---

① 《2018 年前三季度四川经济形势新闻发布稿》，四川省人民政府网站，2018 年 10 月 23 日。

升8000余家，整合搬迁200余家，六大高耗能产业增加值占全省工业增加值的比重已下降到20%，单位工业增加值能耗已低于全国平均水平15%以上，工业生态、环保、绿色及可持续发展能力显著增强。①

3. 能源建设

四川省能源资源以水能、煤炭和天然气及石油为主，水能资源约占75%，煤炭资源约占23.5%，天然气及石油资源约占1.5%。全省水能资源理论蕴藏量为1.43亿千瓦，占全国的21.2%，仅次于西藏。其中，技术可开发量为1.03亿千瓦，占全国的27.2%；经济可开发量为7611.2万千瓦，占全国的31.9%。技术可开发量、经济可开发量均居全国首位，是中国最大的水电开发和西电东送基地。全省水能资源集中分布于川西南山地的大渡河、金沙江、雅砻江三大水系，约占全省水能资源蕴藏量的2/3，也是全国最大的水电“富矿区”，其技术可开发量占理论蕴藏量的79.2%以上，占全省技术开发量的80%。全省煤炭资源保有量122.7亿吨，主要分布在川南，位于泸州市和宜宾市的川南煤田赋存了全省70%以上的探明储量，全省煤炭种类有无烟煤、贫煤、瘦煤、烟煤、褐煤、泥炭。油、气资源以天然气为主，石油资源储量很小。四川盆地是国内主要的含油气盆地之一，发现天然气资源储量7万多亿立方米，约占全国天然气资源总量的19%，主要分布在川南片区、川西北片区、川中片区、川东北片区。四川生物能源每年有可开发利用的人畜粪便3148.53万吨、薪柴1189.03万吨、秸秆4212.24万吨、沼气约10亿立方米。太阳能、风能、地热资源较为丰富，有待开发利用。②

2018年，四川省实施重点用能单位“百千万”行动，完成能源消耗总量和强度“双控”，全年全省单位GDP能耗下降4.06%，超出年度目标1.56个百分点；能耗总量为21620.11万吨标准煤，比上年增加746.06万吨标准煤，未超出900万吨标准煤的年度增量控制目标。2018年，四川省大

① 达捷主编《2019年四川经济形势分析与预测》，社会科学文献出版社，2019。

② 四川省统计局、国家统计局四川调查总队编《四川统计年鉴（2018）》，中国统计出版社，2018。

力发展非化石能源，降低煤炭消费比重，全省非化石能源占能源消费总量的比重达36.8%，较上年上升0.86个百分点，煤炭在一次能源消费中的比重从2010年的56.17%下降到2018年的29.5%。推动燃煤电厂超低排放和节能改造，严控新增火电项目，取消金堂电厂二期2×100万千瓦新建工程项目，暂缓核准大唐广元2×100万千瓦新建工程项目，关停小火电机组85万千瓦。化解煤炭行业过剩产能，全省煤矿数量由2013年的1303处减少到2018年的416处，减少产能8990万吨。

4. 交通网络建设

交通是发展现代化经济、推动经济高质量发展的“大动脉”，也是构建区域协调发展新格局、打造立体全面开放新态势的重要支撑。新中国成立70年来，四川克服险峻的自然地理条件、多次重大自然灾害、复杂外部发展环境等多重考验，推动交通运输实现了“从无到有”“从小到大”“从难到畅”的跨越式发展。70年前，四川省公路总里程只有8500公里左右，技术等级低，路况差，一半以上的公路开不了车，60%的县不通汽车，没有一寸火车钢轨，成都双桂寺机场（成都双流国际机场的前身）仅能供15吨以下的小型飞机起降。新中国成立后，四川省采取一系列措施，积极改变交通现状，抢通道路、修复桥梁，新建了一批国防路、一批经济干线路、一批支援“三线”建设路，修通了一批支农的“断头路”“盲肠路”。1950~1954年，11万人民解放军、工程技术人员和各族群众，用铁锤、铁锹这些简易工具，人背马驮，劈开了悬崖峭壁，降服了险川大河，建成了第一条进藏公路——川藏公路，创造了世界公路修筑史上的奇迹。1952年，新中国第一条自主修建的铁路——成渝铁路建成通车，成都、重庆实现交通便捷。1958年，第一条北上出川铁路宝成铁路建成通车，秦岭天堑变通途。1988年，四川省实现县县通公路。1995年，成渝高速公路建成通车，实现了四川者高速公路零的突破。2000年，四川全省公路总里程超过10万公里，跃居全国第二位，高速公路通车里程达到1000公里，居西部地区第一位。1987年，成渝铁路完成电气化改造，时速由40公里提升至80公里。内昆铁路、达成铁路扩能改造，成遂渝铁路建成投运，截至2010年底，全省铁路运营里程达到3549公里，复线率约33%，电气化率80%，居西南地区第一。先后新建了九寨黄龙机场、攀枝花保安营机场、康定机场，民用运输机场数量达到两位数。民航客货运量加速提升，1987年，成都双流机场（成都双流国际机场的前身）旅客吞吐量突破100万人次，并开通了第一条国际航线——成都至加德满都航线，实现了国际航线“零”的突破。2009年，成都双流国际机场旅客吞吐量突破2000万人次，2011年旅客吞吐量超过深圳宝安国际机场，成都市跃居全国航空第四城。

党的十八大以来，四川交通持续发力，进入加快建设现代综合交通运输体系的新阶段，交通投资连续九年超千亿元，投资完成总规模居全国首位，实现了基础设施由“补欠账”到“促发展”，服务水平由“保基本”到“上档次”的重大转变。其间，成都天府国际机场、成渝高铁、成自宜高铁、雅康高速公路、汶马高速公路等一大批重大项目先后开工建设，并建成了雅康高速公路泸定大渡河大桥、巴陕高速公路米仓山隧道、国道317线雀儿山隧道、稻城亚丁机场等众多超级工程。

四川省公路、铁路、水运、航空等多种运输方式交织，综合交通运输体系正在加速形成，四川已成为名副其实的交通大省。截至2018年底，全省综合交通路网总体规模已达34.7万公里。其中，铁路营运里程近5000公里，铁路进出川通道达到10条；公路总里程达33.2万公里，居全国第一。高速公路建成里程达7238公里，居西部地区第一、全国第三，建成和在建里程超过1万公里。普通国省干线公路规划总里程4.1万公里，基本实现市到县通二级及以上公路、州到县通三级及以上公路。农村公路总里程达到28.6万公里，位居全国第一；全省航道总里程超过1万公里，港口年吞吐量近8000万吨，集装箱吞吐量达233万标箱，“四江六港”内河水运体系初步形成；全省民用运输机场达13个，全省基本形成了干支结合的机场网络体系。成都双流国际机场年旅客吞吐量连续8年位居全国第四、连续多年位居中西部地区第一，同时，成都天府国际机场开工建设。

70年来，四川省铁路营运里程从零增加到5095公里。其中，高速铁路营运里程约1140公里，同时基本融入国家“八纵八横”高铁主通道，并实现了互联网订票、在线选座、刷证进站、列车网络订餐等便捷服务。四川公路里程由8000多公里增加到33.2万公里；高速公路从无到有、由少到多、由线成网，直接连通所有市（州），覆盖内地所有县，建成出川通道19个，毗邻的7个省份中除青海、西藏外，均已实现高速公路大通道相连；国省干线公路越修越长、越修越宽、越修越好，内地每个县都有两条以上的二级及以上的出口公路，三州每个县都有两条以上的三级及以上的出口公路；农村公路覆盖范围扩大，基本实现“乡乡通油路、村村通硬化路”，城市公交覆盖所有市（州），93%的县级城市、88.8%的建制村通客车，94.7%的建制村有物流网络点，绝大部分群众可以实现“出门有路、抬脚上车”。高等级航道、港口集装箱吞吐能力由零分别达到1532公里、233万标箱，仅规模以上港口就达到6个，1000吨级泊位达到47个，其中泸州港已经建成公、水、铁联运的枢纽港，宜宾港已形成50万标箱的年吞吐能力。民航机场从小到大、由弱到强，成都双流国际机场成为中西部地区首个拥有双跑道和双航站楼的大型国际枢纽机场，国际航线网络覆盖全球五大洲，2018年旅客吞吐量突破5000万人次大关，成为我国第四个迈上5000万人次台阶的机场，稳居中西部地区第一。①

四　四川生态建设“响应”

（一）制度建设、政策与法律法规制定

1. 政策制定、制度建设

党的十八大以来，四川省委、省政府认真贯彻落实习近平总书记关于加强生态环境保护和对四川工作的重要指示精神，牢固树立践行“绿水青山就是金山银山”的理念，坚定不移推动生态优先绿色发展，建设美丽四

① 《70年来我省交通实现跨越式发展》，《四川经济日报》2019年9月20日，第3版。

川。2016年7月28日，中共四川省第十届委员会第八次全体会议通过了《中共四川省委关于推进绿色发展建设美丽四川的决定》。2018年12月，中共四川省委、四川省人民政府印发了《关于全面加强生态环境保护坚决打好污染防治攻坚战的实施意见》（以下简称《实施意见》），明确提出打好蓝天保卫战、打好碧水保卫战等污染防治攻坚“八大战役”。《实施意见》有五个鲜明特点：一是突出全面加强党对生态文明建设和生态环境保护工作的领导，强调打好污染防治攻坚战必须全党动手、全民动员、全社会参与；二是突出四川的上游意识和上游责任，加快长江生态保护修复，牢牢守住长江上游生态屏障，自觉维护好国家生态安全；三是突出四川实际，坚持问题导向，抓住关键，集中力量打好八大标志性战役；四是突出以改善生态环境质量为核心，确定了污染防治攻坚战的路线图和时间表，明确了目标任务、具体路径和时间节点；五是突出标本兼治，把解决突出环境问题和健全生态环境治理体系有机结合，一手精准发力抓治理，一手久久为功抓保护，加快形成绿色发展方式和生活方式。在此基础上，四川省政府专门制订打赢蓝天保卫战等9个实施方案，进一步明确了具体目标和工作举措。

2. 法律法规制定

四川省加强立法工作，完成《四川省〈中华人民共和国大气污染防治法〉实施办法》《四川省自然保护区管理条例》《四川省固体废物污染环境防治条例》等地方法规修改工作。修订《四川省生态环境行政处罚裁量标准》。出台《四川省生态环境损害赔偿制度改革实施方案》等改革方案。修改《四川省环境保护厅拟定地方性法规政府规章草案和制定规范性文件管理办法》等制度文件。

推进地方标准研究制定工作，出台《四川省页岩气开采业污染防治技术政策》，积极协调市场监督管理局将《四川省建筑扬尘颗粒物排放标准》《成都市锅炉大气污染物排放标准》两项标准列入2018年度四川省地方标准制订计划并实施。组织开展《四川省水污染物排放标准》执行情况的评估工作。

（二）环境保护督察

1. 中央生态环境保护督察“回头看”

2018 年 11 月 3 日至 12 月 3 日，中央第五生态环境保护督察组对四川省开展了督察“回头看”。四川省委、省政府高度重视，各职能部门积极行动，截至 2018 年底，中央生态环境保护督察“回头看”交办的 3665 件信访举报问题全部按期办结；责令整改 1930 家，立案处罚 713 家，罚款金额 1143.67 万元，立案侦查 13 件，行政拘留 2 人，刑事拘留 6 人，约谈 215 人，追责问责 213 人。

2. 省级环境保护督察“回头看”

2018 年 5 月 28 日至 8 月 31 日，四川省分 5 批次在全国率先实现省级环境保护督察全覆盖。省级督察组进驻期间，共查阅资料 10 万份，现场核查县（市、区）、经济开发区 144 个，走访部门 74 个，召开座谈会 36 场，发放环保问卷 1923 份，制发督办专函 49 份，移交问题点位 1518 个，移交整改推进不力追责问责线索 32 个，追责问责 228 人。通过省级环境保护督察“回头看”，及时纠偏，有效制止了一些地方虚报瞒报、弄虚作假等问题，有力推动了生态环境问题整改。

3. 生态环境问题整改

四川省委、省政府高度重视，采取有力措施，持续推动问题整改。截至 2018 年，中央环境保护督察组反馈 89 项整改任务，已整改完成 42 项；中央环境保护督察组移交信访件涉及的 9070 个环境问题，整改完成率 96.8%。省级环境保护督察组发现的 8924 个问题，整改完成率 95.9%；全省 130 个自然保护区内的 1252 个生态环境问题已整改完成 1163 个，整改完成率 93%。

（三）生态保护与修复

1. 生态保护红线

2018 年 7 月，四川省人民政府印发《四川省生态保护红线方案》，划定生态保护红线面积14.80万平方公里，占全省辖区面积的30.45%。按照《四川省生态保护红线勘界定标试点方案》，选择成都彭州市、温江区、双流区、蒲江县、崇州市5个县（市、区），先行开展生态保护红线勘界定标试点。

2. 自然保护区问题整改

实施“绿盾2018”专项行动，四川省发展改革委、自然资源厅、生态环境厅等9个省直部门联合对全省166个自然保护区进行联合执法检查和督导，配合国家“绿盾2018”自然保护区监督检查专项行动第七巡查组赴14个自然保护地开展现场监督检查，开展自然保护区内探矿采矿、采砂、工矿企业、水电开发、旅游开发等环保督察“回头看”，指导督促市（州）按规定时限完成小水电、矿业权、旅游开发等问题整改工作，停止德阳市九顶山等46个探采矿权。

3. 生态文明建设示范创建

四川省开展生态文明建设试点示范，推动绿水青山向金山银山转化。蒲江县、洪雅县、南江县、金堂县、成都温江区被命名为国家生态文明建设示范县，九寨沟县、巴中市恩阳区被命名为“绿水青山就是金山银山”实践创新基地。

4. 绿化全川

四川省印发《高质量绿化全川三年行动实施方案》，围绕“一干多支，五区协同”，开展春季和秋季集中造林行动。新建天府绿道1619.78公里。启动第二批全国“互联网+义务植树”试点，开展龙泉山城市森林公园“包山头”指数履责示范，全省义务植树1.3亿株。提高森林质量，推进雅安市雨城区森林可持续经营、岷江-大渡河森林质量精准提升试点示范，新增森林经营样板基地10处，完成长江防护林三期工程9万亩，建设国家储备林基地3.3万亩，实施德贷项目森林经营24万亩。开发森林碳汇项目4个，诺华川西南林业碳汇项目完成建设任务。抓好天然林保护，管护森林面积2.87亿亩，完成公益林建设46万亩、国有中幼林抚育115万亩，集体和个人所有天然商品林纳入停伐管护补助，实施新一轮退耕还林52.7万亩。加强脆弱生态修复，治理沙化土地34万亩、岩溶地区60万亩、旱区生态1.8万亩。完善九寨沟灾后重建林地林木使用政策，8个林业项目全部开工建设。评定森林自然教育研究基地 38 处。

5. 湿地保护与恢复

四川省组织实施四川若尔盖国际重要湿地保护与恢复项目，通过填堵排水沟、恢复河曲和湖泊水位、保护泉眼湿地、恢复植被等措施，保护恢复天然湿地 9. 6 万亩。启动实施阆中构溪河等 10 处国家湿地公园和泸定九杈树等 3 处省级湿地公园以及泸沽湖国家重要湿地保护修复工程。石渠长沙贡玛成功申报成为四川省内第二块被列入国际重要湿地的自然保护区。继续开展若尔盖湿地生态补偿国家试点，完成退牧还湿 11 万亩，管护湿地面积 482 万亩。积极探索湿地保护修复与林业精准扶贫相结合的工作举措，安排 400 万元用于湿地管护公益岗位。

6. 野生动植物保护

四川组织实施云豹、绿尾虹雉野外种群数量、分布栖息地专项调查；开展大渡河切割山地、川西山地、大金川切割山地、巴颜喀拉山南麓、安宁河峡谷、川东丘陵等 6 个地理单位范围内野生动物调查。完成全国第二次陆生野生植物资源调查（四川地区）工作任务；组织开展兰科植物专项调查；加强疏花柏枝、崖柏、光叶蕨、剑阁柏、小黄花茶、峨眉拟单性木兰、距瓣尾囊草、五小叶槭等极小种群野外保护和人工培育，实现峨眉拟单性木兰、距瓣尾囊草野外回归。开展长江鲟拯救行动和“亮剑 2018”专项执法行动，编制《四川省长江鲟拯救行动实施方案》。不断健全野生动植物保护制度，编制《四川省陆生野生动物危害补偿办法（草案）》，会同成都海关制定执法查没象牙等野生动植物制品移交工作方案。配合省森林公安局开展“守护绿川 2 号行动”“绿剑 2018”专项行动，严厉打击乱捕滥猎、非法经营野生动物等违法犯罪活动。加大大熊猫保护力度，开展大熊猫国家公园体制试点工作。繁育成活大熊猫 44 胎 59 仔，DNA 检测出野外种群大熊猫个体 300 个。

7. 草原保护管理

四川落实草原保护政策项目，阿坝州、甘孜州、凉山州开展草原禁牧 7000 万亩、草畜平衡 14200 万亩。实施退耕还草 2. 6 万亩，完成草原围栏 235 万亩，改良退化草原和天然草原 103 万亩，防治草原鼠虫害 1356 万亩次，落实高产优质牧草人工草地建设33.4万亩。新建家庭牧场253户，牲畜棚圈建设1.5303万户，巷道圈建设268个，草原综合植被盖度在84.8%以上。

制订重要草原野生动植物采集计划，开展“大美草原守护”等五个专项行动，立案查处草原违法案件396起，结案351起。办理征占用草原审核手续87起，收取草原植被恢复费5115万元。

8. 水土保持监督

2018年，四川省共审批生产建设项目水土保持方案4820个，监督检查生产建设项目6173个，生产建设项目水土保持设施自主验收790个，全省共查处水土流失违法案件73起。监测和信息化工作深入推进，水土保持行政许可事项列入四川省水利政务信息共享平台，成都、眉山、遂宁3市和泸县等19个县全面启动2018年水土保持“天地一体化”监管工作。落实水土流失动态监测专项经费，开展年度水土流失动态监测与消长分析评价工作，监测能力跻身全国先进行列，全省征收水土保持补偿费达5.03亿元，比2016年增加近一倍。

（四）环境教育

四川省在全国率先探索实施环保宣传公益示范项目，率先举办“十大绿色先锋”“最美基层环保人”“环保守信企业”三项评选，以正面典型示范引领绿色发展；创新开展“六五环境日”大型主题宣传活动，启动四川省“美丽中国我是行动者”大型实践活动、“绿色社区”创建工作，推出全国首个“环保积分”平台，联合社区环保组织举办绿色包装快闪、环境教育AR体验等活动，引领各界绿色行动；推动环保设施向公众开放，凝聚环保共识减少“邻避”，共组织9000多人次参观，新增第二批14个市州37个开放点。推出30余部系列公益宣传片，其中《环保就在点滴之间》荣获2018年环保宣教品质之星一等奖。出品四川首部环保主题儿童剧《月亮公主·迷雾星球》。全省巡演30余场，社会反响热烈。推出《欢宝历险记》环保科普漫画书。

（五）科研与环保模式创新

为进一步落实企业环保主体责任，2019 年以来，成都市新都区在重点排污企业中试行“环保主任”制度。委托第三方社会机构对辖区重点排污企业“环保主任”进行上岗培训和考核管理，对持证上岗的企业“环保主任”实行登记年审制度，对于在工作中表现优秀、成效显著的企业“环保主任”，给予通报表扬和物质奖励。

五　四川生态建设“状态－压力－响应”系统分析及未来趋势展望

（一）“状态－压力－响应”系统分析

1. 生态屏障功能仍较为脆弱，突出生态问题亟待解决

四川省积极实施退耕还林、天然林保护等重大生态工程建设，全省森林覆盖率提高到38.03%，但森林系统低质化、森林结构纯林化、森林生态功能低效化问题较为突出。四川省草原退化面积占可利用草原面积的58.7%，天然草原平均超载率10.03%，草原承载压力较大。土地荒漠化呈蔓延趋势，荒漠化土地面积1.59 万平方公里（石漠化土地面积0.73 万平方公里、沙化土地面积0.86 万平方公里）。水电工程建设、过度放牧等导致部分湿地和河湖生态功能退化，自然湿地面积逐渐萎缩。四川水土流失面积（不包括冻融侵蚀）12.1 万平方公里，占辖区面积的24.9%。从空间分布来看，草原退化、土地沙化主要发生在川西高原的甘孜州、阿坝州和凉山州的部分草原；土地石漠化主要发生在四川盆地南缘和川东平行岭谷的喀斯特山区；水土流失主要发生在凉山州南部和攀枝花市的金沙江下游干热河谷区。

2. 生态空间被挤占，生物多样性保护受威胁

四川省地处青藏高原向平原、丘陵过渡地带，地貌复杂，气候类型多样，孕育了独具特色的生物多样性。特别是川西高山高原区和川西南山地区，更是生物多样性保护的重点区域。近年来，随着全省经济社会快速发

展，城镇化、工业化加速推进，各类基础设施建设、水电和矿产资源开发强度增大，开发活动挤占了生态空间，带来的植被破坏、栖息地侵扰、外来物种入侵、环境污染等压力不断增大。同时，到2020年，要全面建成小康社会，一批包括新型农牧新村和公路、铁路等基础设施项目将加快建设，自然生态空间可能面临新一轮挤占，这将加重野生动植物栖息地生境破碎化和面积缩减，生物多样性进一步受到威胁。具体包括以下四个方面：一是，部分生态系统功能不断退化；二是，野生物种濒危程度加深；三是，外来物种入侵问题突出；四是，农业遗传基础的脆弱化。面对目前已经存在的重要生态系统功能低效化、珍稀濒危野生动植物栖息地破碎化问题，如何科学应对社会经济发展形势，合理规划布局，将生物多样性保护的重要区域保护好，尽量减少占用生态空间，确保生态功能不减退，是生态环境保护面临的重大挑战。

3. 自然灾害频发，生态环境破坏风险较高

四川地处青藏高原地震区，地质构造活动剧烈，是我国地震活动最强烈、大地震频繁发生的地区。2008年以来，汶川、芦山、康定、九寨沟等地数次发生6级以上地震，并伴随滑坡、泥石流等次生地质灾害，对区域生态环境造成了灾难性破坏。同时，川西山地海拔多在3000米以上，深切割高山地貌密布，沟壑纵横，气候寒冷，植物生长缓慢，暴雨洪涝年年发生，是生态环境极为敏感脆弱地区。

4. 大气、水、土壤污染问题突出，生态文明建设短板亟待解决

一是大气污染形势仍然严峻，大气污染排放点多、面广、量大、整治难度大，大气污染排放总量大且来源复杂，“散乱污”企业数量多且污染严重，建筑施工、道路扬尘等污染突出，餐饮油烟、秸秆焚烧等面源污染对空气质量影响较大。二是水污染问题仍较为突出。总体来看，四川水资源量高于全国水平，但时空分布不均，形成区域性缺水和季节性缺水，尤其是人口、耕地和工农业最集中的盆地腹部地区成为全省水资源最贫乏地区。该区域产生并排放大量污染物，不仅使水体受到严重污染，而且水污染又导致水资源更加短缺。三是土壤环境污染问题不容乐观。攀西、川南和成都平原部

分地区土壤污染较重。据土壤污染源调查，四川省土壤污染程度处于全国较高水平，土壤总点位超标率为28.7%，高于全国平均水平12.6个百分点。固体废物产生量较大，综合利用率低，矿山尾矿矿渣、磷石膏渣等工业固体废物存量大，消纳速度慢。

（二）未来趋势展望

1. 严守生态保护红线

2018年8月，四川省人民政府发布《四川省生态保护红线方案》，确定四川生态保护红线总面积为14.80万平方公里，占全省土地面积的30.45%。生态红线划定区域包括自然保护区、风景名胜区、森林公园、地质公园、湿地公园、大熊猫国家公园、国有公益林、饮用水源保护区等生态保护区。红线划定后，亟须督促市、县政府加快完成生态红线的勘界定标和落图落地，建立完善生态红线基础数据库；按照生态红线管理相关办法和自然生态保护相关法规要求，严格生态红线管控；以生物多样性保护为统领，编制实施生物多样性保护优先区规划；组织编制长江上游生态屏障建设规划，推进主体功能区建设，全面提高生态服务功能；严格生态环境执法和环保督察，重点查处生态红线制度不落实和违法违规开发建设小水电、矿山、旅游设施等问题。

2. 加强自然保护区建设和管理

定期召开自然保护区问题整改联席会议，督促指导有关地方推进生态问题整改；加强自然保护区综合管理，新建一批自然保护区，优化调整一批自然保护区，开展自然保护区联合执法检查，开展自然保护区专项考核评估；持续开展自然保护区“绿盾行动”，建立自然保护区省级“天空地一体化”监控平台，指导市县通过购买社会服务、与科研院校合作等方式加强自然保护区巡护和科考、监测等工作。

3. 坚决打赢污染防治“三大战役”

大气、水、土壤污染防治是生态文明建设和绿色发展的重点，必须集中力量全力以赴打好污染防治攻坚战，保一片蓝天、还一江清水、留一方净土。以成都平原和川南、川东北城市群为重点，将成都平原作为大气污染防治“一号工程”，重点整治工业污染、建筑交通扬尘、燃煤污染、机动车船污染、秸秆焚烧等问题，打赢蓝天保卫战；以岷江流域、沱江流域、嘉陵江流域为重点，以河长制为统领，扎实抓好清河、护岸、净水、保水行动，加快污水处理设施建设，加强畜禽养殖等面源污染防治，打赢碧水保卫战；以土壤污染详查为基础，全面摸清农业用地和工业用地土壤污染状况，推进土壤污染诊断、治理与修复，建立污染地块名录及开发利用负面清单，建立垃圾分类制度，确保工业用地、城镇生产生活用地、农业用地环境安全，打赢净土保卫战。

4. 加强环境监督管理和执法

继续开展省级环境保护督察，着力夯实各级党委政府和相关部门的环境保护党政同责、一岗双责，增强“管发展必须管环保、管生产必须管环保、管行业必须管环保”的行动自觉。加大环境污染监管执法力度，严格执行环保法律法规，对违法排污企业依法严肃查处，密切环境行政执法与刑事司法衔接，保持严打高压态势。全面推行企业环境信用评价，深化环境污染责任保险，开展生态环境损害鉴定评估，强化环境公益诉讼，督促企业提高环保意识和行动自觉。

参考文献

《2016 年四川草原监测报告：生态状况逐渐向好》，人民网，2017 年 5 月 28 日。

《2018 年度四川林业资源及效益监测》，四川省林业和草原局网站，2019 年 10 月 16 日。

《2018 年前三季度四川经济形势新闻发布稿》，四川省人民政府网站，2018 年 10 月 23 日。

《70 年来我省交通实现跨越式发展》，《四川经济日报》2019 年 9 月 20 日。

《四川常住人口居全国第四　大数据揭秘人口发展的这些特点》，四川新闻网，2019 年 3 月 19 日。

《四川生态保护红线方案》，四川省人民政府网站，2018 年 7 月 20 日。

达捷主编《2019 年四川经济形势分析与预测》，社会科学文献出版社，2019。

董鹏、汪志辉：《生态产品的市场化供给机制研究》，《中国畜牧业》2014 年第 21 期。

奉晓政：《资源利用冲突解决机制研究》，《资源科学》2008 年第 4 期。

何盛明主编《财经大辞典》，中国财政经济出版社，1990。

李晟之主编《四川生态建设报告（2017）》，社会科学文献出版社，2017。

四川省统计局、国家统计局四川调查总队编《四川统计年鉴（2017）》，中国统计出版社，2017。

四川省统计局、国家统计局四川调查总队编《四川统计年鉴（2018）》，中国统计出版社，2018。

王加恩、康占军、梁河、胡艳华：《浙江岩溶碳汇估算》，《浙江国土资源》2010 年第 6 期。

曾贤刚、虞慧怡、谢芳：《生态产品的概念、分类及其市场化供给机制》，《中国人口·资源与环境》2014 年第 7 期。

周咏馨、苏瑛、黄国华、田鹏许：《人工生态系统垃圾分解能力研究》，《资源节约与环保》2015 年第 3 期。

自然保护体系篇

Natural Protection System

B.2
大熊猫国家公园社区规划能力建设

吴尚芸　倪玖斌*

摘　要： 近年来，我国在大熊猫国家公园建设和国家公园体制的完善上取得了初步成就。本文分析了大熊猫国家公园社区的经济现状、发展趋势，从建立了保护区与社区的沟通交流渠道、社区发展与保护区矛盾部分缓解、积累了一定的社区规划经验、增强了社区发展的动力等四个方面对大熊猫国家公园社区规划能力建设已取得的成效进行总结，指出大熊猫国家公园社区规划能力建设存在社区规划覆盖率偏低、社区规划投入不足、社区规划需求较大等三个方面问题，并基于以上研究给出了建立大熊猫国家公园社区可持续发展的规划体系、培育一批高质量社区可持续发展规划队伍、建立广泛的规划工作交流和协调机制

* 吴尚芸，四川省社会科学院硕士研究生，主要研究方向为生态经济；倪玖斌，博士，成都大学马克思主义学院讲师，主要研究方向为农村社区发展。

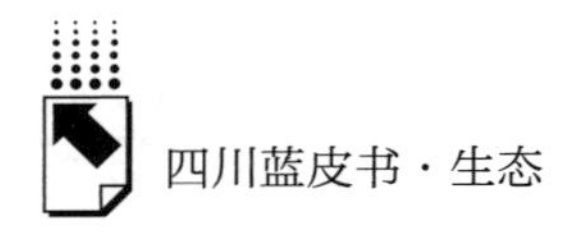

等加强大熊猫国家公园规划能力建设的相关建议。

关键词： 大熊猫 国家公园 社区可持续发展 规划能力建设

大熊猫是中国野生动物保护的旗舰物种。自1963年建立第一批大熊猫自然保护区以来，中国大熊猫保护事业取得了长足进步，并对保护区及其周边的生态环境产生了积极影响。与此同时，长久以来大熊猫栖息地所在社区的居民利用当地自然资源维系其基本的发展，这在一定程度上与大熊猫自然保护区的建设存在冲突。这是长期困扰各大熊猫自然保护区的问题，也是国家自然保护地立法和政策制定的重点与难点。

近年来，中央高度重视大熊猫及其栖息地保护，围绕大熊猫国家公园建设，颁布了一系列文件，形成了政策框架体系。综合中央对大熊猫国家公园的相关政策，大熊猫国家公园社区逐步形成了思路清晰、系统性强、相互协调、相互补充的发展理念和发展思路，大熊猫国家公园社区可持续发展规划有了初步的方向。在当前背景下，加强大熊猫国家公园社区规划能力建设具有举足轻重的意义。

一 相关概念

（一）大熊猫国家公园

大熊猫国家公园，是由国家批准设立并主导管理，边界清晰，以保护大熊猫为主要目的、实现自然资源科学保护和合理利用的特定陆地区域。[①] 建立大熊猫国家公园是中国生态文明制度建设的重要内容，对于推进自然资源科学保护和合理利用，促进人与自然和谐共生，推进美丽中国建设，具有极

① 《大熊猫国家公园管理局正式成立》，中国日报网，2018年10月30日。

其重要的意义。大熊猫国家公园包括核心保护区、生态修复区、科普游憩区、传统利用区 4 个功能分区，其中核心保护区覆盖现有的 67 个大熊猫自然保护区，涉及大熊猫及区内 8000 多种野生动植物。

（二）国家公园社区规划

国家公园社区规划可定义为面向国家公园社区管理的综合性规划，社区包括位于国家公园边界范围以内的社区以及与国家公园关系密切的周边社区。[①] 当某一区域被划定为国家公园时，其内的资源就要被保护起来，这将对长久居住在该区域内部及周围依赖划定区域内的资源生存的人们产生较大的影响。保护区的传统保护工作与社区居民对保护区自然资源的利用往往存在冲突，这就要求政府及相关部门通过规划实现国家公园保护与社区可持续发展的共赢。

二　大熊猫国家公园社区经济现状、发展趋势及其对社区规划的启示

（一）大熊猫国家公园社区经济现状及其对社区规划的启示

1. 大熊猫国家公园社区经济现状

大熊猫国家公园三个片区（四川、陕西、甘肃）涉及 146 个乡镇，户籍总人口 9.31 万人，其中四川片区 119 个乡镇，户籍人口 6.19 万人，占户籍总人口的 66.49%；陕西片区 18 个乡镇，户籍人口 0.79 万人，占户籍总人口的 8.49%；甘肃片区 9 个乡镇，户籍人口 2.32 万人，占户籍总人口的 24.92%。有藏族、羌族、彝族、回族、蒙古族、土家族、侗族、瑶族等 19 个少数民族。其中，阿坝藏族羌族自治州是四川省第二大藏区和羌族的主要

① 罗亚文、魏民：《台湾地区国家公园社区规划初探》，《中国城市林业》2018 年第 2 期，第 63～68 页。

聚居区，北川羌族自治县是我国唯一的羌族自治县。民族风俗习惯、宗教信仰多元化，民族文化、传统习俗绚丽多彩，有多项民族文化遗产被列入国家级非物质文化遗产名录。

大熊猫国家公园三大片区地方经济产业结构较为单一。以矿山开采、水力发电等资源开发性产业为主，是地方财政收入的主要来源。共有矿业权329处（含采矿权和探矿权），其中四川片区304处、陕西片区25处。社区居民经济来源以传统种植业收入为主，部分居民还从事矿山开采和加工业。随着自然保护区社区共管项目的实施，一些社区开展了蜜蜂养殖、中草药种植加工、山野货采集加工、农家乐等。

大熊猫国家公园三大片区收入水平总体偏低。北川、平武、青川、汶川、理县、茂县、松潘、九寨沟、周至、太白、洋县、留坝、佛坪、宁陕、文县和武都等16个县（市、区）是我国集中连片特殊困难县和国家级扶贫开发重点县，主要依靠财政转移支付。2017年，除什邡市外，其余29个县（市、区）年人均收入低于全国平均水平；除洪雅、崇州、大邑、彭州、都江堰、绵竹、什邡、郫邑等8个县（市、区）外，其余22个县（市、区）农村居民年人均收入低于全国平均水平。

2. 大熊猫国家公园社区经济现状对社区规划的启示

一是规划应充分考虑自然和市场的不确定性。从总体发展环境而言，大熊猫国家公园社区虽然面临转型发展的良好机遇，不断增长的消费需求也为国家公园带来了前所未有的市场条件。但是，市场培育仍然是一个漫长、复杂且充满不确定性的过程，为了获得良好的市场资源，社区发展必然面临高昂的转型成本。一方面，未来市场需要高质量的产品和规范化的服务，而大熊猫国家公园社区所处的产业发展阶段距离高质量需求仍然存在较大差距，为了生产优质的产品和服务，社区必须放弃短期利益，如由减少甚至不施用化肥农药带来的减产、更新品种所需的时间等沉没成本。另一方面，大熊猫国家公园山区自然灾害频发，影响农产品的产量、品质，同时，道路交通受阻带来的流通困难，都为社区农产品的销售带来较大的不确定性。因此，制订社区发展规划应充分考虑自然和市场的不稳定因素，最大限度地降低社区有条件地域的自然和市场风险。

二是规划应充分考虑社区差异化发展需求。随着大熊猫国家公园体制的建立，国家可以更大力度实现大熊猫栖息地连续性保护，对大熊猫及其栖息地的保护具有里程碑意义。但是大熊猫国家公园面积广、地理跨度大，区域生态、经济、资源、文化等方面存在诸多差异，增大了区域发展与治理的协调难度。就其中的社区发展而言，区域收入水平、文化类型、资源禀赋等都存在差异，特别是经济发展不平衡不协调，区域管理的协调难度也将增大。区域规划的制订、资源的分配对于社区发展至关重要，"一刀切"的规划显然不能符合社区差异化的发展需求，而一味注重差异化，必然也会影响国家公园的整体建设。

三是规划应充分考虑规模效益的发挥问题。大熊猫国家公园社区多处于地形复杂的山区，耕地资源缺乏，劳动力分散，生产空间受到挤压，城市化导致的劳动力流失问题突出，发展适度规模经济难度较大，组织化与合作化成本较高。大规模的开发并不适合国家公园区域发展的客观实际，然而过于分散不但会带来成本问题，同时也将带来产品质量和服务质量不达标的问题。这给大熊猫国家公园社区现有的发展能力以及传统的生产生活习惯带来不小的挑战。因此，在发展适度的规模经营、提升发展组织化与合作化水平、增强社区管控能力等方面，对规划制订提出了更高要求。

四是规划应充分考虑就业与生态环境压力平衡问题。城市化导致人口虹吸效应，城市就业压力增加。城市化带来城乡人口的转移和大规模流动，在经济整体下行的大环境下，劳动力就业成为突出社会问题。根据国家统计局的数据，截至 2019 年 3 月，全国 31 个主要城市的调查失业率为 5.1%，处于近两年以来的较高水平；城镇调查失业率为 5.2%，亦是处于近年来较高水平。相较于 2018 年，失业率在 2019 年一季度的"跳升"反映了当前就业市场形势的严峻，稳就业的压力依然存在。大熊猫国家公园社区以劳动力输出为主，其转型发展对于吸纳劳动力、推动劳动力在地就业和创业，进而缓解全社会就业压力具有积极意义。大熊猫国家公园社区发展需要劳动力，但人口的增加以及随之而来的开发强度的增大也将对生态环境造成压力。因此，城乡劳动力的流动和分配也将是长期困扰国家公园社区发展的“双刃剑”，在规划制订过程中，应考虑保就业和保生态的平衡问题。

（二）大熊猫国家公园社区发展宏观趋势及其对社区规划的启示

1. 大熊猫国家公园社区发展宏观趋势

一是经济和生态全球化要求国家公园社区实现可持续发展。经济和生态问题已将世界各国连接成为命运共同体，全球化背景下的可持续发展已成为全球共识。全球性气候变化、野生动植物栖息地的退化和减少、生物多样性的丧失是大熊猫国家公园社区可持续发展面临的重要约束和前提。社区的可持续首先是其赖以生存的环境和资源的可持续，在经济和生态全球化的现实条件下，大熊猫国家公园社区的开放和发展同样面临全球性机遇与挑战。大熊猫国家公园的设立既是对大熊猫这一地球上珍稀物种从景观角度的保护，也为全球贡献人与自然和谐相处以及可持续发展的中国方案。在经济全球化影响下，国际社会分工也将更加成熟，各国将通过充分发挥比较优势来获得可持续的经济增长。对于大熊猫国家公园社区而言，传统养殖、林下采集显然以分散小农为主，生产成本高、规模效益低。但是，如果发挥大熊猫栖息地生态系统服务功能的优势，生态农产品和生态旅游产业从国际供给端来看是具有比较优势的。

二是现代化经济体系推动国家公园社区实现高质量发展。2018 年，我国人均 GDP 达到 9900 美元，中国已经进入中等偏上收入地区行列。在达到中等收入水平以后，通过牺牲环境和资源换取经济快速发展的方式已经不可持续，因此，需要提高经济发展质量。高质量发展是中国共产党第十九次全国代表大会提出的新表述。国家公园最大的优势是大熊猫及其栖息地的生态环境，以生态保护为前提，生态环境及其提供的生态系统服务功能的友好型开发是推进供给侧改革的重要依托。在生态文明和构建现代化经济体系国家战略的指导下，大熊猫国家公园必须将生态资源优势转化为经济发展优势，以高质量发展降低自然资源消耗。

三是城市人口增长和消费结构升级倒逼国家公园社区实现转型发展。随着国内收入水平提高，城市人口增长和消费结构升级是大势所趋。人口增长和消费结构升级为大熊猫国家公园社区发展生态种植养殖业和旅游服务业带来了机遇，倒逼国家公园区域进行产业结构调整和业态升级。国家公园的生态优势是能够提供优质的农产品和旅游环境，在发展生态友好型产品方面有先发优势。但就目前而言，国家公园相关产业的产品质量、技术和服务水平不高的问题普遍存在，发展后劲不足，还难以适应消费结构的快速升级。

四是实施乡村振兴战略要求国家公园社区实现协调发展。实施乡村振兴战略是我国全面建成小康社会的重要依托和保障。大熊猫国家公园涉及 29 个县（市、区）160 余个乡镇。区域特点是山区较多、城乡差距较大、贫困人口较多，肩负生态保护、脱贫攻坚重担。大熊猫国家公园社区实施乡村振兴战略的难点在于如何实现城乡的协调和均衡发展。大熊猫国家公园涉及多个贫困县甚至深度贫困县，城乡经济社会发展水平差距较大，给实施乡村振兴战略带来挑战。同时，大熊猫国家公园大部分属于川西北生态示范区，同时也涵盖多个民族地区，承担着与环成都经济圈、川南经济区、川东北经济区、攀西经济区诸多重要区域协调发展的任务，同时也肩负着区域间“五位一体”协调发展的使命，对落实四川省“一干多支、五区协同”战略具有重要意义。党的十九大报告在提到实施乡村振兴战略时指出，要“实现小农户和现代农业发展有机衔接”。

2. 大熊猫国家公园社区发展宏观趋势对规划的启示

第一，规划应促进保护区与社区融合。大熊猫国家公园管理局作为统筹管理机构，要打破传统大熊猫保护“九龙治水”格局，为保护区和社区关系缓和与融合提供新平台。传统的保护区和社区的对立局面要在大熊猫国家公园体制建成后得到有效缓解。大熊猫国家公园要能够整合保护区和社区，实现协调管理，消除传统对立矛盾，统筹考虑大熊猫保护和社区发展目标，降低社会管理和协调成本。借鉴卧龙国家级自然保护区的保护管理经验，通过实现“疏堵结合”的社区协调管理，增强社区支持保护、参与保护的内生动力。

第二，规划应增强国家公园民生保障功能。大熊猫国家公园的功能分区明确给予了社区发展空间，以一般控制区界定了社区发展的地理范围和承载功能，为大熊猫国家公园社区自然资源友好型发展提供了政策依据和保障，也为社区明确了发展空间和方向。结合到 2020 年打赢脱贫攻坚战、全面建成小康社会的总目标，大熊猫国家公园社区规划要为实现民生保障功能和社区可持续发展奠定经济基础。

第三，规划应协调资源与环境的承载力。大熊猫国家公园要求实施更严格的保护政策，坚守生态红线，保障生态安全底线，实现社区可持续发展目标，这需要大熊猫国家公园有可靠的资源和环境承载力。在政策体制层面，国家公园实行新的分区，保护区域管理更加严格，发展区域得到了保障。统筹规划国家公园社区发展，要避免过多的游客带来的人为干扰压力，着眼建立可控的、高质量的产业发展空间，要考虑资源环境的协调，为社区产业升级带来机遇，对社区产业的经营规模、经营标准、环境友好程度提出明确的规范化要求；更要对难以适应国家公园发展的高耗能、高污染的工业，成规模的种植养殖业，以及采矿业等产业建立淘汰、退出机制，以保障资源环境的承载力与社区经济社会发展相协调。

第四，规划应提升社区可持续发展能力。在脱贫攻坚、全面建成小康社会的总要求下，随着乡村振兴战略的实施、城乡公共服务一体化进程的不断推进，通过市场的培育和认可，大熊猫国家公园社区发展将获得有针对性的政策扶持和必要的发展空间，带动未来产业的升级和结构调整，农文旅融合将成为产业发展新趋势。大熊猫国家公园社区规划要着眼于提升可持续发展能力，在提升收入水平的同时，逐步改变收入结构。要大幅提升农文旅收入比重，使其占据主导地位。要在农文旅产业大融合的背景下，进一步发挥大熊猫国家公园生态优势。高质量、生态化的放牧和林下采集仍然具有比较优势，但对农牧民的要求也将进一步提高，走向精品化；种养业仅成为点缀型产业，供消费者观光、体验；让农民不再只从事种植和养殖，保护区的巡护队员也不仅限于巡山，而要成为懂家乡、能导游、会讲解的复合型人才；在外部市场的推动下，大幅提高社区居民素质，使社区可持续发展能力得到进一步提升。

三　大熊猫国家公园社区规划建设已取得的成效及存在的问题

（一）大熊猫国家公园社区规划建设的成效

1. 建立了保护区与社区的沟通交流渠道

社区规划建立起保护区和社区互相认识与了解的桥梁，使双方相互理解。由于保护区的传统保护工作与社区对保护区自然资源的利用往往存在冲突，社区和保护区往往因为缺乏有效沟通而触发矛盾。编制社区规划作为一个促使保护区和社区共同工作的平台，通过建立沟通机制，增进保护区与社区对实际情况的了解，同时也推动了社区对保护工作的认识和理解，使得保护区和社区以合作的方式共同处理好保护与发展的关系。

2. 社区发展与保护区矛盾部分缓解

虽然在 43 个保护地管理单元中仅有 9 个保护地开展过社区规划工作，但可以明显看到，上述 9 个保护地与周边社区建立了良好的关系。一方面，通过开展社区规划工作，增加了社区对保护地和自身所处环境的了解，社区掌握了更多关于生态保护和建设的知识和法律法规；另一方面，通过规划的实施，保护地管理单元有了一个与社区共同发展的明确目标，增强了合作管理，增加了合作和互动的次数，进一步通过社区工作，建立了较为融洽的伙伴关系。虽然，从总体而言，保护地对社区的经济发展支持仍然有限，但通过沟通、对话，打破了二元结构的隔阂，加大了互相支持的力度，对于保护地和周边社区矛盾的缓解起到了关键性作用。

3. 积累了一定的社区规划经验

社区规划是一个社区工作方法的导入过程，在规划编制过程中，保护地的相关工作人员也参与其中，与外部规划团队共同开展工作，在此过程中，学习了社区工作方法，加深了对社区的理解，初步掌握了社区规划的工作方法和工具。因此，编制规划的过程也是培养社区规划人才的过程。在大熊猫国家公园体制建设过程中，可以充分利用这些人才所积累的社区规划工作经验，指导周边社区开展规划编制工作，从而提高社区工作成效。

4. 增强了社区发展的动力

现有保护地开展社区规划，明确了保护地对社区发展的支持态度，为社区注入了更多的发展资源和力量。尤其是在大熊猫国家公园政策逐渐清晰的背景下，保护地开展社区规划工作的优势更加凸显，社区协调发展成为大熊猫国家公园体制建设的重要组成部分，而社区规划对于保护地管理部门而言，就是开启社区共建、共管、共发展、相互合作的钥匙，从保护地的角度为周边社区注入了另一股发展力量，增强了周边社区发展的动力。对开展社区规划的保护地而言，社区所处的发展环境、发展机遇以及对外交流的机会明显多于未开展社区规划的保护地。

（二）大熊猫国家公园社区规划建设存在的问题

1. 大熊猫国家公园社区规划覆盖率偏低

经过对大熊猫国家公园各保护地的调查，近五年来，在 43 处保护地（包含自然保护小区）中，仅有四川平武县王朗国家级自然保护区、四川都江堰市龙溪－虹口国家级自然保护区、四川广元市唐家河国家级自然保护区、四川卧龙国家级自然保护区（卧龙特别行政区）、四川平武县关坝沟流域自然保护小区、甘肃陇南市白水江国家级自然保护区等 6 处保护地，以保护地为主导开展过周边社区规划，仅占保护地总数的 13.95%。此外，大约在 15 年前，在 ICDP、GEF 等国际项目的支持下，还有四川平武县雪宝顶国家级自然保护区、雅安蜂桶寨国家级自然保护区和喇叭河省级自然保护区也编制过社区规划。这些保护地管理单位所开展的社区规划工作大多通过开展对外合作实现。可见，整体而言，大熊猫国家公园内社区规划工作对外合作的范围不大，获得的外部支持明显不足；保护地本身制订社区规划的总数偏低，在保护地付诸实践的比重还不高。保护地纯生态保护的传统职能还未得到根本转变。

2. 大熊猫国家公园社区规划投入不足

通过采访和调研我们了解到，大部分保护区首先肯定了社区工作的重要性，但是由于行业部门职能的限制，并不能完整地开展社区工作，且由保护区支持编制社区规划的法律地位不明确，还不能得到当地政府部门的确认，因此，从保护管理单元的角度看，大熊猫国家公园社区规划投入明显不足。从当地政府的角度看，虽然有针对乡镇一级的发展规划，但由于与生态保护的关联性不强，大尺度的规划并不能照顾到这些社区所面临的实际问题，从而导致保护地周边社区的发展不能有效地与生态保护有机融合。很难像卧龙国家级自然保护区一样，由于特区的特殊体制，做到对社区发展和生态保护进行有机的融合与平衡。因此，对于保护地周边社区的特殊发展区域，有针对性的社区规划总体投入不足，很难有效地指导当地社区的发展和协调与保护地的关系。

3. 大熊猫国家公园社区规划需求较大

在采访过程中发现，各保护地管理部门对社区规划的需求较大。各保护地对周边社区往往承担了相应的经济发展任务，帮扶社区开展扶贫和经济发展工作，尤其是大熊猫国家公园范围内多涵盖贫困地区，经济发展的压力较大。因此，社区发展和协调问题一直是各保护地最为困难、牵扯精力最大的问题，各保护地亟须找到社区发展的突破口。但由于受到保护地生态保护法律法规，尤其是环保督察的约束，一时难以形成有效的发展思路和策略。各保护地开展社区发展工作的需求十分强烈。

四　加强大熊猫国家公园社区规划能力的建议

（一）建立大熊猫国家公园社区可持续发展的规划体系

首先，要明确规划管理职责。明确大熊猫国家公园管理局各级对于规划编制和管理的职责，使得社区可持续发展规划在整个公园内更能体现统一性、管理性和协同性。从规划管理成果制定层面，建议由大熊猫国家公园管理局负责规划编制指南的制定。省一级根据编制指南制定《社区可持续发展战略规划》。省以下各分局根据专项规划制定符合区域特色的《专项规划与实施计划》，建立完备的规划编制体系。从规划成果的管理层面，各省级社区可持续发展战略规划需报大熊猫国家公园管理局审批，各分局规划成果由各省局审批，并报大熊猫国家公园管理局备案，形成完善的规划编制和成果管理体系。

其次，要制定《大熊猫国家公园社区可持续发展规划编制指南》。《大熊猫国家公园社区可持续发展规划编制指南》的制定由大熊猫国家公园管理局负责，是各省局、分局如何开展大熊猫国家公园社区可持续发展规划编制工作的指导性文件。指南的编制应明确社区可持续发展规划的规划范围选择（包括社区和森工企业）、编制原则、编制规程、规划团队的选择及人员要求、规划编制的主要内容、规划方法和工具的运用、经费来源以及规划的评审和修订等工作内容。编制指南的相关培训工作可由大熊猫国家公园管理局和各省局负责开展和实施，培训对象主要为各分局管理人员和规划编制队伍。编制指南应作为各级规划成果的编制依据，并严格按照编制指南进行规划编制工作。

最后，要制定《大熊猫国家公园社区可持续发展战略规划》。战略规划由各省级大熊猫国家公园管理局负责编制和发布，并报大熊猫国家公园管理局审批。根据《大熊猫国家公园社区可持续发展规划编制指南》的相关规程，立足省情，制定为期5～10年的战略规划。规划应明确省级大熊猫国家公园管理局的管理目标，针对大熊猫国家公园社区可持续发展的战略性问题进行部署；对各大熊猫国家公园管理分局的总目标和总任务进行战略部署；对大熊猫国家公园社区可持续发展的定位和方向进行准确研判；《大熊猫国家公园社区可持续发展战略规划》作为各分局规划成果的重要支撑和依据，应在《大熊猫国家公园社区可持续发展规划编制指南》发布前即开展相关研究工作，并在《大熊猫国家公园社区可持续发展规划编制指南》发布后，尽快部署《大熊猫国家公园社区可持续发展战略规划》编制工作。

（二）培育一批高质量社区可持续发展规划队伍

一是全面提升管理机构的规划能力。提高大熊猫国家公园地方管理机构对社区规划的认识和能力。组织管理部门、专家、规划支持单位、社区代表等定期共同举办社区可持续发展规划重点方向研讨会。明确社区可持续发展规划所面临的关键性、方向性问题。各分局和管理站围绕关键议题，对如放牧、资源采集、养蜂等一系列具体而事关社区切身利益的问题进行研讨。鼓励多方参与重点方向议题的研讨，并通过研讨会，形成方向性的、阶段性的成果。这些成果可以成为各专项规划的重点内容，研讨会可与专项规划工作同时进行，并通过“重点方向研讨会 + 专项规划编制”的方式促进重点议题研讨成果的落地，在专项规划和实施计划中得到体现。

二是规划支持单位队伍能力建设。规划队伍和人才的短缺将是未来大熊猫国家公园社区可持续发展规划工作的最大短板，同时，也将在很大程度上影响规划成果的质量。对规划支持单位尤其是人才队伍的建设应予以充分的重视和支持。第一，开展行业交流与培训。定期召集规划支持单位对大熊猫国家公园管理局出台的规划政策、规章制度进行培训和学习，扩大视野，提高对大熊猫国家公园体制的认识。第二，通过开放式的能力建设方式，有意识地对规划管理人员进行引导，培育 10 家以上社区可持续发展规划支持单位。第三，邀请专家对国际先进的规划工作方法和理念开展讲座和培训。鼓励规划支持单位挑选人才进行相关培训与学习，营造一个人才成长的良好环境。第四，从政策导向上给予支持，鼓励规划支持单位进行人才的培养和储备，作为智力密集型行业，从政策上进行定向扶持。

（三）建立广泛的规划工作交流和协调机制

一是建立规划编制单位选择机制。规划编制单位的选择是决定规划质量的关键，《大熊猫国家公园社区可持续发展战略规划》或各专项规划一般采用政府采购、公开招标的方式进行。但是由于传统低价中标的方式往往使投标单位通过极力压低报价而中标，并不能确保规划质量。因此，应建立一套质量与报价并重的规划编制单位选择机制。第一，建立质量优先的综合评价体系，调整规划编制单位选择依据中报价和质量的权重，适当提高关于规划编制质量和投标单位质量的比重，从而避免恶意低价竞争行为。第二，选择规划编制单位实质是对规划队伍的选择。应充分考虑规划编制单位的前期规划成果，以及规划队伍的实力。应选择具备农业经济、社区治理、生态保护等相关专业以及相关跨学科专业的规划队伍，确保规划的专业性。第三，探索健全行业资质认定，建立规划编制单位信息库，对规划编制单位进行评级认定和信用记录，以增强规划编制单位的可靠性。

二是建立规划的监测和评估机制。规划编制的完成仅是规划实施工作的开端。还应在规划实施过程中，建立起一套科学的规划监测和评估机制，来阶段性地衡量规划的落地性和有效性。第一，建立规划实施监测指标体系。根据各分局的规划目标，建立完善的规划监测指标，指标的设定尽量能够与统计部门统一口径，以确保数据的可获得性，同时对于有针对性的指标配套建立科学的收集方法，定期对指标进行更新记录。第二，在省级层面建立社区可持续发展规划监测动态数据库。定期开展监测数据的收集，实现数据汇总，一方面动态监测各区域规划实施情况，另一方面通过建立标准化的数据库可实现大熊猫国家公园社区的横向对比，提高规划管理的效率。第三，建立规划实施成效评估专家委员会，通过定期听取各规划实施单位的汇报、开展实地调研等方式对规划实施成效进行评估，提出新的政策建议，以保障规划的有效实施。第四，根据数据监测情况和评估结果对规划进行调整。规划的修订应依据评估结果进行，在规划管理方面，对于修订的规划成果应通过专家论证、主管部门审批的程序。

三是完善规划的经费保障机制。大熊猫国家公园社区可持续发展规划是一项长期和系统的工作，应进一步完善规划编制和实施的经费保障机制。第一，对于战略规划的编制，建议由大熊猫国家公园管理局进行统一经费划拨，支持各省局开展规划战略研究及规划的编制工作。第二，各省局负责对各分局专项规划编制工作的支持，各省局应通过专项资金对各分局规划编制工作进行经费支持，确保规划编制工作的顺利进行。第三，制定规划资金管理办法，在省级和地方层面分别制定规划资金使用管理办法，明确经费的使用范围、期限和责任等内容。第四，规划应积极争取对外合作，开拓规划经费的来源渠道。

五 结语

大熊猫国家公园重在创新自然生态系统保护的新体制、新模式。国家公园坚持全民共享，着眼于提升生态系统服务功能；促进生态环境治理体系和治理能力现代化，保障国家生态安全，实现人与自然和谐共生。大熊猫国家公园社区可持续发展规划应勇于创新，敢于面对多年来困扰自然保护地有效管理的社区问题；应不忘初心，把加强大熊猫栖息地生态系统服务功能与社区全面建成小康社会有机融合；应开阔视野，把规划的内容从经济发展拓展至大熊猫及其栖息地管理、生态文化保护与传承、原住民生计福利等多个领域，并与周边区域和更大的生态区建设紧密结合。

参考文献

《大熊猫国家公园管理局正式成立》，中国日报网，2018 年 10 月 30 日。

罗亚文、魏民：《台湾地区国家公园社区规划初探》，《中国城市林业》2018 年第 2 期。

B.3
大熊猫国家公园建设中的集体林流转方式研究

——以平武县黄羊关藏族乡草原村为例

赖艺丹　张远彬*

摘　要： 随着大熊猫国家公园建设的深入，亟须解决集体林的流转问题。在大熊猫国家公园规划中，集体林占据了大熊猫国家公园核心保护区，对大熊猫国家公园的建设发挥着重要作用。本文基于对四川省绵阳市平武县黄羊关藏族乡草原村的实地调研和集体林的相关政策，从微观层面展示社区集体林的现状和流转意愿，从不同维度探讨集体林流转之于自然保护地管理部门的可行性，为未来大熊猫国家公园集体林管理提出从下到上的信息与思考。

关键词： 大熊猫国家公园　集体林　集体林流转

一　大熊猫国家公园建设与集体林流转

（一）大熊猫国家公园建设概况

1. 大熊猫国家公园建设背景

大熊猫作为我国特有的国宝级野生动物，曾广泛分布在我国的黄河

* 赖艺丹，四川省社会科学院硕士研究生，主要研究方向为农村发展；张远彬，中国科学院水利部成都山地灾害与环境研究所副研究员，主要研究方向为山地森林生态学。

流域、长江流域和珠江流域。它不仅是古老珍稀的野生动物，还作为代表中国的和平使者与世界各国进行交流，也是保护世界生物多样性的旗舰物种。然而由于受到全球气候不断变化、地球地质的改变和大熊猫自身的生物习性等因素的影响，目前大熊猫主要栖息于秦岭和四川盆地向青藏高原过渡的高山峡谷地带。此区域是中国生态安全屏障的保护区，地形地势极其复杂，有丰富的生物多样性和明显的垂直气候分带，具有全球保护的价值。

在中央经济体制和生态文明体制改革专项小组不断推进下，2016 年 4 月 8 日，将四川、陕西、甘肃三省的大熊猫主要栖息地整合设立大熊猫国家公园的方案在专题会议中提出。2018 年 10 月 29 日，在四川成都，大熊猫国家公园管理局正式成立。这标志着大熊猫国家公园体制试点工作拉开序幕。

2. 大熊猫国家公园建设的重要意义

建立大熊猫国家公园，有利于稳定大熊猫的种群繁衍，大熊猫是我国特有的物种，必须保护和增强其栖息地的完整性、连通性和协调性。在大熊猫的主要栖息地，四川、陕西、甘肃三省开展大熊猫国家公园体制试点，这是响应中央统筹推进“五位一体”总体布局的重大战略决策，是贯彻落实新发展理念、促进建设美丽中国的重要抓手。在体制试点基础上设立和建立大熊猫国家公园，是践行“绿水青山就是金山银山”理念，促进人与自然和谐共生，实现重要自然资源资产国家所有、全民共享、世代传承的具体实践。大熊猫是我国的“外交官”，大熊猫国家公园的建立更是中国形象的体现。其不仅承担为建立以国家公园为主体的自然保护地体系提供示范和引领带动全国生态文明体制改革的历史使命，也是中国为全球生态安全做出积极贡献的伟大行动。

大熊猫是保护生物多样性的旗舰物种，大熊猫国家公园的建立，有利于形成重要的国家生态屏障，全面保护典型生态脆弱区，维护土地生态安全。大熊猫国家公园的体制创新，是解决跨部门、跨区域体制问题的典范，可实现对山、河、林、田、湖、草重要自然资源和自然生态系统的原真性、完整性和系统性保护。在全面建成小康社会的时代背景下，转变生活生产方式，转变经济结构，全面协调经济社会发展和生态保护，有利于创造人与自然和谐共存的新局面。

（二）中国集体林改革研究

1. 集体林基本管理方式

中国集体林主要划分为公益林、商品林。公益林也被称为生态公益林，这类森林与灌木林的主要目的是改善与保护人类的生存环境、维护生态平衡、保存物种资源、国土保安、科学实验、森林旅游等。主要种类有防护林与特种用途林。商品林大多是以生产薪炭、木材、干鲜果品及其他工业原料为主要经营目标的森林和灌木林，包含用材林、薪炭林、经济林。用材林主要是生产木材的林木和森林，还包含以生产竹材为经营目的的竹林。薪炭林主要为生产燃料的林木。经济林是以生产果品、饮料、食用油料、调料、药材和工业原料等为经营目标的林木。

认定的国家级公益林保护等级分为三级。一级国家级公益林原则上不得开展生产经营活动，严禁林木采伐行为；在不破坏森林生态系统功能的前提下，二级国家级公益林的林地资源可以合理利用，适度开展林下种植养殖和森林游憩等非木质资源开发与利用，科学发展林下经济，例如可以进行抚育与更新性质的采伐；三级国家级公益林应当以增加森林植被、提高森林质量为目标，加强森林资源培育，科学经营、合理利用（一、二级以外的划为三级）。

禁止在国家级公益林地开垦、采石、采沙、取土，严格控制勘查、开采矿藏和工程建设征收、征用、占用国家级公益林地。除国务院有关部门和省级人民政府批准的基础设施建设项目外，不得征收、征用、占用一级国家级公益林地。林业主管部门对国家级公益林管护情况检查验收，组织定期调查和动态监测工作，及时掌握国家级公益林动态变化情况，分年度更新国家级公益林资源档案和基础信息数据库。

2. 集体林改革成效

集体林改革主要指集体林权制度改革。集体林改革的主要任务包括以下四个方面：一是明晰产权，二是放活经营权，三是落实处置权，四是保障收益权。明晰产权是基础改革，放活经营权、落实处置权、保障收益权是深化集体林权制度改革。放活经营权主要是指林权流转。落实处置权就是可依法继承、抵押、担保、入股、允许合理利用林地资源开展林下种养、开发森林旅游业等。保障收益权指征占用林地补偿、森林生态效益补偿以及集体林其他合法收入等要兑现到农户。从2013年起国家级公益林补偿标准是每年每亩15元，省级公益林补偿标准仍然是每年每亩10元。其中0.25元是《中央生态效益补偿基金管理办法》规定由省级财政部门列支，用于公共管护支出。实际补偿到位资金就是国家级公益林是14.75元/亩，省级公益林是9.75元/亩。

日前，笔者从国家林业和草原局经济发展研究中心了解到，2017年，集体林权制度改革监测项目组继续对云南、福建、湖南、甘肃、辽宁、江西、陕西7省70个样本县350个样本村3500个样本户进行跟踪调查，并开展林权流转、林业经营模式、普惠制林业金融、重点生态区位商品林赎买、农户承包造林履责、林业龙头企业经营效益、家庭林场发展、农民林业收入、完善集体林权制度第三方评估方案9个专题研究。结果显示，样本地区林权管理制度不断规范，林业经营制度稳步发展，财政支持保护力度逐步加大，林业金融产品不断创新，林业社会化服务体系逐步完善。

3. 集体林改革发展探究的重要性

中央鼓励各类型的社会主体依法依规通过合作、转让、转包、入股、租赁等形式参与林地权益流转，促进社会资本发展适度规模经营。目前，极其需要重点推动宜林荒地荒山荒沙的使用权流转，促进土地绿化。支持和鼓励地方制定林权流转奖励补助、林地流转保险补助、减免林权变更登记费等扶持政策，用有序的方式引导农户进行林地经营权的流转，并促进其转移就业。各地区要重点完善基础设施，支持和引导农民以林权等入股发展林业。①

① 《国家林业和草原局关于进一步放活集体林经营权的意见》，《当代农村财经》2018年第8期，第54~55页。

在位于大熊猫国家公园中的集体林开展采取协议保护形式的集体林流转，体现了“国家公园的首要功能是重要自然生态系统的原真性、完整性保护，同时兼具科研、教育、体验等综合功能”的定位，对流转模式进行了创新，为其他地区集体林的流转提供借鉴。

（三）大熊猫国家公园中的集体林概况

1. 大熊猫国家公园的集体林基本情况

根据2016年全国土地调查数据，在大熊猫国家公园的试点区域内，国有土地面积19436平方公里，集体土地面积7791平方公里。根据《土地利用现状分类》（GB/T　21010—2017），试点区域内的土地利用现状见表1。

表1　大熊猫国家公园土地利用现状

单位：平方公里，%

土地类型	面积	占比
耕地	215	0.79
园地	91	0.33
林地	23305	85.60
草地	1816	6.67
工矿仓储用地与住宅用地	28	0.10
特殊用地	8	0.03
交通运输用地	8	0.03
水域及水利设施用地	145	0.53
其他土地	1610	5.91

在《建立国家公园体制总体方案》中，明确规定禁止开发国家公园内区域，对国家公园实行全国生态保护红线区域管控。目前分别由国家、省、市、县各级政府对试点区内共19436平方公里的国有土地及其附属资源进行管理，但缺乏责任主体，所有者不到位。大熊猫国家公园核心保护区的集体土地面积为3735平方公里。国家并未出台国家公园内集体土地及其地上资源的有关管理政策，因此，如何管理国家公园内土地及其附属资源需要进一步研究创新。

大熊猫国家公园内一般控制区面积有 7016 平方公里。四川的一般控制区域面积为 4681 平方公里，其中，一般控制区的集体土地面积为 2542 平方公里。大熊猫国家公园管控分区及土地面积如表 2 所示。

表 2　大熊猫国家公园管控分区

单位：平方公里

管控分区		面积	其中:耕地	其中:集体土地
大熊猫国家公园	①核心保护区	20211	20	3735
	②一般控制区	7016	195	4056
	小计	27227	215	7791
四川	①核心保护区	15588	13	2984
	②一般控制区	4681	110	2542
	小计	20268	123	5527
陕西	①核心保护区	3151	2	418
	②一般控制区	1233	15	480
	小计	4384	17	898
甘肃	①核心保护区	1472	5	332
	②一般控制区	1103	70	1034
	小计	2575	75	1366

2. 大熊猫国家公园集体林的重要性

集体土地是农民财产的一部分，在发展的同时，坚决不能损害农民的权益。如何对国家公园内集体土地及其地上资源的利用进行统一管控，国家暂未出台明确的政策，需要进一步对管理政策进行研究与创新，探索集体所有自然资源资产使用方式。近年来，我国大力开展集体林改革，在维持原集体土地所有权性质和基于家庭承包的双层管理体制的前提下，打破林权流转的障碍，激发土地的融资功能。虽然我国现代林业建设已经取得令人瞩目的成就，已经进入科技兴林新阶段，但是我国现有集体林权流转机制仍不完善，存在一些缺陷，例如法律规范与实际经营脱节所造成的产权不明晰给农民权益保障带来了一定困难，并且农民维护权益的成本相对较高，等等。

国家公园建设的重要任务是通过探索创新生态保护管理体制机制，把大熊猫国家公园建成生态文明体制创新、人与自然和谐共生的先行区，形成权属清晰的资源管理体制，实现对自然资源保护和利用的有效管控。在此背景下，四川小河沟省级自然保护区管理处在2016年向国家林业局申报了大熊猫国际合作资金项目，在保护区周边社区开展集体林大熊猫栖息地赎买试点，进行集体林权向保护区流转的可行性研究。这既是对大熊猫国家公园管理体制的积极探索，又是对国家重点生态功能区集体林权制度改革的进一步深化。

二　案例分析：平武县黄羊关藏族乡草原村集体林流转可能性分析

（一）研究区

1. 自然地理概况

草原村是平武县黄羊关藏族乡的一个行政村，紧邻小河沟省级自然保护区。位于平武县的西北部。草原村有2个村民小组（拨泥沟、桤木口），共59户249人，分布在海拔1880～2300米的山地上，坡度在5°～45°，以急险坡为主，自然灾害多，森林覆盖率约78.3%，年降雨量800～1200毫米，平均温度8.0℃～9.0℃。

根据2007年3月下旬的样带和样地调查以及查阅相关资料的不完全统计，草原村植物种类有193种，分属于141属65科。本村的植物物种非常丰富。草原村远离城市，没有污染和干扰，良好的生态环境可以产出优质的产品。

草原村是小河沟省级自然保护区的外围社区，也是大熊猫的现实栖息地。根据全国第四次大熊猫调查数据可知，整个草原村都是大熊猫现实栖息地，且有11个大熊猫活动痕迹点。

2. 社会经济基本情况

（1）基本情况

草原村现有人口249人，其中汉族111人，藏族137人，羌族1人。劳动力占全村总人口的60% ~70%，性别比为3∶2。男性劳动力输出很少，多在本地从事开矿和背矿工作。全村人均收入2373元/年。其中，挖药的收入占60%以上，上山开矿和背矿的收入约占20%，而出售农产品的收入不到20%。因此，该村的经济收入主要依靠自然资源，对村级保护地区和接壤的小河沟省级自然保护区构成严重的干扰和威胁。全村交通条件差，有机耕道仅8000米，主要运输方式为传统的人背和马驮。全村无固定电话和互联网光纤。草原村交通和通信非常落后，严重制约了该村的文化教育、宣传、运输、信息交流等。全村无专业医疗点，仅有两户农户出售非处方（OTC）药品。全村无垃圾集中处理场，庭院卫生条件较差，尤其白色垃圾随处可见，对土壤和水源的污染严重。草原村以前的村小学已经并入黄羊关藏族乡中心小学。全村现有大学文化1人，高中文化3人，初中文化16人，小学文化30人，文盲199人（文盲人口占总人口的79.9%）。可见该村的文化教育相当滞后。村内有私营电站1座，电价0.55元/（千瓦·时）。因利用草原村的水资源和土地，采用优惠电价的方式给予该村村民一定补偿，实际的电价为0.20元/（千瓦·时）。在世界自然基金会（WWF）资助下，全村村民的灶都改成了节能灶，其中有两户使用沼气。薪柴主要用于煮牲畜饲料和烤火，全村年均薪柴用量达275000千克（干重），每人年均用量高达1104千克。全村的住房以传统的木结构加小青瓦为主，砖混结构的住房少。全村人均住房面积8~10平方米，而每户的家禽和牲畜用房面积为20~30平方米。

（2）发展现状

村民主要拥有旱地，还有自留山以及集体柴山。牧业用地权属村集体所有。村民主要用旱地种植玉米和土豆，玉米年产量达700斤/亩，土豆年产量达600斤/亩。有些村民还用旱地种植油菜籽，每年榨油200斤左右自用。大部分村民将小块的旱地用于药材种植，但由于药材的收获期不同，无法估计产量。养殖业以养鸡和养猪为主，极少数村民拥有几头牛在集体牧地放养。大部分村民还会养殖几箱蜜蜂。村民的集体活动较少，村中集体会议不多，公共事务不多，开展文化活动等较少。村中有三间办公室，并且有小型图书室，村民可以借阅书籍。

（二）草原村集体林流转可能性分析

1. 草原村集体林权属

草原村的森林全是集体林，即村有林和社有林。

草原村共有集体林 23257. 20 亩。集体林由 6 个林班组成，每个林班的林权清晰，并已经确权和颁发了林权证。

在 6 块集体林的地块中，仅有 3 块集体林被确定为用材林，另外 3 块集体林被确定为防护林。根据《四川省集体林权流转管理办法》（川林发〔2014〕53 号），用材林、经济林、薪炭林的林地使用权可以流转，而防护林、特种用途林不能流转。在 3 块用材林地块中，岩窝沟 2 块林地边界与小河沟省级自然保护区不直接相邻，仅有水沟岔林地与小河沟省级自然保护区边界直接相邻。因此，水沟岔林地是相对理想的能流转来共管的地块。

表 3　草原村集体林斑块信息汇总

单位：亩

序号	申请表编号	单位	法人	地址	小地名	面积	林种	状态	林权证号
1	0510727060600 JDSYMSY001	草原村	罗会才	黄羊关藏族乡草原村	水沟岔	994. 50	用材林	已打印	6060105
2	0510727060600 JDSYMSY002	草原村	罗会才	黄羊关藏族乡草原村	岩窝沟	6405. 00	用材林	已打印	6060105
3	0510727060600 JDSYMSY002	草原村	罗会才	黄羊关藏族乡草原村	岩窝沟	6405. 00	用材林	变更	6060105
4	0510727060600 JDSYMSY004	草原村	罗会才	黄羊关藏族乡草原村	烂窑子	5260. 50	防护林	已打印	6060105
5	0510727060600 JDSYMSY005	草原村	罗会才	黄羊关藏族乡草原村	拨泥沟	2006. 70	防护林	已打印	6060105
6	0510727060600 JDSYMSY009	草原村	罗会才	黄羊关藏族乡草原村	寨子沟梁上	2185. 50	防护林	已打印	6060105

2. 草原村与集体林的联系

大部分村民平时进入林区主要是砍柴自用以及挖药材，少部分村民还会进行放牧活动。

在“多规合一”的发展思想指引下，随着大熊猫国家公园试点建设的推进，《大熊猫国家公园总体规划》以及随后的专项规划、专项实施方案都将对草原村发展产生重大影响。在大熊猫国家公园的规划设计和管理要求没有明确前，县、乡政府对于草原村的水沟密发展无特别的规划。

3. 集体林流转可能性分析

在地块方面，草原村的水沟岔集体林权属清晰、无争议；与四川小河沟省级自然保护区相邻，为大熊猫现实栖息地或潜在栖息地，并且村民有“转让拟选地块使用权”的意愿。此地块完整，无人为干扰（如开矿、放牧、采石、耕作等干扰），面积大于500亩，具备了可持续开发“环境友好型产业”的利用价值和条件。

政策上，大熊猫国家公园对集体林的赎买是一种创新的政策，在村民充分支持建立大熊猫国家公园与想要得到自身进一步发展的前提下，根据《大熊猫国家公园总体规划》，“按照自愿、有偿的原则，集体土地在充分征求其所有权人、承包权人意见基础上，优先通过租赁等方式规范流转，由国家公园管理机构统一管理，促进生态系统的完整保护。对于确需征为国有的土地，应依法办理征收审批手续，予以合理补偿”。大熊猫国家公园建设鼓励村民以签订协议的形式租用林地，并且村民也可以在林地放牧、挖药材等，极大地增加了集体林赎买的可行性。

对草原村集体林的生态价值进行评估核算，依照马国霞等[①]对我国2015年陆地生态系统生产总价值核算的研究，农田一般不进行生态系统服务的价值评估。红杉林的生产力来源于周世强和黄金燕[②]的研究，指标均来源于鲜

① 马国霞、於方、王金南等：《中国2015年陆地生态系统生产总值核算研究》，《中国环境科学》2017年第4期。

② 周世强、黄金燕：《四川红杉人工林分生物量和生产力的研究》，《植物生态学与地植物学学报》1991年第1期。

骏仁等①对王朗国家级自然保护区（已发表类似文章中离调查区最近、生态系统类型相似的研究区）的研究，在水源涵养、土壤保持、固碳释氧等方面对调查区的生态系统服务进行价值评估（价值指标参考 LYT1721—2008 森林生态系统服务功能评估规范），结果表明，水沟岔的生态系统每年提供的价值为 1127.21 万元。

通过与村干部和农户座谈，了解到村民们非常清楚水沟岔集体林虽然被划定为商品林，但紧邻小河沟省级自然保护区和位于大熊猫国家公园内，政策不允许进行大规模发展，因此对其流转的经济对价不可能高，这是社区已经建立的心理预期。村民们的对价要求主要包括：增加村集体的生态公益护林员岗位数量，工资按现在每年 6600 元的标准，具体的数量由村集体开会决定；容许村民开展可持续的林副产品采集。

对于后续集体林的保护管理，可从以下三个方面探寻可行性。一是村民愿意以村为单位统一对水沟岔集体林进行管理，村委会决定如何把管护责任划分给村民，同时进行监督管理，每个村民都有义务对集体林的管护情况进行监督。二是大熊猫国家公园将对辖区内的生态公益岗位进行统一管理，对护林员进行培训指导和监督。三是当集体林流转后，小河沟省级自然保护区将协助和推进草原村申请“熊猫友好型认证”，这是依靠市场机制对集体林的发展进行监督管理。

三　大熊猫国家公园集体林流转方式创新性研究

（一）集体林协议保护流转创新性及其意义

大熊猫国家公园在集体林的流转中开创了协议保护模式，根据集体林改革的有关法律，对村民的集体林不再是一次性赎买。村民经过讨论后，在一

① 鲜骏仁、胡庭兴、王开运等：《川西亚高山针叶林林窗边界木特征的研究》，《林业科学研究》2004 年第 5 期。

致同意的情况下，对草原村的集体林租用一定的期限，村民还能在集体林中进行可持续采集，在可容纳范围内进行放牧。并且最后还将集体林与保护区土地的管理权交给草原村的村民。从根本上做到了从村民的角度出发，考虑村民与集体林密不可分的关系和对集体林的依赖性，为集体林的流转创造了新模式。

集体林的“三权”（承包权、经营权、所有权）分置运行，中央强调要落实所有权，稳定承包权，放活经营权，充分发挥“三权”的整体效用与功能，这是深入推进集体林权制度改革的重要内容，其核心要义是放活经营权。集体林的协议保护流转，充分发挥了集体林的“三权”效用，用好承包权，用活经营权，为农民享受集体林的联动效益提供创新方案，具有重要的意义。①

（二）对集体林发展的展望

中国有 40 多亿亩林地，是耕地面积的 2 倍多，在南方丘陵地区，林地的面积是耕地面积的 3 倍以上，有 2/3 以上的农民专职或兼职从事林业经营，搞好林业产权制度改革，推动林地使用权顺利流转，是事关农村经济发展和几亿农民切身利益的大事，其意义绝不亚于推行家庭联产承包经营。②

目前对于集体林的研究，大多数只涉及林业或者只涉及流转问题。对于实际的流转方式和流转后林地以及农民的发展研究较少。鼓励农民流转集体林，需要解决依赖集体林的农民生活问题，需要为农民找到稳定的且能代替林业的收入来源。

在解决集体林流转问题的过程中，应依照国家出台的政策，稳扎稳打，避免冒进，不断探索集体林流转的新方式，按照集体林“三权”分置的原则，优化劳动力、资本和林地等生产要素的配置，对集体林经营权新的实现

---

① 胡秦尉、周伯煌：《基于农地“三权分置”法实现为视角的集体林权流转法律制度完善》，《法制博览》2019 年第 20 期，第 61～62 页。

② 杨志诚：《集体林权制度改革的探索：回顾、思考、出路》，《江西社会科学》2008 年第 11 期，第 219～223 页。

形式和运行机制进行探索，推行集体林资源变资产、资金变股金、农民变股东的“三变”模式，增加农民劳务收入和财产收益。鼓励引导农民实物计租、使用货币结算、对租金进行动态调整以及采取入股保底分红的方式，激发更多的农民主动参与林权流转。[①]

参考文献

《国家林业和草原局关于进一步放活集体林经营权的意见》，《当代农村财经》2018年第8期。

胡秦尉、周伯煌：《基于农地“三权分置”法实现为视角的集体林权流转法律制度完善》，《法制博览》2019年第20期。

谭宏利、温亚利、徐钰、秦青：《四川省栖息地周边社区对大熊猫保护的响应及影响因素——基于农户行为视角》，《资源开发与市场》2019年第5期。

杨志诚：《集体林权制度改革的探索：回顾、思考、出路》，《江西社会科学》2008年第11期。

① 谭宏利、温亚利、徐钰、秦青：《四川省栖息地周边社区对大熊猫保护的响应及影响因素——基于农户行为视角》，《资源开发与市场》2019年第5期，第673~677页。

B.4

基于文化与经济利用价值的自然保护地建设经验研究

——以雅江县帕姆岭自然保护小区为例

熊若希 冯 杰*

摘 要： 本文以四川省雅江县帕姆岭自然保护小区为例，阐释了帕姆岭自然保护小区的发展现状、机遇与挑战，提出了实现资源可持续利用、最大限度保护生态平衡、积极做好宣传教育工作、大力发展人才培训等基于当地文化与经济利用价值的建设举措。

关键词： 自然保护地 自然保护小区 帕姆岭 文化价值 经济利用价值

一 自然保护小区简介

（一）自然保护小区的概念

自然保护小区一般零星分布在有重要保护与科研价值的野生动物栖息地、野生植物原生地以及独特的生态地区，主要是指在群体自发性建立的基础上，由社区群众来共同参与管理的区域。而自然保护区、国家公园、风景

* 熊若希，四川省社会科学院农村发展研究所硕士研究生，主要研究方向为农村发展；冯杰，北京山水自然保护中心项目主任，主要研究方向为生态保护和社区可持续发展。

名胜区等一般由政府力量来保护和管理，由政府设立管理机构。而非政府保护力量，有可能是城市或农村居民、企业和社会团体，也可能包括国家的企事业单位甚至行政机构。简单来说，自然保护小区是通过政府批准认定的，由非政府保护力量去进行管理的一种自然保护地。

自然保护小区一般来说面积比较小，北京林业大学崔国发教授通过调查福建、浙江、江西的800多个自然保护小区，发现只有不到1%的自然保护小区的面积超过了500公顷，100公顷以下的自然保护小区的数量占到了总数的46%以上，其中面积最小的只有0.07公顷，最大的达到了3300公顷。①

（二）构建自然保护小区的意义

党的十九大以来，习近平同志高度重视生态文明建设，努力建设美丽中国，而建设自然保护小区是推进生态文明建设的一项具体行动和重要载体，是优化国土空间开发格局和保护生物多样性的重大措施，自然保护小区是自然保护地体系的有效补充，有助于缓解生态保护与经济发展的矛盾。

当前，我国的生态环境日益恶化，植被破坏严重，全国人均森林面积只有0.11公顷，仅为世界平均水平的11.7%，森林覆盖率也仅为13.92%，远低于27%的世界平均水平。生物多样性减少，2015年在《中华人民共和国野生动物保护法（修订草案）》的说明中明确指出，我国野生动物保护形势依然十分严峻。通过建立自然保护小区，使自然保护结构更为合理，功能更加完善，可以有效遏制野生动植物生活环境破碎化、片段化。虽然自然保护小区的面积较小，但对改善小生态环境具有明显作用，多个自然保护小区形成的群体作用，也将对较大区域的生态环境改善产生积极影响。②

① 张国锋：《自然保护小区建设的自主治理问题研究——以四川关坝流域自然保护小区为例》，硕士学位论文，贵州师范大学，2018。

② 许纯纯、陈洁、徐芳：《自然保护小区管理法制研究》，《法制与社会》2016年第36期，第160～162页。

二　雅江县自然保护小区基本概况

（一）自然地理与社会经济概况

1. 自然地理概况

（1）自然地貌

雅江县位于四川省甘孜藏族自治州南部，东面与康定市交界，南面同凉山彝族自治州木里县相邻，西南靠理塘县，北与道孚县、新龙县交界。地处北纬29°03′~30°30′，东经100°19′~101°26′，面积7637平方千米，距离州府康定147千米。雅江县地处川西北丘状高原山区，地势北高南低。大部分地区海拔在3000米以上，山脊超过4000米，海拔5000米以上的山峰有35座。地区西部为极高山地貌，海拔超过了5000米；中部是河谷地貌；北部为山原地貌。努其巴山峰是全县最高点，海拔5252米；牙衣河乡布林永河口海拔2266米，是最低点。雅砻江从县西北方向流入，纳鲜水河、卧龙寺沟、吉珠沟、霍曲诸水，向南流出去。

四川雅江县八角楼乡帕姆岭（北纬30°06′，东经101°11′）海拔在3350~4300米，总面积约51平方千米。其中核心区域面积约3.4平方千米，在核心区中心位置有一藏传佛教寺庙（帕姆岭寺）及其所属神山（帕姆岭神山），核心区海拔在3900~4300米。

帕姆岭地处松潘－甘孜褶皱系巴颜喀拉印支地槽褶皱带雅江腹向斜带核心部位，发育着一系列次级褶皱断裂。地质基础为陆相沉积，地层单一，仅露出中生代三叠系和新生代第四系地层，三叠系地层广布，第四系地层零星分布。帕姆岭及周边区域山体高大、地势险峻、谷岭高差巨大，地貌类型以中山和高山为主，古夷平面发育，冰川作用明显，冰斗、角峰、刃脊、冰蚀湖等地貌较多。区内自然分异明显，植被、气候和土壤呈明显的垂直变化，山体滑坡、泥石流等自然灾害频繁。

（2）生物多样性

依据《中国植被》的分类体系，帕姆岭核心区植被可划分为四种类型，即鳞皮冷杉林（Abies squamata）、川滇高山栎林（灌丛）（Quercus aquifolioides）、光亮杜鹃灌丛（Rhododendron nitidulum）和杂类草高山草甸。

鳞皮冷杉林主要分布于帕姆岭核心区北坡，面积约132公顷。乔木主要为鳞皮冷杉、四川红杉（Larix potaninii），也有一些陕甘花楸（Sorbus koehnean）、川滇杜鹃（Rhododendron traillianum）；灌木主要是光亮杜鹃（Rhododendron nitidulum）、高山绣线菊（Spiraea alpina）、峨眉蔷薇（Rosa omeiensis）、柳（Salix spp.）；草本有零陵香（Anaphalis hancock Ⅱ）、短葶飞蓬（Erigeron breviscapus）、丽江风毛菊（Saussurea likiangensis）、银叶委陵菜（Potentilla leuconota）、鹿蹄草（Caltha palustris）、香芸火绒草（Leontopodium haplophylloides）、箭叶橐吾（Ligularia sagitta）、云南金莲花（Trollius yunnanensis）、马先蒿（Pedicularis spp.）、嵩草和其他禾本科植物等。乔木郁闭度约为50%。灌木盖度在30%～40%，灌木分层明显，上层为川滇杜鹃，最高可达4米，下层的其他灌木均在1米左右；草本盖度较低，一般在5%～15%。

川滇高山栎林和灌丛主要分布于帕姆岭核心区南坡，其中高山栎乔木林约168公顷，灌木林约30.6公顷。川滇高山栎林灌丛高度均值约1.2米，最高不超过2.0米，主要分布于川滇高山栎林与光亮杜鹃灌丛和冷山林交界处，是森林退化所致。乔木主要为单一的川滇高山栎，偶尔会看见针叶树。灌木主要有川滇高山栎、高山绣线菊、黄花木（Pistacia chinensis）、茶镳子（Ribes spp.）等；草本植物主要为菊叶红景天（Rhodiola chrysanthemifolia）、肾叶山蓼（Oxyria digyna）、短叶决明（Cassia leschenaultiana）、嵩草（Kobresia spp.）、石莲（Sinocrassula indica）、线茎虎耳草（Saxifraga filicaulis）、圆穗蓼（Polygonum sphaerostachyum）、拳蓼（Polygonum bistorta）、毛果婆婆纳（Veronica eriogyne）等。

光亮杜鹃灌丛主要分布在帕姆岭核心区的北坡和西坡，面积约35.7公顷。灌木主要为光亮杜鹃、金露梅（Dasiphora fruticosa）、柳等。草本植物有银叶委陵菜、甘青老鹳草（Geranium plyzowiabum）、长毛风毛菊（Saussurea hieracioides）、短葶飞蓬、狼毒（Stellera chamejasm）、黄帚橐吾（Ligularia virgaurea）、云南金莲花、脉花党参（Codonopsis nervsosa）、羽裂风毛菊（Sausurea bodinieri）、川黄芩（Scutellaria hypericifolia）等。

杂草草甸主要分布在帕姆岭核心区周围，面积约4.1公顷。草本植物主要是禾本科，还有鹅绒委陵菜（Potentilla anserina）、四川婆婆纳（Veronica szechuanica）、圆穗蓼、鞭打绣球（Hemiphragma heterophyllum）、华蒲公英（Taraxacum sinicum）、粗毛肉果草（Lancea hirsuta）、马先蒿、甘青老鹳草、楔叶委陵菜等。

经过野外实地调查，并结合“中国观鸟记录中心”（3 种）和“北京大学自然保护与社会发展研究中心”（15 种）在帕姆岭的鸟类观测记录，参照《中国鸟类分类与分布名录》，确认帕姆岭地区共记录鸟类 12 目 36 科 158 种，其中非雀形目鸟类 42 种，雀形目鸟类 116 种。从区系组成上看，帕姆岭地区鸟类区系组成以东洋界为主，有 82 种，其次为古北界，广布种类有 18 种。从居留型看，留鸟占了绝大部分，有 117 种，在 2008 年秋季记录到松雀（Pinicola enucleator）20 余只，可能为迷鸟（Vagrant）。在帕姆岭区域记录到的 158 种鸟类中，有国家一级保护鸟类 4 种，国家二级保护鸟类 16 种，我国特有鸟类 13 种。

帕姆岭地区常见鸟类主要有高山兀鹫、胡兀鹫、四川雉鹑、白马鸡、血雉、高原山鹑（Perdix hodgsoniae）、斑尾榛鸡、雪鸽（Columba leuconota）、岩鸽（C. rupestris）、大嘴乌鸦（Corvus macrorhynchos）、达乌里寒鸦（C. dauurica）、戴胜（Upupa epops）、小嘴乌鸦（C. corone）、棕背黑头鸫（Turdus kessleri）、大山雀（Parus major）、煤山雀（P. ater）、黑冠山雀（P. rubidiventris）、褐冠山雀（P. dichrous）、红头长尾山雀（Aegithalos concinnus）、黑眉长尾山雀（A. bonvaloti）、大噪鹛、橙翅噪鹛、矛纹草鹛、白眉雀鹛（A. vinipectus）、高山雀鹛、鸲岩鹨（Prunella rubeculoides）、拟大朱雀（C. rubicilloides）、棕胸岩鹨（P. strophiata）、斑翅朱雀（C. trifasciatus）、红眉朱雀（Carpodacus pulcherrimus）、白眉朱雀（C. thura）等。

根据野外实际观察，结合红外相机监测，参考《中国哺乳类动物种和亚种分类名录与分布大全》分类体系，确认研究区内有哺乳类（兽类）动物27种，分属5目13科。从区系构成上看，在27种兽类中，东洋界13种，古北界13种，广布种1种。在27种兽类中，有国家一级保护动物1种，为林麝（Moschus berezovskii）；国家二级保护动物7种，分别是猕猴（Macaca mulatta）、猞猁（Lynx lynx）、黑熊（Ursus thibetanus）、水鹿（Cervus unicolor）、斑羚（Naemorhedus caudatus）、鬣羚（Capricornis sumatraensis）和喜马拉雅旱獭（Marmota himalayana）。我国特有种5种，分别是藏沙狐（Vulpes ferrilata）、岩松鼠（Sciurotamias davidianus）、藏鼠兔（Ochotona thibetana）、高山姬鼠（Apodemus chevrieri）、高原兔（Lepus oiostolus）。爬行动物中有高原蝮（Gloydius strauchⅡ），没有记录到两栖动物。帕姆岭区域共分布有国家重点保护动物29种，中国特有物种17种，珍稀特有物种资源特别丰富。

2. 社会经济概况

帕姆岭自然保护小区位于雅江县八角楼乡，地处县境东北部，距县城12千米，位于318国道沿线，包含日基村（松茸村）、帕姆岭村、木泽西村、同达村、更觉村、王呷二村部分区域和帕姆岭寺庙，面积约51平方千米，户数约340户，人口1500余人，包括寺庙常住僧侣120余人。

帕姆岭区域耕地资源有限，林草资源丰富。农业主产玉米、马铃薯、黄豆，经济林木有苹果、核桃等，林下产品以松茸等菌类和一些中药材为主。其中“帕姆岭·松茸”在2018年被评为四川省优质品牌农产品，雅江松茸知名度和美誉度不断提升。

帕姆岭区域林草资源丰富，财政转移支付力度大。生态补偿收入是村民经济收入来源之一，包括集体公益林补偿资金、生态护林员收入、专职管护员收入、草场禁牧补助、草畜平衡奖励资金等。帕姆岭区域涉及6个行政村，约340户，现有生态护林员19位，年收入为6000元/人，专职管护员16位，年收入为1500元/人。

帕姆岭区域草地资源丰富，为了平衡畜牧业和草场资源，实施了禁牧和草畜平衡的项目，禁牧面积22145亩，草畜平衡面积111838亩，奖励补助资金达到445682.5元，区域内共有草管员9名，年收入为3600元/人，涉及村子中同达村面积最大，王呷二村面积最小。

帕姆岭区域基础设施配套不足，区内有两条通车碎石道路，一条从日基村经帕姆岭村至帕姆岭寺庙，一条从王呷二村至帕姆岭寺庙，两条道路全长34千米，部分路段因滑坡等问题存在一定安全隐患。帕姆岭区域内农村电网全部得到改造，电力充足，近期因大风引发火灾，经常停电，同时通信信号也受到影响，通信设施有待改善，部分地区没有通信和网络信号。

帕姆岭山顶水资源有限，帕姆岭寺庙花费200万元打深井来获取水源，基本能满足日常生活所需。帕姆岭山脚下是雅江县日基松茸产业园，已经完成《雅江县松茸产业园专项规划》，正在以川野食品有限公司为主体建设以松茸为主题的生产、文化、旅游综合体。帕姆岭半山腰，日基村至帕姆岭寺庙的道路旁边，农牧局正在建设青稞庄园，是展示当地生态、文化等信息的公共空间。

帕姆岭区域涉及的利益相关者较多，周边的6个村子紧密相连，各有特点，有很强的荣誉感。松茸资源属于共享，寺庙位于山顶，是周边很多村子的朝圣地，丰富的生态资源和文化资源也吸引了很多游客、佛教信徒、自然爱好者以及盗猎者，他们的行为直接影响区域的生态环境。同时帕姆岭属于八角楼乡，因为独特的资源和优越的区位，受到多个部门的关注，主要有林草局、民宗局、旅游局、农牧局、交通局等。

（二）保护现状

成立帕姆岭自然保护小区的主要目的是保护四川雉鹑、松茸等珍稀濒危物种及其栖息地，同时也是为了保护帕姆岭神山等传统生态文化。帕姆岭在雅江县、我国乃至全球生物多样性保护上都具有重要意义。

保护小区内动植物物种较为丰富，珍稀种类多，部分国家重点保护物种的种群数量较大，如国家Ⅰ级保护动物四川雉鹑，国家Ⅱ级保护动物黑熊等。保护区在对国家珍稀濒危物种的保护上具有重要作用。

保护小区内部分植被曾遭受火灾，但植被恢复和保存较好，森林生态系统的功能得到好的发挥，具有好的自然性及完整性。帕姆岭是周边社区松茸的主要采集地，松茸采集期间和庙会期间，人类活动对保护小区的干扰较大。

保护小区的建立除了主要保护以大熊猫为代表的珍稀野生动植物及其栖息地外，还有许多潜在的保护价值。特别是在长江上游的水土保持和生态屏障建设上，具有极其重要的意义，同时保护区域内植被和生态环境对于保障保护小区周边居民的生产、生活需求及社区经济的可持续发展具有重要作用。保护小区保护了生态环境，稳定了水源，调节了气候，为当地社区经济的可持续发展创造了良好条件。

帕姆岭寺庙曾经尝试对该区域进行管理，取得了一定效果，但由于面积大，周边社区多，外来人口逐年增加，管理起来难度较大。

目前，帕姆岭周边社区都设置有生态护林员，生态护林员有具体的管理分区，护林防火季节有联合行动，关键节点设有关卡，并派专人值守。

（三）文化价值与经济利用价值

1. 文化价值

2018 年，“帕姆岭·松茸”被评为四川省优质品牌农产品，位于日基村的松茸博物馆和产业基地正在兴建，雅江松茸知名度和美誉度不断提升。世界三大金刚亥母神山之一就位于帕姆岭。帕姆岭因为拥有 318 国道中国最美景观大道、雅砻江文化旅游走廊、中国松茸之乡的品牌优势而成为大香格里拉旅游中心驿站和自驾游天堂。帕姆岭神山和寺庙是康巴藏区著名的生态文化展示地，是中国十大观鸟圣地，周边拥有丰富的杜鹃花资源。已经立项建设的日基文化旅游产城综合体以松茸产业为核心，逐步形成松茸的贸易、旅游、科普教育、保育的综合体。

2. 经济利用价值

帕姆岭南坡分布的大面积川滇高山栎林是松茸的重要产区，松茸素有“菌中之王”“野菇之冠”的美称，具有丰富的营养价值、药用保健价值和较高的经济价值，又被称为“软黄金”，是珍稀濒危资源。雅江松茸因产量大、品质好而闻名海内外，年均产量 800 多吨。雅江县是全省全州重要的松茸产地，享有“中国松茸之乡”的美誉，其中帕姆岭区域出产的松茸品质极佳，对当地经济发展具有重要意义。

三 帕姆岭自然保护小区发展面临的机遇与挑战

（一）面临挑战

帕姆岭自然保护小区内全部为集体林地和草地，权属清晰。目前该区域主要有以下保护威胁。

（1）火灾隐患。帕姆岭区域地处干热河谷，气候干燥，风大，火灾隐患较大，之前也发生过较为严重的火灾，导致森林资源和松茸资源损失较大。

（2）垃圾管理不到位。垃圾主要是由游客、松茸采集人和寺庙等生产生活产生的，因为没有垃圾回收和处理系统，全部堆放在地上，有些地方已经成为垃圾山。

（3）旅游行为不规范。帕姆岭生态、文化景观非常具有吸引力，一年之中寺庙也会举办多次法会活动，因此到帕姆岭旅游、朝拜的人员数量较多，部分人员行为不规范，如乱扔垃圾、投喂野生动物（藏酋猴）垃圾食品、乱刻乱画等。

（4）盗伐盗猎。根据八角楼乡乡长反映，目前帕姆岭区域仍然有盗伐盗猎的现象，木材砍伐主要是用于自建房屋，盗猎主要来自外部，对象是林麝等野生动物，目的是获取经济收入。

（5）菌类采集不可持续。以松茸为代表的野生菌类分布于帕姆岭青杠林区域，其较高的经济价值导致周边社区在采集时往往不管生长年限长短统统采光，影响了松茸的生长和繁衍，不利于该区域松茸和其他菌类的可持续采集。

（二）发展机遇

1. 中央和四川省加大藏区生态转移支付

“十三五”时期中央和四川省继续实施差别化政策，进一步推进藏区生态文明建设、特色产业发展、民生改善，各项政策叠加为雅江县争取上级支持，创造有利的宏观政策环境。中央把生态文明建设上升到“五位一体”战略高度，大力实施主体功能区战略，不断健全生态补偿机制，加大对生态保护与建设投入力度，《川西藏区生态保护与建设规划（2013～2020年）》等政策扩大了对雅江县等地区的生态转移支付，为推动生态资源向生态经济转化、促进生态系统良性发展、实现可持续发展创造了有利条件，帕姆岭自然保护小区的建设对于提升雅江县的形象、吸引更大规模的转移支付资金具有促进作用。

2. 交通区位条件加快改善

雅江县地处318国道咽喉要道，位于环亚丁和环贡嘎山旅游环线接合部，是川滇藏经商贸易和旅游出行必经之地，是联系康南、康东地区的重要纽带。随着高尔寺隧道的贯通和成都到康定高速公路的开通，以及八角楼乡通往帕姆岭寺庙两条道路的改善，加快了位于318国道沿线的八角楼乡和帕姆岭自然保护小区融入区域一体化进程，全面深化了区域合作，进一步拓展了发展空间。

3. 大熊猫国家公园建立后，四川生态建设需要建立新的试点示范，雅江县具备区位优势和突出亮点

大熊猫国家公园是地方和中央共同打造的生态建设的成果和亮点，但不足以代表四川丰富的自然资源和多元的生态价值，四川省需要在大熊猫国家公园之外建立新的试点示范，而雅江县具备非常突出的区位优势，多年的保护经验和独特的文化底蕴，以及逐步形成的两区三园的自然保护地体系，有助于雅江生态保护和可持续发展成为四川生态建设的新亮点和新示范。

4. 社会对生态保护和生态产品需求不断增加

随着国家经济发展和生态文明建设有序推进，社会对生态保护越发重视，对生态产品的需求越发增强，旅游市场也从大众化逐步走向个性化，越发注重内涵和体验，对类似松茸这样有机、生态的产品需求不断增加，这给具有生态资源优势和独特文化资源的雅江县带来巨大机遇，在国内外知名度极高的帕姆岭区域有着无限的发展前景。

四　基于文化价值与经济利用价值的自然保护地建设经验

（一）基本原则

1. 生态保护与资源利用相结合

严格遵守生态红线和耕地红线基本要求，以生态保护与资源利用为抓手，一方面，整合现有生态护林员和草管员资源，提高社区对帕姆岭自然保护小区的参与度，降低自然资源管护和生态监测的成本；另一方面，给予社区技术、资金和市场等多方面扶持，提高松茸等生态产品的质量和稳定性，加强生态友好型农产品和林副产品认证体系建设和管控，把生态保护与民生改善有机结合，促进周边社区实现脱贫目标，逐步实现乡村振兴和全面建成小康社会目标。

2. 搭建平台与多方合作相结合

建设和发展自然保护小区不应该仅仅是雅江县林业和草原局的职责，所在的县、乡两级政府以及旅游、农业、扶贫等部门都应该认识到自然保护小区对于各自部门工作的帮助，有效整合现有渠道，加大投入力度，共同参与或支持自然保护小区发展。尤其重要的是，雅江县林业和草原局应该厘清自身在自然保护小区发展中的职责，认清自身的能力，搭建自然保护小区平台而不是唱“独角戏”。坚持开放合作理念，形成全社会共建共管新模式。

3. 村民主体与政府引导相结合

注重贫困现状和民族地区特征，因地制宜，循序渐进，充分利用当地传统文化和资源禀赋，充分尊重村民发展意愿，大力强化村民参与，切实发挥当地人民在自然保护小区发展中的主体作用，调动他们的积极性、主动性、创造性，促进共同富裕，提升广大村民在生态扶贫和乡村振兴中的获得感和幸福感。同时强调政府合理引导，帕姆岭自然保护小区面积大，涉及村落多，当地政府要引导周边社区走上生态产业化和产业生态化的高质量绿色发展道路，加强过程监督和指导。

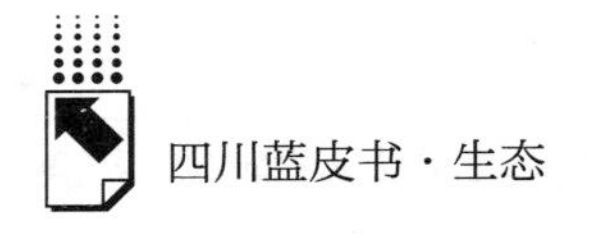

（二）建设举措

1. 实现资源可持续利用

（1）松茸可持续采集。保护小区有丰富的松茸和其他菌类资源，这些资源一直都被当地或外来人员利用。该保护小区的权属为集体，在充分保护生物多样性的前提下，为了协调保护与发展的关系，保护小区可以探索实行松茸产品采集证制度，规范采集行为，可持续地利用自然资源，建立统一的采集标准和流程，规范松茸的可持续采集活动，举办松茸采集节等活动。

（2）开展生态旅游。保护小区距离雅江县城近，紧邻318国道，可以充分利用保护小区独特的生态和文化条件，开展生态旅游，保护小区从旅游中获得部分经济效益。根据节气和监测数据来设计专题观赏线路，包括观鸟、观兽、观花、观山、观星等自然观察体验，松茸认知和采集体验，红外相机监测、松茸监测、帕姆岭科普宣教馆参观等科研体验，寺庙、佛塔、神山游览等藏族文化体验等，在条件成熟时，可以举办帕姆岭自然文化观察节等活动来扩大保护小区的影响力。保护小区由于保护目标和性质，只能是小规模的形式，每天的旅客流量不能超过500人次。休闲旅游的地点限制在帕姆岭保护小区周边的社区。

（3）发展林下经济。选择适合帕姆岭区域气候和土壤条件且市场价格较为稳定的药材品种进行人工种植。选择当年收获的有光泽、饱满、无霉变、发芽率在80%以上的种子，采用种子直播，可以是条播、穴播和撒播相结合，定期进行除草、培土、追肥、灌溉与排水、病虫害防治等，采挖时使用专门的工具或机械，尽量避免弄断其根系，也要注意避免弄断林木的根系，以免对林木的生长造成严重影响。

2. 最大限度保护生态平衡

（1）建立社区互动机制。采用“自下而上”的工作方法。所需劳动力由社区群众提供，并且密切配合、支持保护小区内的管理和保护活动，参与规划、决策、实施和监测等各个环节。保护小区管理委员会提供宣教培训、技术指导，帮助周边社区脱贫致富，使社区群众与自然保护小区之间建立一种资源可持续利用的新型合作关系。开发保护小区与社区双向交流的手机App，收集和发布保护区相关信息，定期维护和更新App，并建立乡级和村级联络员制度，做好社区内信息上传下达及协调工作。

（2）物种保护。加强保护小区的巡护执法，保护四川雉鹑、林麝、血雉等珍稀野生动物的栖息环境，明令禁止非法狩猎、诱捕、杀害野生动物，严格控制一切对四川雉鹑等野生动物生活繁衍产生威胁的活动。健全公安执法机关，依托八角楼乡建立派出所，联合自然保护小区巡护队经常巡山检查，打击偷猎等违法活动。

控制挖药和采集活动。加强与周边社区的协作，制定出具有可持续性的利用措施，对入区采药和采集松茸的人员进行有效控制，限定采药和采集松茸的时间、人数和活动范围。

（3）护林防火。首先，进一步加强《森林防火条例》及其他相关法规的宣传活动，增强保护小区管理人员和周边社区群众的防火意识。其次，保护小区各个管理单元的负责人定期进行防火知识和灭火知识培训，提高防火业务素质。再次，要加强预防工作，严格火源管理。保护小区可以在各个主要入口和居民区设置防火警示牌和书写防火标语，修建必要的护林防火设施。最后，加强保护小区周边社区的护林防火联防，定期召开联防会议，挑选生态护林员和巡护队员组建一支20人左右的兼职防火队伍，充分发挥周边社区民众主体作用和积极性。

（4）病虫防护。与有关科研单位合作，调查病虫害种类。对主要病虫害进行定点、定位、定时观测，对病虫害的特性及发生发展规律进行系统探究，因害设防，因害防治。

做好病虫害发生、发展的预测预报工作。在保护小区设置病虫害预测预报点，进行定期观测，及时预防。更要做好对外来种苗的检疫工作，有效防止外来病虫害的入侵和蔓延。

（5）环境保护。生态环境直接关系到社会、经济发展的可持续性，关系到人类的生存，必须全力进行保护。可能给环境造成影响和破坏的源头是人为活动，包括基础设施建设以及工业“三废”排放等。必须采取行之有效的保护措施，把影响降至最小，以保护当地的生态环境。

依据保护管理的需要，合理开展建设项目布局，尽量利用非林地建设，杜绝违法占用土地及采伐林木，减少破坏森林植被的行为，严禁采挖珍稀植物。

对旅游活动进行监测。在帕姆岭寺庙周边和生态旅游线上合理设置垃圾箱，交给专人负责清运，通过定期收集，再进行分类处理，最后集中送运垃圾处理厂进行统一处理。

3. 积极做好宣传教育工作

（1）对参观者的宣传教育。宣传对象主要包括进入保护小区旅游的国内外游客、在保护小区进行科学考察的科研人员以及参加实习的学生、在寺庙和神山进行藏族传统文化活动的民众等。随着保护小区对生态旅游资源的开发利用，旅游人员逐步增多。因此，对游客的宣传教育尤为重要，要使游客能配合保护小区的工作，使他们成为负责任的旅游者，帮助维护保护小区旅游环境的整洁和爱护保护小区的一草一木，并从中得到美好的感受和旅游的快乐。

（2）对周边社区的宣传教育。帕姆岭自然保护小区周边的社区多，居民也较多，可通过召开村民小组会议的形式进行各种保护宣传。帕姆岭自然保护小区管理委员会人员要经常深入社区，组织召开座谈会，向村民发放宣传资料、宣传画，广泛深入地宣传野生动植物保护和环境保护的法律、法规，宣传帕姆岭自然保护小区的管理办法和各项制度，强调自然保护小区是兼顾保护与发展的一种自然保护地形式，和国家公园、自然保护区、自然公园不同，是村民自建、自管、自受益的一种新型模式。

4. 大力发展人才培训

（1）管理人员培训。采用“请进来，送出去”的办法，大力培养行政管理及专业技术人员。聘请专家、学者在保护小区针对生态环境和野生动植物包括四川雉鹑、松茸等珍稀物种的保护价值、管理、监测、巡护等基础知识对保护小区人员进行技术授课与培训。选送人员到有关大专院校、科研院所进修、培训，以提高其业务素质和专业技术水平。

开展自然保护地之间的交流与合作。选送保护小区成员，特别是管理人员到省内外的保护小区考察学习，扩大知识面。订购专业报刊书籍，供专业人员学习、使用。

（2）巡护人员培训。保护小区需要对区域内生态护林员和巡护队员进行知识和技能培训。一方面，进行国家法律、法规的培训，主要是《森林法》《野生动物保护法》《森林防火条例》《四川省林区野外火源管理办法》等法律、法规、办法的培训，同时对防火扑火，森林病虫害、疫源疫病、地质灾害防范、野生动植物简单识别的知识进行培训。另一方面，针对红外相机监测、松茸监测、野外急救能力方面的保护技能进行培训，为了更好地开展生态旅游和自然体验，应培养具备导览解说能力的巡护人员，开展松茸可持续采集方法的培训，加强对采集松茸人员的监督和管理。

参考文献

许纯纯、陈洁、徐芳：《自然保护小区管理法制研究》，《法制与社会》2016 年第 36 期。

张国锋：《自然保护小区建设的自主治理问题研究——以四川关坝流域自然保护小区为例》，硕士学位论文，贵州师范大学，2018。

生态扶贫篇

Ecological Poverty Alleviation

B.5
四川省生物多样性富集区域生态扶贫长效机制研究

刘 德 杜 婵*

摘 要： 四川省国家重点扶贫县主要分布在凉山州（11 个）、甘孜州（5 个）、阿坝州（3 个）、广元市（3 个）等生物多样性富集区域，这些地区大多位于深山区、石山区和高原区，地形地貌复杂，自然地理条件恶劣，生态环境脆弱，自然灾害频繁，加强四川省生物多样性富集区域生态扶贫长效机制研究迫在眉睫。本文首先阐述了生态扶贫对生物多样性保护和全面建成小康社会的作用，揭示了生态扶贫对于四川贫困地区脱贫的重要性。然后以生物多样性生存受威胁、生态环境破

* 刘德，四川省社会科学院硕士研究生，主要研究方向为发展经济学；杜婵，四川省社会科学院农村发展研究所助理研究员，主要研究方向为农村生态。

坏风险高、传统生活方式与自然保护的冲突仍然持续、缺乏科学合理的生态补偿机制等方面分析该区域社会经济发展、生物多样性保护面临的主要问题和挑战。同时分析生态扶贫的基本含义和四川省生物多样性富集区域致贫因素，在此基础上提出了关于林业生态扶贫模式和草牧业生态扶贫模式的不同特点和基本内涵，并以凉山彝区的草牧业生态扶贫模式为例加以阐释。最后通过对生态扶贫多层次的分析和探究，提出在基础层以生态系统修复为重点推进生态保护建设扶贫、在服务层以生态资源服务为本原推进生态服务消费扶贫、在产业层以生态产品市场化开发为主线推进生态产业发展扶贫、在保障层以生态保护制度为保障推进生态补偿长效扶贫等来构建四川省生物多样性富集区域生态扶贫长效机制。

关键词： 生物多样性富集区域　生物多样性保护　生态扶贫

生物多样性和贫困是全球关注的热点话题，生物多样性保护与减贫是关乎我国可持续发展、人民生活水平提高和2020年全面建成小康社会的重要问题。近年来，生态环境保护特别是生物多样性保护与贫困地区区域整体协调发展越来越受到社会各界的关注。因此分析生态扶贫的实践效果与存在的问题成为重中之重。生态扶贫是实施精准扶贫的客观要求，要实现生态和扶贫双赢，兼顾减贫和改善生态环境双重目标，必须要正视所面临的生计发展与环境保护矛盾、生态脆弱地区的减贫成果巩固困难、互为因果关系的贫困与生态恶化等严峻挑战，以对贫困地区自然资源和生态环境进行充分评估为基础，在贫困地区发展和实施有利于贫困户参与和获益的生态产业、生态补偿和生态移民。

一　生态扶贫对生物多样性保护和全面建成小康社会的重要意义

（一）生态扶贫是绿色经济可持续发展的重要一环

生态扶贫是2018年制定的一项惠农政策。生态扶贫所针对的地区大多是自然资源较为丰富但经济发展较为落后的地区。生态扶贫是一种在人与自然和谐共处的基础上实现共赢的战略，既可以保护自然又可以使当地居民收入得到一定的提高从而实现脱贫。随着四川省相关政府部门大力推广"绿水青山就是金山银山"的理念，通过生态扶贫可以有效推动草牧业、生态产品加工业、旅游业等产业的发展，改变以往简单的种植结构，成为全省经济社会发展的一道亮丽风景线。同时，绿色经济的发展前提就是生态环境资源的保护，在此基础上促进当地群众的收入提高。因此，生态扶贫可以在保护自然资源的同时实现收入水平的提高，是实现人与自然和谐共处的必由之路，对绿色经济可持续发展具有重要意义。

（二）生态扶贫是现阶段扶贫工作的内在要求

2020年是全面建成小康社会目标实现之年，是全面打赢脱贫攻坚战收官之年。在距离实现全面脱贫只剩下不到一年的时间内，如何在这仅有的时间内更好地实现全面脱贫，对脱贫方式提出了更高的要求。围绕生态扶贫主题，各级政府根据当地的贫困情况建立了相应的惠农政策。这些政策不但适用于保障贫困区域的生态资源的丰富性和独特性，还有助于当地贫困群众脱贫致富和更好地开展扶贫工作。生态资源丰富的贫困地区政府和群众更要牢记"绿水青山就是金山银山"这一理念，为贫困地区实现脱贫打造一条新的路径。生态扶贫在生物多样性富集区域通过生态产业来带动脱贫，同时可以改善当地的生态环境，是新时代扶贫工作的内在要求。

（三）生态扶贫是构建农村人口持续发展能力的基本载体

生态扶贫是生态建设（保护）与扶贫开发的融合统一，是通过生态保护与扶贫开发的同步发展、实现贫困地区人口资源环境协调发展的一种扶贫方式。生态优先是前提，资源持续利用是手段，生态环境保护是基础，贫困人口能力建设是归宿，生态建设是载体，生态服务消费市场是持续扶贫的动力。生态扶贫不仅要依托生态建设项目实现生态环境改善，更要建立生态资源的持续开发与多维利用体系，建立贫困人口利用资源、管理资源的持续发展能力。对于生态资源易破坏和生态资源具有丰富性、独有性的重点贫困山区，致贫原因基本是能力贫困。简单来说，可持续生计能力主要集中表现在利用环境资源打造可持续经济循环体、合理分配当地生态旅游资源、就业创业能力等诸多方面。政府部门关注项目参与群体的可持续生计能力，将提升贫困人口发展能力融入生态建设项目中，融入可持续的生态资源利用过程中。因此，生态扶贫工作的有效开展，对于提升和构建贫困人口可持续发展能力有着重要意义。

（四）生态扶贫是确保重点生态功能区建设的基本保障

在四川省的重点生态功能区中，土地沙化、草原退化、水土流失等生态退化问题严重，[①] 同时，人类过度依赖生态资源的行为（如大规模放牧、陡坡耕种等）会导致生态严重退化。在重点生态功能区，农村贫困人口基本生计对生态资源的高度依赖以及为维持生存发展的各类不合理的资源利用方式是造成生态贫困的主要原因。一方面，政府加大生态环境建设与保护工程推进力度，在重点生态功能区、生态资源易破坏地区集中实施，对生态资源环境以及动植物物种多样性进行高效有力的保护，努力将受损的生态系统恢复成原样和保护现存生物多样性和独有性。另一方面，大多数贫困农村人口

① 《四川省发展和改革委员会关于印发〈四川省国家重点生态功能区产业准入负面清单（第一批）（试行）〉的通知》，四川省发展和改革委员会网站，2017 年 8 月 14 日。

由于收入低，只能通过消耗大量的生态资源来维持基本生活，比如过度放牧、乱砍滥伐、捕食野生动物等。同时，有些地方政府为实现地方经济的高速发展，牺牲生态环境资源来招商引资，这种低质量的经济发展只能带来短暂的经济利益，不能保证贫困人口稳定脱贫，还极有可能造成脱贫人口返贫，对生态资源也是极大的破坏。如果只是单纯地采用生态环境建设与扶贫脱贫开发两条平行线式的实施方式，难以同时实现贫困人口的持续稳定脱贫与生态环境的持续有效保护。将生态环境建设与扶贫脱贫开发相结合的生态扶贫模式，是在生态环境建设的同时实现扶贫脱贫开发，在扶贫脱贫开发的过程中实施生态环境的有效保护，有利于建设重点生态功能区和打赢脱贫攻坚战。

二　四川省生物多样性富集区域

（一）四川省生物多样性富集区域现状

生物多样性是指地球上所有生物——动物、植物和微生物及其所构成的综合体 。生物多样性为地球上包括人类在内的所有生物提供食物和生态服务，成为生命的支持系统；对于国家经济的可持续良好发展，其重要性不言而喻。四川省位于我国西南地区，处于长江上游，横跨中国大陆的两大阶梯（第一阶梯和第二阶梯）。川西地区多为海拔 3000 米以上的高原山地区，海拔低于 2000 米的地区很少；川东地区的海拔基本在500～2000 米，以盆地和平原为主，海拔超过 3000 米的地区很少。因此，川内区域海拔的高低差距明显，呈现西高东低的特点。四川全省的河流流域面积超过 40 平方千米的河流湖泊大约有 3000 条，其中比较著名的有金沙江、雅砻江、大渡河、安宁河、岷江、赤水河、泸沽湖等。同时，四川拥有丰富的动植物资源，有许多稀有动植物，尤其川内的国宝大熊猫数量占全世界大熊猫总量的接近 40%，有全球面积最大、生态资源最丰富、基础设施最完善的大熊猫栖息地。

在《四川省生物多样性保护战略与行动计划（2011～2020年)》中，研究生态扶贫的专家根据生态物种的多样性、生态环境的脆弱性、生态结构的复杂性以及生态区位因素的独特性、动植物的特有性、生态资源的独有性、生态资源的价值性等因素，提出了建设生态扶贫的长效机制。根据四川省建设生态环境的要求，全省执行优先保护生态环境受损区域的政策，并且规划了13个生物多样性的优先保护区域：岷山区域、邛崃山区域、凉山区域、金阳—布拖区域、若尔盖湿地区域、贡嘎山区域、石渠—色达区域、稻城—理塘海子山区域、木里—盐源区域、米仓山—大巴山区域、巴塘竹巴笼—白玉察青松多区域、攀枝花西区—仁和区域、筠连—兴文—古蔺—叙永—合江区域。这些区域主要是保护大熊猫、四川山鹧鸪、白唇鹿、雪豹等野生动物和高山湿地生态系统、草甸生态系统、常绿阔叶林生态系统等重要的生态系统。同时，四川省生态环境厅等有关部门联合当地基层部门以及企业组织开展了一系列生态保护行动，建立和完善保护生物多样性相关的法律法规，制定全省生物多样性保护的整体框架和总体规划，规划好阶段性的保护目标，并要求有关单位严格验收。对于自然保护区的网络建设也是刻不容缓，现在还有很多自然保护区的网络基础设施很差或者没有建立，导致不能第一时间反馈生态资源的变化。贫困地区的基础设施也不是很完善，保护和修复生物多样性的工作人员能力还需要进一步提高，高层次研究机构培养的研究生物多样性的人才紧缺。目前，政府鼓励社会各界多参与保护生物多样性的行动，不仅能提高大众的保护意识，还能筹集到更多的生物多样性保护资金。

（二）四川省生物多样性富集区域面临的主要问题和挑战

1. 生态环境空间减少，生物多样性生存受威胁

四川省地处青藏高原向平缓丘陵过渡地带，地形复杂，气候类型多样，孕育了丰富独特的动植物物种，特别是近几年来，川西山区和川南山区的生态资源受损，是近年来川内生物多样性保护的主要地区。随着四川省整体社会经济发展越来越迅速，各种开发活动也日益增多，不断挤占生态空间，给植被以及动植物的栖息地带来严重破坏，与此同时，也给环境造成很大的污

染。我国近期目标是到2020年要全面建成小康社会，这就意味着会有大批量的基础设施项目将加速建设和完成，这势必会对自然生态空间产生新一轮的破坏和挤占，如破坏野生动植物的栖息地，可能会导致某些动植物的灭绝，使生物多样性受到威胁。具体表现为以下四个方面：一是部分生态系统功能不断退化；二是野生物种濒危程度加重；三是外来物种入侵问题突出；四是农业遗传基础的脆弱化。如何在保持经济发展的同时保护好区域生物多样性，使其免受破坏，是生态环境保护所面临的重大挑战。

2. 自然灾害频发，生态环境破坏风险较高

四川省所处的地理位置特殊，意味着四川必然会面临较多的地质灾害，而这些地质灾害势必会对当地的生态环境造成严重破坏。同时，川西山地海拔多在3000米以上，深切割高山地貌密布，沟壑纵横，气候寒冷，植物生长缓慢，暴雨洪涝年年发生，是生态环境极为敏感脆弱地区。

3. 传统生活方式与自然保护的冲突仍然持续

四川省内生物多样性富集区域所涉及的自然保护地是具有西南山地代表性的自然生态系统，是濒危野生动植物的集中分布区，也是具有独特价值的自然遗迹。对于这些自然保护地，相关政府单位予以特殊保护和管理。同时，这些区域穿越了很多极度贫困山区，山区经济发展严重滞后，导致贫困人口占大多数。山区的产业结构单一化且原始化，同时山区的人口结婚很早，都有多子多福思想，导致人口增长速度过快，当地山区居民素质偏低、生产力水平低、资源利用不合理、社会发育程度低、科教文化落后、基础设施薄弱、整体处于封闭状态等特征，特别是经济增长完全依赖于对资源的需求，再加上靠山吃山的传统观念，导致了该地区人们对自然资源的极度依赖，这与自然保护地的生态资源保护主旨长期存在矛盾。周边贫困地区的生活生产方式对生态资源保护的负反馈主要体现在放牧、森林砍伐、偷猎盗猎、采集草药等方面。

4. 缺乏科学合理的生态补偿机制

大多数自然保护区以生态资源保护为基准，建立了三个不同的区域（核心区域、缓冲区域和实验区域）。其中核心区域执行最严格的管理规章

制度，除了相关的工作人员，禁止任何人进入此区域。这些规定势必会引起周围居民的不满，因为这些居民大部分从小生活在这里，靠山吃山，靠水吃水。所以，当成立自然保护区时，这将对周围居民原有的生活产生影响，有时候这种影响可能是巨大的。但是生态保护有关部门目前还未摸索出一个科学合理的生态补偿机制，最主要的原因是未能妥善解决当地居民的生计问题。生计问题迟迟不能得到合理的解决，导致了对四川省生物多样性富集区域的保护与地方政府、当地居民的矛盾日益尖锐。虽然保护区也会通过各种开发活动创造一定的经济效益，但是，这些效益并未落实到周边居民身上，因此就会出现一些当地居民不遵守规定的行为。即使有些部门已经意识到需要增加对当地居民的补偿，但由于补偿规则很难确立，所以为当地居民制定的补偿款标准很难落实。

三　四川省生物多样性富集区域生态扶贫现状

（一）生态扶贫的基本含义

生态扶贫是以良好的生态环境为基础，因此，生态环境的恶化不仅会对生物多样性和丰富性产生一定破坏，还会阻碍绿色经济的循环发展，从而导致社会的不稳定，阻碍社会的和谐发展。生态扶贫，顾名思义就是一种将脱贫攻坚和生态保护相结合的扶贫方式，在这种扶贫模式下，既要帮助贫困人口稳定脱贫，还要保护生态资源。如果只是简单的生态保护政策或者脱贫政策都很难实现生态系统的合理循环和贫困人群的脱贫目标。为了打赢脱贫攻坚战，生态扶贫起着重要作用。通过对生态环境的合理开发利用和保护，构建可持续绿色经济发展模式以及生态保护与脱贫致富相结合的脱贫模式，最终实现“双赢”。

生态扶贫是在实现扶贫的同时保护自然资源，同时也可以在不破坏自然资源的前提下，适当利用自然资源来发展经济。两者之间通过相互配合来实现共同发展。

（二）生物多样性富集区域致贫的因素

1. 区位因素

区位因素是指促使区位地理特性和功能形成和变化的主要条件，它对工农业、服务业以及交通产业形成各种输出限制。正所谓“靠山吃山、靠水吃水”，川内的一些贫困县以及社区地理位置偏僻，交通十分不便，造成长期贫困，因此要想富，先修路，改变交通环境是重要途径。

2. 农产品因素

虽然川内生物多样性丰富，但是农产品加工转化率很低，导致很多农业发展良好的地区迟迟不能脱贫。四川省是一个农业大省，川内农产品所带来的经济效益带动了全省的经济发展，有着十分重要的作用。但是，由于四川省整体农产品出口量较小，且存在农产品质量偏低等问题，四川省农产品的出口不够顺利。

3. 效益因素

生物多样性的存在是人类能够生存的条件之一，同时，也能够促进社会经济的发展。虽然社会经济在不断进步，但生物多样性却在锐减，两者之间的矛盾越来越突出。人们也逐渐意识到只有更好地保护生物多样性，人们的生活才得以正常开展。这就要求相关部门及时完善以往保护生物多样性的政策，但是对保护政策的调整首先要考虑的就是收益问题。对自然保护区生物多样性进行保护投入所需周期较长，不仅回报率不高，而且见效很慢。

（三）四川省生态扶贫模式实践分析

1. 林业生态扶贫模式

林业生态扶贫模式可以一直扶贫下去，但林业产业需要的投入资金很多且回报时间很长，[①] 如果只是单方面地实施生态建设，那么将会降低林业产

① 张永利：《强化“四精准、三巩固” 大力推进林业精准扶贫精准脱贫》，国家林业和草原局网站，2016 年 6 月 13 日。

业扶贫模式实施成功的可能性，并且对于那些想要投资林业的贫困户来说，会对他们的意愿起到抑制作用，对于扶贫可能会起到反作用。[①] 因此，林业生态扶贫实践必须建立起兼顾经济效益、生态效益和社会效益的综合扶贫治理机制。

大多数的贫困山区生产力相对低下并且林业发展相对缓慢。因此实施林业生态扶贫是当前精准扶贫工作的重中之重。党的十八大以来，尤其是精准扶贫政策实施以来，各级领导政府对生态扶贫日益重视，生态扶贫的投入和扶贫成效明显提高。在脱贫治理的实践中，林业生态扶贫模式能直接把林业的生态效益转化为经济效益，并且增加贫困户直接或者间接的经济收入，进而帮助贫困户脱贫，实现贫困县摘帽的目标。

林业生态补偿扶贫实践模式主要体现在为农村贫困人口带来的各种政策性收入，包括退耕还林以及生态公益林补助等。从根本上说，林业生态补偿扶贫实践模式属于贫困户利用林业的公共生态属性来直接或间接获得财产性收入。所以越贫困的地区，生态补偿扶贫实践模式给贫困户带来的财产性收入越多。

林业生态产业扶贫实践模式主要是通过大力发展林业生态产业，增加贫困户就业机会，进而帮助贫困户脱贫。实施林业生态产业扶贫实践模式，最主要的就是要精准评估贫困林业区域目前的生态建设现状，确保把贫困地区的林业资源优势和生态优势转化为精准扶贫的产业发展优势。林业生态产业扶贫实践模式的最大优势主要体现在能给贫困户带来不错的经济收入，同时还能增加大量就业机会。

2. 草牧业生态扶贫模式

草牧业生态扶贫模式就是将帮助贫困户脱贫与保护贫困山区的生态环境有效地结合起来，充分利用贫困地区原有的资源要素，在实现经济发展的同时保护当地的生态自然环境。此类区域可以通过政府牵头，促进贫困户与外

① 仇晓璐、陈绍志、赵荣：《精准扶贫研究综述》，《林业经济》2017 年第 10 期，第 21 ~ 27 页。

部企业或当地养殖大户来共同开展种植养殖，帮助贫困人口实现脱贫。企业的进入不仅会带来新的技术以及资金，同时还会为当地提供大量的就业就会，促进当地经济增收以及生态环境改善。

草牧业生态扶贫不仅推动了当地畜牧产业的发展，而且增加了贫困山区的经济效益、生态效益以及社会效益。发展草牧业是门槛低、可持续、科学技术含量不高的产业之路。草牧业产业化的扶贫直接效益就是给贫困农户带来了丰厚的经济收入。草牧业生态扶贫模式不仅会为当地提供大量的就业机会，同时也会给企业带来很好的宣传效果。企业将生态概念更好地融入产品中，使产品在市场上可以得到更多青睐。从长远来看，畜牧业、种植业的发展，推动了当地加工业、运输业以及旅游服务业的发展，形成了一条更加牢固长远的产业链，并且提高了贫困地区群众的生活水平，改善了当地的生产方式。

3. 四川省凉山彝区的草牧业生态扶贫模式

四川省凉山彝区是我国扶贫攻坚的重点地区，凉山彝族自治州总人口521万，其中彝族人口276万，占全州总人口的比例为52.98%，占全国彝族总人口的比例为31.6%，是全国最大的彝族聚居区。凉山彝族自治州作为国家级深度贫困县最为集中的地区，州属17个县有10个深度贫困县，集中连片的贫困面积有4.16万平方千米，占全州总面积的68.9%。凉山彝区10县从奴隶社会“一步跨千年”直接进入社会主义社会，属于典型的“直过民族地区”，自然环境恶劣、生态系统脆弱、社会发育缓慢、人口素质偏低、经济基础薄弱等多重不利因素叠加，是典型的贫中之贫、坚中之坚，是全国典型的区域性整体深度贫困样本。此外，凉山彝区主要是远离交通主要干道与市场中心的偏远地区，部分边远贫困村社尚不通公路，贫困村内交通条件差，信息闭塞，严重阻碍了农产品流通。

凉山州拥有丰富的自然资源，草牧业一直是当地的主要产业之一。近年来，随着生态扶贫模式的兴起，凉山州政府结合当地原有的草牧业来发展经济。通过不断地对草牧业进行改革，草牧业目前已经帮助19万人实现脱贫。所以草牧业已经成为凉山州当地贫困群众实现长效脱贫的重要渠道。

草牧业生态扶贫模式能完成脱贫攻坚和生态保护双重任务，一方面要考虑全区域生态安全，加强生态保护修复。① 按照中央和四川省给凉山州确定的限制开发区主体功能定位，充分发挥限制开发区作为城乡空间开发保护基础制度的作用，科学规划和优化森林、草原、湿地、荒漠生态系统和自然保护地的空间比例，逐步划定凉山州和各县（市）及乡镇在森林、草原、湿地、荒漠生态系统和自然保护地等五个维度上的生态红线，构建凉山州“五系五线”生态红线格局。以草牧业重大生态工程为主体，加强全州乡村重要生态系统保护修复，对长江上游生态屏障和生态安全建设发挥凉山的主体作用。另一方面，要在发展经济的同时，鼓励彝区群众主动接受现代教育，解放思想，更新观念，鼓励在保护生态的基础上合理地利用自然资源，致力于脱贫致富。

四　四川省生物多样性富集区域生态扶贫存在的问题

（一）基层的治理积极性较弱

基层在乡镇环境治理方面的积极性较弱，推动示范基地（一般是乡镇村）的建设行动力不足。示范基地除了当地的领导班子，还有各个省级部门组织工作人员到贫困地区进行定点帮扶。目前，在省级各部门定点帮扶下，当地领导班子以及省级各部门对农村环境综合整治给予了较高关注，但是目前此项工作进展速度较慢，离预期还有一定差距。

（二）缺少因地制宜的环境治理技术

缺少因地制宜的环境治理技术，② 一些在其他地区适用的政策在此地区并不适用。比如大部分农村面临垃圾无法清理的困境。贫困县周围的垃圾填

① 《2020 年迎来脱贫攻坚“大考”　四川扶贫资金、项目、政策将进一步向凉山倾斜》，人民网，2020 年 1 月 18 日。

② 罗明新：《因地制宜推动乡村振兴》，中国共产党新闻网，2018 年 6 月 15 日。

埋场个数很少，且基本已经超负荷。对于贫困地区来说，需要的是经济实用的治理技术。在粪便处理的问题上，居住环境较差的村民养殖的牲畜都比较分散，而且规模差异很大，粪便收集有一定的困难。在贫困地区开展污水治理，虽然政府有专门的经费用来治理污水，污水处理装置主要是免费供贫困户使用，但此设备的使用需要耗电，贫困户受经济条件限制，不舍得用电，所以污水处理装置就会闲置。相反一些大户，会产生很多污水，但并没有免费使用污水处理装置的权利。

（三）农业农村发展中的环保投入资金短缺

在生态扶贫中需要大量的资金作为基础设施建设款，但是乡村建设自身吸引资金能力缺乏，光靠农民自身的力量是远远不够的。所以这就需要政府部门以及社会各界机构的支持。同时由于生态投入回报率低且回报慢，所以靠企业投入的资金很少。面对生态扶贫任务的长期性、艰巨性，政府需要根据当地的发展状况，给予适当的配套资金。

五　构建四川省生物多样性富集区域生态扶贫长效机制的对策建议

生态扶贫立足于贫困地区生态环境，生态环境保卫战和脱贫攻坚战都需要大众的参与才能取得胜利，应当鼓励和引导社会各界积极参与，凝聚起来，团结一致。全省正在逐步建立生态扶贫试验区，以最大限度发挥生态资源优势。生态扶贫试验区主要是以生态建设为扶贫载体，建立和完善生态补偿制度，充分发挥生态服务消费市场的优势，努力保护生态环境资源，使生态扶贫试验区成为生态文明建设的关键一环，实现贫困人口脱贫和贫困地区生态保护的有机结合。生态扶贫主要是由基础层、服务层、产业层、保障层和动力层组成，各个层次相互依托，体现了生态建设工程和生态产品的价值。因此，相关部门在政策制定、项目设置上应充分考虑与四川省生物多样性富集区域生态扶贫相融合。

（一）基础层：以生态系统修复为重点推进生态保护建设扶贫

生态扶贫的基础层为生态建设系统修复与生态建设产品自用。由于四川省内大部分生物多样性富集区域为教育水平落后、经济发展水平较低、基础设施不完善的区域，各级政府深刻认识到发展生态产业与保护生态环境、部分与整体、当前利益与长远利益的矛盾。对于生态环境需要修复和保护的贫困地区，结合当地实际发展情况，因地制宜采取新型的生态脱贫方式，保证实现生态扶贫效益最大化。以生态保护为重点，全省结合草原生态保护、生态综合治理、天然林保护及退耕还林等重要生态工程，修复生态系统功能，扭转生态恶化趋势，推进生物多样性核心保护区域建设，确保生态搬迁扶贫工作的落实。与此同时，充分发挥群众的主体作用。贫困群众是生态扶贫的主体，要广泛组织讲座，多到贫困群众家中交流，让贫困群众了解生态扶贫的重要意义、参与方式等，培养贫困群众参与生态扶贫的能力和技术，使更多的贫困群众参与其中，增加生态建设与生态保护就业岗位，为当地贫困户提供更多的就业机会，增加其生计来源。让他们在获得高收入的同时，直接参与生态保护和治理工程。我国已经有几十万的建档立卡贫困户生态护林员如期脱贫，但还是有大量的贫困人口。因此，要坚持利用退耕还林、退耕还牧、生态林业保护区、国家自然湿地公园等政策和自然资源优势，扩大生态保护工作人员的规模，鼓励更多当地贫困群众优先成为生态保护工作人员，帮助其稳定脱贫且不返贫。

（二）服务层：以生态资源服务为本原推进生态服务消费扶贫

生态产品不仅包括直接从自然获取的实物产品（如食物、薪柴、木材、草料等），更包括我们从中得到的无形资产，比如涵养水源、调节气候、碳储存、生物多样性等。生态扶贫的服务层是指生态资源的服务功能，生态资源服务指人类社会对生态系统所提供服务的消耗和占用，是生态系统服务的价值体现。生态资源服务即保障贫困人口享受新鲜空气、安全饮水、薪柴木材、林草资源等大自然所赋予的生态产品，享受山清水美的生态环境。一般而言，生物多样性富集区域的贫困群众高度依赖当地环境资源，但是其对环境资源开发只是简单的乱砍滥伐等，导致经济收入的有限性和不稳定性。从长远来看，根据生态产业特点，要掌握好现代科学技术，发挥“科技＋互联网＋农林产品”的优势，结合当地的生态环境资源，培育出更多能获利的新型种植养殖品种，使用现代培养技术，增强农林产品抗风险能力。通过合理利用生态资源，让扶贫方式从“输血式”逐步发展成“造血式”。

（三）产业层：以生态产品市场化开发为主线推进生态产业发展扶贫

生态扶贫的产业层是绿色发展理念对生态资源直接使用价值的市场化开发所形成的生态产业。生态产业扶贫是生态扶贫的较高形态，是在充分满足当地人自用性实物资源基础上实施的规模化、产业化开发。生态资源资本化是一个基于生态扶贫产业发展，对生态环境资源开发、利用、投资和运营的发展经济的过程。因此，应制定相应的政策让当地老百姓适度利用自然资源，充分挖掘并利用好生态区的优势资源，根据当地的资源条件和比较优势完善产业规划和布局，发展当地具有不同特色的生态产品。多样化的特色生态产品可以分散风险，同时可以获得更大的市场占有率。注重把握市场的发展趋势，通过品种更新、“三品一标”品牌申报、发展农产品电商等途径，促进产业往生态化、高端化方向发展，实现区域性特征与发展趋势的对接，提升本土资源的产业附加值，尽可能推动生态区的社会经济发展。

（四）保障层：以生态保护制度为保障推进生态补偿长效扶贫

生态扶贫的保障层是指依靠主体功能区制度和生态红线保护制度所建立的生态补偿扶贫的制度保障。由于政府部门有时会为了促进某一领域或区域的快速发展而制定某项政策或制度，但这个政策可能会导致区外或域外受政策限制而发展缓慢并陷入贫困。这时区外或域外地区将形成制度性或政策性贫困。我国重点生态功能区与连片特困区在地理空间上的高度重叠暗含了制度性贫困因素。丰富的自然资源（如森林、草原、矿产资源、水资源等）因保护生态环境而限制开发，纵向财政转移支付解决了部分发展问题，但由于生态服务消费市场还不够完善，财政转移支付并没有使农户所承担的成本得到完全补偿。因此，需建立中央财政生物多样性保护专项财政转移支付机制，发展受益者向保护者付费的横向生态补偿机制，建立集体自然资源国家赎买机制，从而保障生态补偿的长效扶贫。

首先，依靠主体功能区制度和生态红线保护制度建立生态补偿扶贫的制度保障。对于生态环境较为脆弱的贫困地区，需更加严格地执行“五个一批”中生态扶贫的目标要求，当地政府确定与自然生态价值和贫困人口脱贫及经济发展要求相适应的补偿标准。其次，四川省的生态扶贫还在不断地摸索中，制度化、规范化建设还需要完善，要通过健全制度体系，不断地推动生态扶贫有效进展。重中之重就是建立完善监督管理机制。生态扶贫涉及的产业很多，步骤很烦琐，且工作透明度不够，很有可能导致腐败行为。同时，还应建立完善长效保障机制。我们不仅要解决当前贫困人口脱贫的问题，还要着眼于以后脱贫人口是否会返贫的问题，要立足长远建立相关的政策制度，确保生态扶贫的稳定性和持续性，使得生态建设与脱贫攻坚能很好地结合。最后，在推进社会参与的同时，需同步建立针对外来干预者参与生态保护与建设的硬约束机制，严格禁止外来干预者参与生态资源开发利用，限制开发区通过发放特许经营权等方式约束外来干预者参与生态资源开发利用。

（五）动力层：以自主参与为关键增强扶贫内生动力

充分发挥贫困社区和人群的主体作用，加强对贫困地区居民的宣传培训，在充分尊重传统文化和永续利用自然资源权利的基础上，培养群众“生态扶贫不等于限制发展”“生态扶贫是绿色发展和共享发展的重要手段”等意识。同时，针对贫困地区传统文化中的“保护环境、人与自然和谐相处”的生态观念，大力开展宣传和教育，政策性地鼓励当地贫困群众参与生态扶贫产业，用科学的生态保护思想进行有针对性的引导，重点发展绿色循环经济，具体做法如下。

一是推动多元化主体参与。需要建立起政府、民间组织、各行各业的企业公司和个人多方共建生态扶贫的大格局。二是贫困地区政府应对当地群众进行合理引导，要努力营造良好的扶贫氛围。当下生态扶贫意识较弱的问题依然存在。要通过广泛深入的宣传，让广大贫困群众树立起保护生态环境的良好意识，让群众认识到保护生态环境就是保护赖以生存的家园、守住生态环境就是守住可持续发展的底线。三是促进村民的自我学习。通过亲朋好友脱贫致富的示范效应以及孩童接受的生态扶贫教育让更多的村民加入生态扶贫，这是逐渐学习的过程，村民需要放弃之前对环境不友好的生活生产方式，慢慢接受生态扶贫的新知识，这个学习过程对生态扶贫有着意义重大。

参考文献

《2020 年迎来脱贫攻坚“大考”　四川扶贫资金、项目、政策将进一步向凉山倾斜》，人民网，2020 年 1 月 18 日。

《四川省发展和改革委员会关于印发〈四川省国家重点生态功能区产业准入负面清单（第一批）（试行）〉的通知》，四川省发展和改革委员会网站，2017 年 8 月 14 日。

仇晓璐、陈绍志、赵荣：《精准扶贫研究综述》，《林业经济》2017 年第 10 期。

甘庭宇：《精准扶贫战略下的生态扶贫研究——以川西高原地区为例》，《农村经济》2018 年第 5 期。

胡钰、付饶、金书秦：《脱贫攻坚与乡村振兴有机衔接中的生态环境关切》，《改革》2019 年第 10 期。

黄承伟、周晶：《减贫与生态耦合目标下的产业扶贫模式探索——贵州省石漠化片区草场畜牧业案例研究》，《贵州社会科学》2016 年第 2 期。

刘慧、叶尔肯·吾扎提：《中国西部地区生态扶贫策略研究》，《中国人口·资源与环境》2013 年第 10 期。

罗明新：《因地制宜推动乡村振兴》，中国共产党新闻网，2018 年 6 月 15 日。

欧阳祎兰：《探索生态扶贫的实现路径》，《人民论坛》2019 年第 21 期。

沈茂英、杨萍：《生态扶贫内涵及其运行模式研究》，《农村经济》2016 年第 7 期。

陶泽良：《西部贫困地区生态扶贫机制研究》，《中国物价》2018 年第 12 期。

吴欣颀:《生态经济视域下农村金融扶贫障碍及对策研究》,《农业经济》2019 年第 5 期。

杨文举:《西部农村脱贫新思路——生态扶贫》,《重庆社会科学》2002 年第 2 期。

张永利:《强化“四精准、三巩固”大力推进林业精准扶贫精准脱贫》,国家林业和草原局网站,2016 年 6 月 13 日。

张院萍:《草牧业扶贫的“凉山战略”》,《中国畜牧业》2018 年第 23 期。

章力建、吕开宇、朱立志:《实施生态扶贫战略提高生态建设和扶贫工作的整体效果》,《中国农业科技导报》2008 年第 1 期。

郑瑞强:《我国西部生态脆弱地区移民工作方式探讨——生态环境保护与扶贫双重目标的移民政策与实践》,《人民长江》2011 年第 5 期。

朱冬亮、殷文梅:《贫困山区林业生态扶贫实践模式及比较评估》,《湖北民族学院学报》(哲学社会科学版)2019 年第 4 期。

Cohen, A., and C. A. Sullivan, "Water and Poverty in Rural China: Developing an Instrument to Assess the Multiple Dimensions of Water and Poverty," *Ecological Economics* 69 (2010).

Liang, J., "The Long - Term Effective Mechanism of Rural Poverty Alleviation in China from the Perspective of Ecological Management," *Asian Agricultural Research* 8 (2010).

Liu, L., "Environmental Poverty, A Decomposed Environmental Kuznets Curve, and Alternatives: Sustainability Lessons from China," *Ecological Economics* 73 (2012).

Tittonell, P., and K. E. Giller, "When Yield Gaps are Poverty Traps: The Paradigm of Ecological Intensification in African Smallholder Agriculture," *Field Crops Research* 143 (2013).

Whitley, Elise, David Gunnell, and Daniel Dorling, "Ecological Study of Social Fragmentation, Poverty, and Suicide," *BMJ British Medical Journal* 319 (1999).

B.6

四川藏区生态减贫：理论逻辑、实践模式与演进方向

柴剑峰　马　莉　王诗宇*

摘　要：　绿水青山就是金山银山，对于被界定为国家重点生态功能区的四川藏区，生态保护与建设在脱贫减贫中无疑扮演着重要角色。为巩固脱贫攻坚成果，同时应对更为复杂的相对贫困，提炼该地区独特的生态减贫模式、充分发挥生态环境重要且脆弱的民族地区比较优势、提高绿水青山转化为金山银山的能力和脱贫减贫的能力无疑具有特殊的重要意义。本文从藏区生态减贫的具体案例着手，从理论逻辑、实践模式、演进与保障三个维度对藏区生态减贫理论、方法、前景进行分析，提出了“生态补偿”“生态旅游”“生态产业”“生态移民”“电子商务”“光伏发电”等具体减贫模式。本文试图为民族地区贫困治理理论研究注入新的内容，为农牧民解决贫困问题提供具有典型意义的分析样本，并为我国乃至全球相对贫困的治理提供可借鉴、易操作的工具箱、方法库。

关键词：　生态减贫　贫困治理　四川藏区

---

* 柴剑峰，博士，研究员，四川省社会科学院研究生院常务副院长，主要研究方向为劳动经济学、生态治理、区域人口与人力资源管理；马莉，四川省社会科学院劳动经济学硕士研究生，主要研究方向为劳动经济学；王诗宇，四川省社会科学院劳动经济学硕士研究生，主要研究方向为劳动经济学。

四川藏区位于青藏高原东部边缘，连接甘青滇藏区和西藏地区，既是各民族交流、交往、交融的前沿，也是中华民族重要的生态屏障与多个大江大河的源头和流经区域，[①] 担负着维护国家政治安全、生态安全、社会稳定、经济发展的重要使命，也面临着生态、生计及治理的三重困境。该区域自然环境恶劣、生态系统重要且脆弱、经济发展边缘、社会问题复杂，曾是14个集中连片特困区和“三区三州”深度贫困区，2020年虽已摆脱绝对贫困，但脱贫基础薄弱，很多人口仍处于贫困边缘，返贫概率大，而且还需面对更为复杂、艰巨的相对贫困问题。为此，科学总结和归纳以生态减贫为核心支撑的减贫模式，实现脱贫攻坚与生态文明建设“双赢”，既是新的历史阶段建立解决相对贫困长效机制所必需，也是杜绝返贫、巩固脱贫攻坚成果的优选项。

一　四川藏区生态减贫的理论逻辑

生态减贫是一种改进生产和生活环境的新型减贫方式和理念，它将自然生态环境纳入增长要素范畴，调节生态产品的初次分配和再分配，实现绿色发展与精准脱贫双重目标的模式与路径创新。[②] 四川藏区按照国家和省精准脱贫战略统一部署，充分发挥本地生态优势，在东西协作帮扶、对口帮扶、驻村帮扶等外部力量带动下，激发各个参与主体的内在活力，发挥政府、市场和社会的系统整合力量，生态减贫取得了明显成效，并于2019年提前完成了脱贫攻坚任务。要巩固脱贫攻坚成果，摆脱更为复杂艰巨的相对贫困，必须进一步梳理和归纳减贫模式内在机理，进一步认识该区域采取以生态减贫为核心的减贫模式的必要性，在习近平总书记“绿水青山就是金山银山”发展理念的基础上，进一步认识生态减贫在四川藏区的实现逻辑。从国际关

① 袁晓文、陈东：《辨证施治：四川藏区农牧民致贫原因的实证调查与分析》，《中国藏学》2017年第2期，第33～39页。

② 秦国伟、董玮：《绿色减贫的理论内涵与路径创新》，《东岳论丛》2019年第2期，第96页。

系理论、比较优势理论和生态治理理论出发阐释生态减贫的内在逻辑，重点把握生态减贫的国际效应、比较优势和多元参与，围绕贫困自身及其周边的自然社会环境，构建立体多元的扶贫项目体系，将贫困户生活生存的自然生态和环境禀赋寓于绿色发展体系的循环中，提高生态减贫过程中的自觉性、能动性和创新性，不断拓宽就业渠道和收入来源，形成经济效益、社会效益和生态效益有机统一的扶贫路径。

（一）“次边疆”诱发的国际压力和世界生态文明建设引领者激发的动力

四川藏区是全国第二大藏族人口聚居区，地处次边疆地带，历史上素有“稳藏必先安康”之说，要统筹政治安全稳定与经济外向发展，需要在脱贫攻坚战役中为全球减贫实践做出表率，这既是应对个别别有用心国家诘难的需要，又是作为世界第一个明确提出生态文明并纳入国家战略的执政党做好全球生态文明建设的重要参与者、贡献者、引领者，在世界屋脊东部边缘积极履行负责任大国历史担当的郑重承诺。前者的压力和后者的动力，客观上要求四川藏区探索生态减贫、绿色脱贫之路。

（二）发挥区域比较优势走生态减贫之路，是自我发展的需要，也是国家生态安全建设的需要

四川藏区作为大江大河源区、中华水塔重要组成部分，是长江上游生态屏障的主体部分，是长江经济带绿色发展的根基，生态系统重要且脆弱，生态修复与恢复压力大，需统筹考虑生态保护与产业的协调发展。可以说，生态是该区域最大的发展优势和竞争优势，脱贫致富必须充分发挥自身比较优势。从政府考核压力导向来看，该区域作为重点生态功能区，考核重点是生态保护与建设、绿色发展能力，且已从简单考核 GDP 转化为其优势产业旅游业增加值占 GDP 比重、林草覆盖率、垃圾和污水处理率的增量等，脱贫摘帽作为核心政治任务必须完成，两者非但并行不悖，而且要相互结合。完成减贫脱贫任务，一方面，必须在藏区区情基础上，遵循

自然规律；另一方面，牢固树立大局意识，走可持续的生态减贫之路，切实突破贫困陷阱。

（三）复杂的民族特性需要探索更加多元持续且富有弹性的生态减贫之路

四川藏区藏传佛教文化底蕴深厚，教派多样，对于贫困有不同认知和导向，宗教文化习惯对贫困标准认定和减贫行为有显著影响。加之区域内贫困问题与自然地理条件、社会组织管理等因素复杂糅合，导致区域内消除绝对贫困难，摆脱相对贫困更难。为此，要更高质量摆脱贫困，建立解决相对贫困的长效机制，需要政府、市场、社会以及贫困户形成更为良性的互动，政府继续提供特殊的扶持，并结合区情培育市场在资源配置中的作用，积极引导各类社会力量参与。四川藏区辖区面积 24.59 万平方公里，人口超过 200 万，地形地貌、人口分布、区域发展、贫困类型差异大，必须探索“一地一策”、“一村一策”甚至“一户一策”，与此同时，根据贫困的动态变化，设计更加灵活、更加弹性且具有可持续性的生态减贫之策。

二　生态减贫实践模式

（一）生态补偿减贫模式

1998 年长江、松花江等流域的洪涝灾害涉及 29 个省份，恶劣的环境灾害敲响了生态保护的警钟。1999 年，朱镕基总理在视察长江上游和黄河中上游的生态建设工作之后，提出了“退耕还林（草）、封山绿化、以粮代赈、个体承包”的措施，在川甘陕率先启动退耕还林试点示范工程。之后，生态补偿逐步完善，并在生态环境保护和减贫脱贫中发挥了巨大的作用。

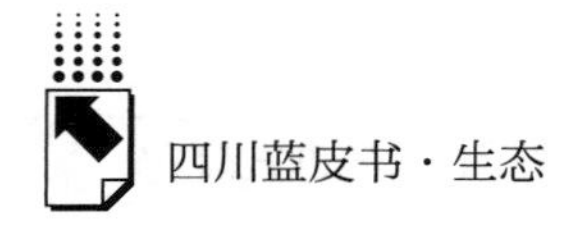

1. 相关界定

该模式中生态补偿以外部性和公共产品理论为基础，超越庇古效应和科斯定理，利用政府和市场的手段来调节利益相关者之间的利益分配问题，以经济激励为核心内容，通过向贫困者支付补助金来减少贫困，从而实现生态保护与减贫脱贫的双赢。运行的关键在于生态补偿标准的确立，这关系到补偿的效果、被补偿者未来生存发展以及补偿者的承受能力，确立科学合理的补偿标准不仅对生态环境具有积极效应，还能够更好、更有效地解决农牧民的贫困问题。

2. 实施运行

四川藏区生态补偿采取政府主导、牧民自愿的方式，充分发挥各级政府的主导作用，合理组合各种生态补偿政策，在退耕还林、饲养量补助、生态奖补等政策相互衔接的基础上，确定合理的补偿标准（见表1），参照上年农牧民的人均纯收入水平，对每户的禁牧休牧补助和草畜平衡奖励等资金的总额度实行封顶保底。该模式运行主要通过项目制进行，2015 年，若尔盖县湿地首次纳入中央财政湿地生态效益补偿试点，获得中央财政试点资金 2500 万元；理塘县列为省级湿地生态效益补偿试点。[①] 随着生态补偿模式的不断探索和完善，市场的力量逐渐壮大，除了以政府为主导的生态奖补外，逐渐形成了以市场为主导的“碳汇”经济扶贫。此种扶贫方式将植物固碳的碳汇服务转变为可交易产品，将贫困地区森林、草地、湿地等固定的二氧化碳出售给发达地区的企业，抵消企业碳减排的额度，[②] 实质上是企业间接对贫困户实行补贴。四川藏区碳汇丰富，对其加以合理有效利用，不仅可以大大减少碳排放量，改善生态，还能让碳汇经济成为新增长点。

---

① 王建平：《建立综合生态补偿机制的基本框架、核心要素和政策建议——以四川藏区为例》，《决策咨询》2018 年第 1 期，第 12 页。

② 沈茂英：《川西北藏区碳汇与碳汇扶贫相关问题探究》，《四川林勘设计》2017 年第 2 期，第 1 ~ 8 页。

表 1　生态补偿绿色减贫模式的实施形式及标准

单位：元/（亩·年）

补助形式	补助内容	补助标准
森林生态补偿	退耕还林补助	1500
	森林管护补助	5
	人工造林补助	500
	封山育林补助	100
	公益林补助（省级、国家级）	15
草原生态补偿奖励	禁牧补助	7.5
	草畜平衡奖励	2.5
湿地生态补偿	退牧还湿（理塘县试点）	25

3. 评价与演进

随着退耕还林还草、禁牧休牧轮牧、湿地补偿等措施的实施，人类活动的减少在很大程度上缓解了草原生态的压力，使该区域生态功能有所修复，此外，通过实行生态补偿制度，农牧民生计有所改善，当地的居住环境与生活水平逐渐提高，促进了脱贫摘帽的实现。但是仍存在一些亟待解决的问题，特别是生态补偿制度的设定标准以及资金投入的使用方式。一方面，上一轮生态补偿制度的标准是2016年制定的，还未摆脱绝对贫困，那么在2020年实现全面脱贫之后，旧标准是否需要重新划定，亟待讨论和解决。另一方面，生态补偿资金一直是以中央财政的转移支付为主，自上而下逐级下达，没有足够的灵活性，许多政策操作性不强。此外，生态补偿资金存在重叠和空缺的现象，补偿的方式依然单一，“输血式”补偿居多。为此，下一步要统筹不同部门的生态补偿资金，探索更多项目补偿，更多借助市场化力量，防范农牧民对于政府财政产生依赖，增强造血功能，优化生态综合补偿的减贫模式。

案例 1　若尔盖县多策并举的生态奖补

若尔盖县位于青藏高原东部边缘地带，地处阿坝州北部，以草原湿地为主，海拔为3400～3800米。20世纪60～70年代，为发展畜牧业，当地政

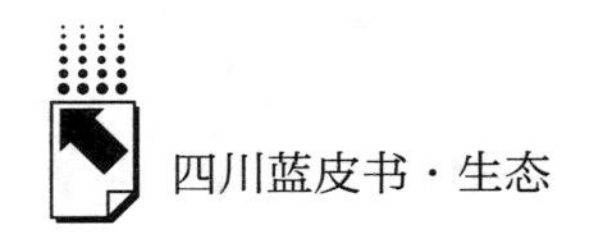

府实行大量的排水作业，变湿地为草地，使牦牛的数量成倍增长，获得了可观的经济效益。但随着土地退化沙化、水资源减少、生产力降低等不利因素越发突出，加之过载放牧、乱砍滥伐等人为活动的影响，生态系统功能明显下降，以畜牧业谋生的农牧民的收入逐渐难以保障，严重阻碍了农牧民生计的可持续发展，不利于农牧民从根本上减贫脱贫。

2007 年，国家环保总局发布的《关于开展生态补偿试点工作的指导意见》（环发〔2007〕130 号）中提出建立生态补偿政策，若尔盖县积极响应国家政策，逐渐采取退耕还林、草原生态奖补、湿地生态效益补偿等形式，多管齐下，多方面促进生态环境的恢复及农牧民的增收。据此，政府一方面采取严格的措施监测草原湿地的变化情况，对照标准对农牧民进行补偿，另一方面积极地开发生态补偿的扶贫岗位，在实施沙化治理、封山育林等造林项目时优先考虑让若尔盖县本地农牧民参与务工，不仅从财政转移上带动农牧民脱贫，更重要的是使农牧民走内源式发展道路，依靠自身摆脱贫困。供波落日是若尔盖县辖曼乡西仓村的一名普通农牧民，讲到开展草原生态奖补的好处时说："我家里的草籽全部是政府免费提供的，今年领到了 6 大麻袋的种子，我家的 20 多亩土地已经全部完成了草籽的播种。"①

2018 年，该县获得的补偿金中，390 万元用于巩固退耕还林成果，185.67 万元用于森林生态补偿，20.2 万元用于护林报酬（补贴），116.224 万元用于湿地生态效益补偿，58.11 万元用于针对集体和个人天然商品林停伐的管理和维护补贴。全年农牧民的总劳工成本超过 1980 万元。按照每人 6600 元/年的标准补贴，建立了 1738 个生态补偿扶贫岗位（包括 751 个生态护林员岗位、590 个草原管护员岗位、295 个湿地保卫员岗位和 102 个河道管护员岗位），对有劳动能力建档立卡贫困户实现了全覆盖，管理维护森林面积 60 多万亩，牧场面积 29.5 万亩，湿地面积 230.1 万亩，河流 500 多公里。

---

① 《落实生态补贴：绿了草原富了百姓》，《阿坝日报》2014 年 5 月 14 日。

在实现生态环境保护的同时，每位生态管理者的年收入也增加了6600元。[①]2019年3月实现了脱贫摘帽。11月，依据国家发改委印发的《生态综合补偿试点方案》，若尔盖县作为试点县上报，力求打造生态综合补偿多样化的示范样板。

（二）生态旅游减贫模式

四川藏区位于青藏高原向四川盆地延伸的过渡带上，海拔高，落差大，形成了独特的自然景观，拥有九寨沟、黄龙、大熊猫栖息地3处世界自然遗产，10个国家级自然保护区、5个国家级地质公园、6个国家级森林公园及1个国家5A级景区，与此同时，四川藏区有丰富的民族文化、红色文化、格萨尔文化等。旅游业是覆盖一、二、三产业的综合性产业，是资源消耗低、环境友好型和生态共享型的新增长点，尤其对于经济社会发展和自然区位条件均处劣势的藏区，旅游业的经济效益、社会效益、生态效益较传统产业更加显著。[②] 此外，旅游业还有助于民族交往、交流、交融。

1. 相关界定

旅游扶贫是以当地旅游资源为基础，依靠政府扶持，把握市场方向，通过发挥旅游产业综合效应带动贫困地区经济发展。世界银行提出了减少贫困的核心是通过刺激经济增长促进就业机会的增加，使市场更好地惠及贫困人口，让其有谋生的工作机会。发展旅游扶贫需要解决旅游扶贫的目标地区和目标人群的问题。学界的普遍观点是旅游扶贫的目标地区并不完全等同于国家所确定的“贫困地区”，而是有一定旅游发展基础的经济欠发达地区；目标人群也并不仅限于贫困地区的贫困人口，但首先要保证该类地区的贫困人

① 《回望2018年，若尔盖县生态扶贫成效显著》，阿坝藏族羌族自治州林业和草原局网站，2018年12月29日。

② 李斌、董锁成、薛梅：《川西少数民族边缘地区生态旅游模式与效益分析——以四川省若尔盖县为例》，《农村经济》2008年第3期，第51~54页。

口的利益和发展机会。

2. 实施运行

四川藏区旅游扶贫由政府主导，通过组织旅游规划的编制、审批旅游开发的项目、建立旅游扶贫基金、配套相关基础设施的建设、出台有利于贫困人口参与的政策、引导本地产业链的构建等。[①] 同时，政府还需积极引导企业、当地村庄和贫困群众等利益相关者参与其中，具体组织形式包括政府主导、社区主导、企业带动等类型。其中，如何提高旅游扶贫带动力和完善旅游基础设施至关重要。交通是最核心的旅游基础设施，如都汶、雅康、汶马高速公路通车，九黄、康定、稻城亚丁、红原机场相继建成，大大提高了旅游可通性。此外，还需要针对不同地区的具体状况进行具体开发，明确其扶贫目标取向。如对于“九寨沟－黄龙”“大香格里拉”“卧龙熊猫”等高品质旅游品牌，努力发挥景区的龙头作用，打造世界级旅游知名品牌，通过线路联动、配套服务、延伸服务，发挥知名景区旅游扶贫对周边地区的辐射带动作用。发展特色城镇和乡村旅游，如茂县叠溪镇、木里县乔瓦镇、康定新都桥等藏羌文化特色乡镇，带动当地脱贫致富。

3. 评价与演进

四川藏区具备发展旅游业的先天优势，且推广绿色旅游概念也有利于实现生态保护和经济发展的双赢局面。旅游业为藏区的脱贫致富做出了很大贡献，但仍存在很多问题，如交通依然不畅，“毛细血管”还不够丰富；厕所、景观台等基础设施仍不够完善；多数景区宣传力度不够，知名度不高；管理模式松散，相关人才短缺；在开发的过程中仍存在环境保护和经济发展之间的矛盾。[②] 下一步，首先评估旅游脱贫效益效果，通过综合效益分析法客观评价减贫脱贫效率，找出存在的短板和不足，强化层次设计，形成可持续旅游减贫过程。其次，要继续强化交通等基

① 耿宝江、庄天慧、彭良琴：《四川藏区旅游精准扶贫驱动机制与微观机理》，《贵州民族研究》2016 年第 4 期，第 159 页。

② 艾诗颖、朱国龙：《四川藏区旅游精准扶贫研究》，《四川劳动保障》2017 年第 S1 期，第 32～33页。

础设施建设，在强化可通达性基础上，适度提高便利性。再次，要进一步丰富旅游减贫模式，重点探索核心景区带动型、文旅精品线路型、特色村寨辐射型、牧旅融合成片型等，探索不同类型旅游脱贫具体运行模式，让贫困户分享旅游发展的红利，实现包容性旅游发展。最后，整合资源，突出重点，强化创新。如探索将旅游扶贫资金用于旅游扶贫试验区建设等。

案例 2　稻城亚丁的旅游减贫之路

稻城县位于甘孜州南部，地处川滇两省三州五县交界处，是四川省贫困程度较深的县。但稻城县旅游资源丰富，在四川省印发的《四川省“十三五”旅游业发展规划》中，稻城县被列入省级旅游扶贫试验区，旅游脱贫是稻城县切实可行的道路。

2004 年川滇藏三省共同商定打造“大香格里拉”品牌促进旅游业发展，在四川省境内的香格里拉就是以稻城县和乡城县为中心辐射到其他县市，因此稻城县背倚“大香格里拉”打出了知名度。在自然资源方面，稻城县是我国现存最完整的高山自然生态系统之一，地貌涵盖雪山、冰川、原始森林、草甸、溪流峡谷，极为丰富；在人文资源方面，稻城县拥有川藏线南路上最重要的寺庙之一——贡嘎朗吉岭寺。

近年来，稻城县政府抓住机遇，提出打造稻城亚丁旅游圈的口号，完善旅游扶贫的机制。稻城县充分抓住其核心景区的品牌优势，打造“三日游产品路线”，第一天游亚丁景区，参加艺术团演出；第二天游海子山景区（完善邦普寺、兴伊措、奇石、草甸等景点配套设施，修建景区旅游公路）；第三天游县城周边（金珠镇观光农业体验、赛马场体验，自麦经堂、红草地、登秋节、龙古“金珠民俗节”、茹布查卡温泉），这样的路线设计符合现代人多短期假日，适宜进行短期旅游的现状，且景点涵盖面积广、辐射面积大，能更大程度惠及当地百姓。

除打造精品路线外，稻城县还大力发展乡村旅游和宗教文化体验，发展特色产品，将政府、公司、寺庙与农户结合起来，利用当地藏民的房屋资源，打造特色酒店，开展农家乐体验活动，打造特色示范村，让农户更深层次地参与到旅游脱贫的过程中。目前，稻城县已实现脱贫摘帽，2018 年稻城县实现地区生产总值 8.1 亿元，同比增长 8.9%，全年接待游客同比增长 35%，实现旅游综合收入同比增长 35%。

（三）生态产业减贫模式

四川藏区是国家集中连片的特困地区，贫困面大，贫困程度深，该地脱贫致富需依托当地生态优势，发展特色产业，包括高原特色农业、特色藏族手工业、特色高原种植养殖业等（见表2）。

表2　特色产业的扶贫类型

类型	内容	依托基础
农业产业扶贫	畜产品：如牦牛肉干、牦牛奶粉，通过农业合作社集中经营，依靠其他力量的帮扶将产品送至市场上进行销售； 高档水果与反季节蔬菜：如巴塘苹果和金川雪梨，可销售至经济发达地区，也可与工厂合作进行深加工	藏区多为牧区县或半农半牧区县； 自然条件特殊，昼夜温差大，日照充足，所生产的水果和蔬菜品质极高
虫草经济	采挖红景天、冬虫夏草等中药材，虫草交易的盛行为农牧民带来了不菲的经济收入，而集贸市场的形成也使人们积聚，带动了当地餐饮业、旅游业、交通运输业的发展	随着内地经济的发展和海外市场的扩展，海内外对于虫草等药材的需求量越来越大，虫草长期处于供不应求的状态
特色手工业扶贫	如唐卡行业、陶艺手工业等藏区民间手工业，创造出来的产品除了在当地销售以外，还被统一运至成都等经济发达的地区销售	但是随着经济发展，藏区有越来越多的农牧民作画从艺

1. 相关界定

产业扶贫是依托贫困地区要素禀赋、自然条件、社会发展状况等因素，政府或企业提供资金、技术和项目及人才，帮扶其发展产业，推动贫困地区脱贫。由于各地自然资源、社会条件千差万别，贫困户综合素质、经营能力和脱贫具体需求也不尽相同，必须因地、因时、因人制宜选择产业，坚持市场导向，遵循市场和产业发展自身规律，实现产业做优做特。①

2. 实施运行

由于四川藏区的地理位置和自然环境特殊，各类资源丰富，在生物资源方面有蕨菜、薇菜、蕨麻等山珍野菜，松茸等野生菌类，香杏、樱桃等林果类，也有红景天、贝母、冬虫夏草等近2000种中药材，其矿产资源、农牧资源也很丰富，具备发展特色产业的良好基础。

3. 评价与演进

特色产业扶贫需要做到精准扶贫，要依托当地优势产业，因地制宜，因时制宜。目前，总体上藏区的特色产业扶贫发展卓有成效，有力地带动了当地脱贫摘帽。但是，藏区的产业发展仍然存在很多问题，如规模小，农牧民分散经营，缺乏专业性的人才，技术支撑能力不够，以及销售需依靠对口企业的扶持，缺乏市场竞争力等。在未来的发展上，随着国家对于藏区生态保护政策的陆续提出，绿色产业概念和生态农业概念在藏区的兴起，发展生态农业成为藏区未来的方向，依托藏区各地优势特色，建成全国知名的高原藏区绿色农产品产业基地和中药材生产基地。

案例3　红原县的藏医药产业减贫之路

红原县是四川藏区发展虫草经济和藏医药产业的典型县，其核心优势是其较为丰富的中医药资源，按地形地貌及气候特点，以刷经寺镇、壤口乡为

---

① 《精准推进产业扶贫　坚决打赢脱贫攻坚战——农业部有关负责人解读〈贫困地区发展特色产业促进精准脱贫指导意见〉》，《中国农业信息》2017年第12期，第3~4页。

主要区域的南部山原区，主产贝母、冬虫夏草、麝香、鹿茸、秦艽、大黄、红景天、羌活、红毛五加、柴胡、黄芪等。以色地乡、麦洼乡、瓦切乡为主要区域的北部高原区，主产贝母、冬虫夏草、秦艽、大黄、甘松、羌活、麝香、鹿茸、播娘蒿、雪上一枝蒿、牛黄、狼毒、藏茴香、马勃等。①

该县对于藏医药的利用以农牧民采挖为主，农牧民以家庭为单位进行开发和挖掘，每年的5~6月是红原县农牧民集中挖掘冬虫夏草的季节，每年农牧民都从中获益颇丰，对于整体经济而言，一则增加收入的农牧民会扩大消费；二则产业集聚又会带来滚雪球的经济效应，由此带动整个地区脱贫致富。

红原县越来越注重产业化和规模化，藏医药产业在红原县渐成规模。2006年，四川富民高原生物科技有限责任公司开始在红原县发展道地汉藏药材种植产业，主要种植贝母；2009年，科创控股集团四川中藏药材开发有限公司开始在红原发展汉藏药材种植产业，主要种植红景天；2012年，红原天然产物有限责任公司开始在红原发展道地汉藏药材种植产业，主要种植叶甘松、秦艽等中药材。规模化的种植与加工的确带动了当地的脱贫致富，但与红原县本身具有的中药材资源总量来讲，目前的汉藏药产业的规模还比较弱小，亟待发展。

（四）生态移民减贫模式

四川藏区多高原、荒漠、高寒地区，地质情况复杂，生态系统重要且脆弱，半高山和高山地区自然灾害频发、多发，加之地理位置偏僻、耕地资源短缺、土地利用率低等自然条件限制，致使这些地区的贫困程度较深，就地脱贫异常困难。易地搬迁打破“一方水土养不好一方人”的困境，解决生态和生计问题，促使农牧民尽快摆脱贫困。

---

① 四川省红原县志编纂委员会：《红原县志》，四川人民出版社，1996。

1. 相关界定

生态移民主要针对地质灾害频发、生态环境脆弱、生存条件恶劣、建设成本高、基础设施难以覆盖的偏远地区以及其他不适宜人类居住地区等特殊贫困区的贫困人口，通过就近集中安置、分散安置、投靠亲友安置和购买商品房等方式，使其搬离原来的居住区域。该模式的实施有助于改善和提升当地农牧民的居住环境与生活水平。此外，随着农牧民迁出生态脆弱区，人类活动的减少在一定程度上缓解了生态压力，对于迁出地的生态环境恢复也具有十分重要的作用。

2. 实施运行

生态移民在政府主导下，将生态系统严重退化地区的农户搬迁出来，以减少压力、恢复生态；通过"移民"实现"生态"与"发展"双赢，与易地扶贫搬迁、扶贫开发紧密相连。[①] 具体方式包括村内就近安置、村内集中安置、跨村插花安置、跨村集中安置、城镇无土安置等类型（见表3），通过不同层级政府与农户共同参与，完成生态移民搬迁。移民具体类型：一是高寒草原移民——退牧还草，以红原县为典型；二是干旱河谷区移民——易地致富，以得荣县为典型；三是横断山区边缘区市场化引导的自愿移民，如享受民族地区待遇的石棉县。[②]

表3 生态移民减贫模式的实施及运行

实施形式	主要内容	运行机制	优势	劣势
村内就近安置	借助社区内部的亲缘关系，按双方协商的一定比例在同村进行置换	农户自主协商，政府协同	安置成本较低，生产结构不变，所受影响小	搬迁村内必须有一部分自然条件较好的地区，且农户间协商较难进行

① 张丽君：《中国牧区生态移民可持续发展实践及对策研究》，《民族研究》2013年第1期，第23页。

② 李星星、冯敏、李锦等：《长江上游四川横渡山区生态移民研究》，民族出版社，2007。

续表

实施形式	主要内容	运行机制	优势	劣势
村内集中安置	依靠新村建设，对于地质灾害频发、基础设施落后的地区采取集中搬迁	政府主导，相关部门统一规划，统一组织实施	不改变原有的行政系统结构，便于管理，也不存在社会融入问题	搬迁村必须有连片的集体用地（草地或者林地），还须无安全隐患，易进行农业生产
跨村插花安置	居住较远的独门独户贫困人口，本村内土地资源有限，就近安置较为困难，因此跨村寻找合适的居住地进而实行搬迁	自行协商与政府主导并存，以自行协商为主	从扶贫成本、劳动力转移、资源的合理配置和利用综合考虑，效益较高	与安置地的农户在文化习俗、生产生活等方面存在差异，会使搬迁户产生排斥心理
跨村集中安置	通过协调沟通将两村的集体用地进行互换调整，对于迁入地在土地面积或资金上给予一定补偿	政府协商为主，统一规划和组织实施	实现了空间资源的合理配置，利于农牧民后续的生产生活	搬迁户离生产用地较远，不能满足生产需求，须进行农业结构调整或者是促进劳动力向其他产业转移
城镇无土安置	以城镇为依托，将具备一定能力和条件的贫困户转移到相邻的小城镇	具有一定经济基础的贫困户的自发性移民	实现了农村劳动力向二、三产业的转移，有利于推进城镇化	农户自身人力资本有限，有可能与社会脱节

3. 评价与演进

四川藏区的生态移民与易地扶贫搬迁配套推进，出台了后续产业支持、劳动力配套培训等办法，取得了一定成效，较好地实现了生态环境改善与农户脱贫减贫相结合。总体来看，搬迁多是小范围地在本县、本乡镇或者本州内进行，阻力较小，进展较好。但需要进一步厘清有关问题，以求进一步完善。首先，制定的政策适用性还不强，出台的政策还偏宏观，许多政策操作性有待提高。如藏区农牧民定居项目利用率不高，甚至回迁现象在较大范围内存在，这是对农牧民意愿尊重仍显不足的表现。其次，由于移民工程比较巨大，在选址、搬迁到落户的过程中需要耗费的资金十分庞大，加之移民对于政策补贴的期许较高，造成了较大资金缺口，农牧民政策的满意度有所降低，一定程度上可能会造成移民政策的形式化。最后，后续发展途径考虑不够周全，甚至造成潜在的社会矛盾，管理难度大。下一步，要科学审慎评估新的移民项目，周密考虑移民的后续产业，在确保摆脱绝对贫困的同时，要从多维贫困视域考虑移民生计综合能力，同时减弱对迁入地家庭生计的影响和迁入地生态环境的影响，要把移民工程从政府活动演变为政府政策、组织机构、公众参与一体化的过程。

案例4　跨村集中安置的金川县庆宁乡松坪村

松坪村地处阿坝州金川县庆宁乡，距离金川县城大约19公里，平均海拔在2800米左右，是典型的半高山区域，全村辖两个社，大约有80户306人。其中，二社有34户，处于地质灾害频发地区，村民主要依靠农业种植，外出务工，饲养猪、牛、羊等来维持生计。2010年10月，《关于制定国民经济和社会发展第十二个五年规划的建议》中提出，要在包括少数民族8省区在内的21个省份有计划地进行移民搬迁。根据文件的总要求，阿坝州陆续开始实施易地移民搬迁。2012年，松坪村开始实施，其中集中安置的搬迁户大约有10户，其余的分散安置。

在搬迁方式上，相邻的育林村有连片的集中用地，并且所处的地理位置地质灾害较少，因而政府出面协调，将两村的集体用地进行互换调整，将换得的集体用地进行统一的规划和建设，安置村民；在资金投入上，搬迁的贫困户每户补助2.6万元，对于经济条件尤其差的特困户，政府出面保证给予无息贷款，最高可达8万元；在基础设施建设上，不仅修建了道路，同时还配备了300平方米左右的村活动室以及老年人的锻炼设施，实现了户户通水、通电、通信、通路，极大地改善了贫困户的居住环境；在生产生活方式上，由于安置点距离原来的生产用地较远，在农业生产上极不便利，由村主任引导进行了结构调整，以土地入股的形式推进中草药和核桃基地的发展，另外，还鼓励该村农村劳动力向二、三产业转移。据统计，2013 年全村的人均纯收入已经达到 5800 元。[①]

（五）电子商务减贫模式

四川藏区交通不便，物流成本极高，如何将藏区优质的农牧产品销售出去显得至关重要。新技术革命所形成的电商较好解决了信息闭塞和交通不便问题，“淘宝村”成为新时尚，很多贫困人口通过电商能把滞销农产品卖出去，增加了收入，减少甚至消除了贫困。随着藏汉交流、交往和交融，藏区的市场化意识明显提高，加之技术成熟和成本降低，为电商减贫提供了基础。

1. 相关界定

随着互联网时代的到来和电商经济的发展，电子商务与产业扶贫有机结合形成电商扶贫这一全新的扶贫方式。电商扶贫的核心在于对信息技术工具和平台的使用，既培育了一个以市场为导向的生态体系，又不会大规模破坏农村的原生态环境。[②] 电商扶贫结合实体产业，依托互联网平台，进行产品的推广和销售，即“将农村电子商务作为精准扶贫的重要载体，把电子商务纳入扶贫开发工作体系，以建档立卡贫困村为工作重点，提升贫困户运用电子商务创业增收的能力”。[③] 四川藏区作为集中连片的特困地区，电商扶贫也成为藏区精准扶贫的一种新的尝试。

---

① 桑晚晴：《四川民族地区集中连片特困区搬迁扶贫研究》，硕士学位论文，四川省社会科学院，2015。

② 《电商专家谈阿里脱贫优势：普惠、生态、精准和市场化》，《人民日报》（海外版），2018 年 11 月 6 日。

③ 《国务院关于印发“十三五”脱贫攻坚规划的通知》，中国政府网，2016 年 11 月 23 日。

2. 实施运行

电商扶贫通过政府和企业的努力，以技术工具和平台的运用为支撑，遵循市场规律，打通了从源头到消费端的供应链，打造了“网络第二空间”，实现了“授人以渔”，持续脱贫、不返贫。该模式需要政府、企业、农户多方参与（见表4）。以阿里巴巴为代表的企业搭建农村电商平台，创造了无数个农村淘宝店和“淘宝村”，创新了全球减贫模式。各地积极探索电商减贫模式，如甘肃省陇南市探索的行业协会、品牌、物流、网店、供货、宣传“六位一体”的发展思路，形成陇南模式，云南省红河州元阳县将互联网与高端农业、旅游业相结合形成元阳模式，以及湖南打造的“互联网＋公司＋合作社＋农户”的电商扶贫O2O湘西模式。

表4　农村电商扶贫的主要类型

类型	内容	优势	劣势
农牧民＋电子商务	让农牧民直接成为电子商务的销售主体，例如贫困户自己在淘宝等平台上开设网店	自负盈亏，有利于激发农牧民的积极性	需要农牧民具有较高的文化水平，以及需要政府提供培训
农牧民＋中间载体＋电子商务	中间载体如农业合作社、帮扶企业、政府、龙头企业，由中间载体统一进行经营，农牧民获得分红	解决销路和宣传问题，可操作度高，有利于形成规模化经营，并形成自己的品牌	过度依靠帮扶企业帮扶使自身难以在市场上立足

3. 评价与演进

互联网的普及使电商扶贫成为可能，人们消费能力的提高和消费模式的改进为电商扶贫提供了机会。目前，电商扶贫作为一种新的精准扶贫的方式，其发展模式还在不断的探索之中。四川在减贫方面从电子商务的发展中获益良多，2017年，泸定、乡城、理塘、丹巴、甘孜5县成功申报国家级电子商务进农村综合示范县。但目前电商扶贫模式仍旧存在很多问题，如电商扶贫需与产业发展相结合，但四川藏区的产业基础薄弱，也缺乏相关的人才和技术；地理位置偏僻，交通、语言不便阻碍了物流体系的建立和运行，在电商扶贫方面四川藏区仍有很长的路要走。

案例5　甘孜州的电商减贫之路

圣洁甘孜扶贫旗舰店于2019年11月在成都市正式开业，这是甘孜州电商扶贫的一次大规模尝试。圣洁甘孜扶贫旗舰店陈列面积400多平方米，200多款商品来源涵盖甘孜州18个贫困县市。

甘孜州生物资源丰富，农牧业发达，农作物主要有玉米、小麦、青稞、豆类和薯类，水果、干果及其他经济林木均广泛分布和栽培，有苹果、石榴、板栗等20余种果树，花椒、茶、油桐、杜仲等十余种经济林木，还有沙棘、海棠、野葡萄、山核桃等野生植物，有26种野生药材和红景天、贝母、冬虫夏草等44种大宗藏医药，产品辨识度高，具有较好的市场接受度和资源优势。为了更好地销售这些产品，甘孜州将特色产业与互联网结合，将电商零售与社群新零售结合，形成“线上+线下+走进社区”的经营模式，除了利用电商平台扩大知名度和销售量之外，还争取将圣洁甘孜的产品做成知名品牌，形成品牌效应。

甘孜州抓住机会对外推广产品，扩大知名度。2019年12月，第二届四川扶贫标识产品暨特色优势农产品展销推介活动在北京举行，甘孜州有圣洁甘孜扶贫旗舰店、炉霍雪域俄色有限责任公司等7家经营甘孜州特色产品的企业参加，甘孜展馆当天的销售额达到10万元，现场签订的采购合同超过15万元，并与京东等企业确定合作意向，进一步发挥电商平台的作用，扩大甘孜农产品的销售渠道。

（六）光伏发电减贫模式

2015年，光伏扶贫被列为精准扶贫的十大工程之一。光伏扶贫不仅可以解决部分贫困地区的用电问题，还可以为产业扶贫找到一条可持续发展的途径。四川藏区虽然大多位于生态脆弱区，地质灾害频发，但是平均海拔较高，太阳能资源非常丰富，因此在该区域鼓励光伏扶贫，并且采取与农业、牧业等产业结合的精准扶贫方式对于当地的脱贫攻坚具有十分重要的意义。

1. 相关界定

光伏发电减贫模式是借助光伏发电而实施的一种扶贫模式。该模式支持片区县和国家级贫困县内已建档立卡的贫困户利用住所的屋顶、空地等空间，安装户用分布式光伏发电系统；支持贫困村集体安装村级光伏电站；支持片区县和国家级贫困县利用本地区的荒山荒坡等未开发的地皮建设大型地面集中式光伏电站（见表5），[①] 直接或间接地增加贫困户的基本收入，造福贫困群众，帮助贫困户脱贫致富。

表5　光伏发电减贫模式的实施及运行

实施形式	主要内容	利益分配	评价
户用分布式光伏发电	对已经建档立卡的贫困户利用住所的屋顶、空地等空间，安装户用分布式光伏发电系统	产生的多余电量卖给国家电网以获得收入，同时国家对于该项目还有部分补贴，每年可获得固定利润	建设难度低，投入成本较小且收入相对可观，推广程度较高
村级光伏电站	在贫困村集体土地上安装小型的光伏电站	将产生的电卖给国家电网，总收益依据光伏扶贫项目中的比例标准分配给贫困户，收益不低于总利润的60%	有利于村集体集资搭建光伏发电系统且获利较高，但往往会在利益分配中存在分歧
地面集中式光伏电站	利用本区域的荒山荒坡等未开发的地皮，建设大型地面集中式光伏电站	对项目具有产权的投资企业必须贡献出一部分资本，由当地政府负责分配给当地贫困户	建设周期更短，用电更稳定

① 安文静：《我国光伏产业扶贫机制与模式研究》，硕士学位论文，山西财经大学，2018。

2. 实施运行

光伏扶贫由政府、企业或贫困户出资，在不同的投资模式下电站的产权和收益分配方式也有所不同。四川藏区光伏扶贫主要采取国有企业出资形式。在具体操作过程中，充分考虑了贫困户利益，一是要保障本村的用电需求以及减轻贫困户的用电负担，也可通过卖电增加自身收入；二是要利用光伏发电代替燃料发电，从而能够减少碳排放量以达到保护生态环境的目的。

3. 评价与演进

由于四川藏区地理环境的限制，大面积开展光伏扶贫仍然面临许多挑战。一是由于四川藏区的平均海拔在3000米左右，在建立光伏电站时虽然技术上不存在难度，但要克服高原缺氧这一现实问题。二是目前的扶贫电站都是分散式的，暂时没有大规模集中式的，送电问题仍然是需要解决的一大难题，且该区域游牧户居多，其分布较为分散，电网基础薄弱，后期维护成本过高。三是目前该区域还只是单纯卖电或者通过建设电站来获得收入，并没有与当地的特色产业进行深入融合。但值得期待的是，随着技术进步及成本的下降，下一步有关部门也会充分发挥藏区的资源优势，产生更大的经济效益。在今后的发展中，可以考虑将光伏与其他产业融合来达到增产增收的目的。如“光伏+农业”——棚顶太阳能电池板发电，棚下种植蔬菜、瓜果；“光伏+药材”——板上光伏发电，板下种植药材等。此后，还要统筹前期投资和后期管护的问题，以及光伏发电技术的创新研发问题。

案例6　石渠、色达、新龙、乡城：光伏扶贫照亮脱贫路

四川藏区各县大多具有地广人稀、贫困人口比例较大、分布较为分散的特征。光伏电站的地址选取必须考虑太阳能资源的富余水平以及发电后是不是有电的送出通道等客观前提，因此，国家电投与甘孜州政府协商决定，采取“集中建设，易地扶贫”的办法在州内进行光伏精准扶贫，对甘孜州的石渠县、色达县、新龙县的贫困户进行帮扶，但把光伏扶贫电站建在乡城县。将发电所得利益优先保证石渠县、色达县、新龙县建档立卡的贫困人口的收入，在电站运作20年内每人年均可以获取扶贫款1000元，以此达到帮扶贫困人口脱贫的目的。

乡城县属于高山草原地，植被和草地都比较稀少，水资源匮乏，在未建立光伏电站之前，当地农牧民的经济收入有限，基本上是靠天吃饭。扶贫电站的建立，不仅每年可以补贴农牧民的生活需求，还可以创造就业岗位，解决很多就业问题。该村大约有162户900人，其中800多人在电站工作过，而且当地还创立了劳务服务公司，向电站轮番派遣劳动力，使得各家都有收入来源。当然，有技术的收入就会高一点。据统计，2017~2018年，平均每户每年能增加7000~8000元的收入。除此之外，正斗村还享受国家的另一种红利——光伏电站的占地费用，草地也通过出租方式补给了村民，这在很大程度上提高了乡城县的整体收入和贫困户的收入。目前，光伏产业已成为乡城县的三大支柱产业之一。光伏产业的成长对于扶贫、减贫、脱贫起到了很大的促进作用。

三　生态减贫演进与保障

2020年中国脱贫攻坚的重心将由“绝对贫困”转向“相对贫困”，相较于绝对贫困，相对贫困更具动态性、持续性和隐蔽性，识别也更加复杂和困难。生态减贫的具体模式尚需要进一步完善，并在相对贫困治理实践中不断优化创新。从总体来看，在生态减贫的演进与保障上，需重点考虑以下几个方面。

一是在宏观战略把握上，生态减贫必须与藏区版的乡村振兴战略推进有机结合起来。要紧扣“产业兴旺、生态宜居、乡风文明、治理有效、生活富裕”的总要求，立足产业、人才、文化、生态和组织五大振兴，将藏区生态产业的打造、生态宜居环境的建设、贫困农牧民的可持续生计结合起来，统筹加以考虑。

二是在生态治理体系和能力上，通过推动贫困治理现代化发掘治理主体生态减贫动力。第一，继续发挥政府在藏区生态减贫中的主导作用，在资金、人员和组织上给予倾斜。同时，在相对贫困日益突出且与绝对贫困交叉情况下，较难通过市场机制解决相对贫困，政府亟须在二次分配中调整财富的分布，形成兼顾效率与公平的财富分配新格局。第二，积极培育和创造市场参与资源分配，逐步推动市场要素、市场机制、市场秩序和市场规范在藏区的渗透浸入。在路径上沿着从无市场到半市场化再到部分完全市场，探索生态资源资产化、资本化、价值化、产业化、市场化等机理，逐步建立生态产品交易市场，持续推动生态产品市场化。同时探索用市场化手段激励农牧民社会参与。第三，引导企业、社会组织积极参与，参与路径可先从中央企业、省市国有企业再到社会企业和民营企业参与生态减贫。

三是在政策设计优化、细化上，生态减贫的政策仍可借鉴现有的有效政策及手段，但需更加精准施策，如考虑将相对贫困线与致贫原因有机结合起来，将相对贫困线与低保线有机结合起来，充分考量区域和城乡的具体差别，根据经济发展水平、社会和市场的成熟度、乡村振兴战略实施状况以及贫困人口分布特征等，制定差异化生态减贫策略。

四是坚持保障机制不弱化、保障资源不减少、保障强度不降低，全力巩固脱贫成果。要突出对脱贫减贫工作绩效、政策稳定性以及脱贫摘帽后一段时间内“不摘责任”“不摘政策”“不摘帮扶”“不摘监管”等情况进行监督，确保脱贫后工作不断档、服务不掉线、人财物供应不减少。此外，继续完善社会发展、经济发展和生态环境的全方位综合监测体系及考核评价标准。

参考文献

《电商专家谈阿里脱贫优势：普惠、生态、精准和市场化》，《人民日报》（海外版），2018年11月6日。

《国务院关于印发“十三五”脱贫攻坚规划的通知》，中国政府网，2016年11月23日。

《回望2018年，若尔盖县生态扶贫成效显著》，阿坝藏族羌族自治州林业和草原局网站，2018年12月29日。

《精准推进产业扶贫　坚决打赢脱贫攻坚战——农业部有关负责人解读〈贫困地区发展特色产业促进精准脱贫指导意见〉》，《中国农业信息》2017 年第 12 期。

《落实生态补贴：绿了草原富了百姓》，《阿坝日报》2014 年 5 月 14 日。

艾诗颖、朱国龙：《四川藏区旅游精准扶贫研究》，《四川劳动保障》2017 年第 S1 期。

安文静：《我国光伏产业扶贫机制与模式研究》，硕士学位论文，山西财经大学，2018。

耿宝江、庄天慧、彭良琴：《四川藏区旅游精准扶贫驱动机制与微观机理》，《贵州民族研究》2016 年第 4 期。

李斌、董锁成、薛梅：《川西少数民族边缘地区生态旅游模式与效益分析——以四川省若尔盖县为例》，《农村经济》2008 年第 3 期。

李星星、冯敏、李锦等：《长江上游四川横渡山区生态移民研究》，民族出版社，2007。

秦国伟、董玮：《绿色减贫的理论内涵与路径创新》，《东岳论丛》2019 年第 2 期。

桑晚晴：《四川民族地区集中连片特困区搬迁扶贫研究》，硕士学位论文，四川省社会科学院，2015 年。

沈茂英：《川西北藏区碳汇与碳汇扶贫相关问题探究》，《四川林勘设计》2017 年第 2 期。

四川省红原县志编纂委员会：《红原县志》，四川人民出版社，1996。

王建平：《建立综合生态补偿机制的基本框架、核心要素和政策建议——以四川藏区为例》，《决策咨询》2018 年第 1 期。

袁晓文、陈东：《辨证施治：四川藏区农牧民致贫原因的实证调查与分析》，《中国藏学》2017 年第 2 期。

张丽君：《中国牧区生态移民可持续发展实践及对策研究》，《民族研究》2013 年第 1 期。

钟水映、冯英杰：《生态移民工程与生态系统可持续发展的系统动力学研究——以三江源地区生态移民为例》，《中国人口·资源与环境》2018 年第 11 期。周歆红：《关注旅游扶贫的核心问题》，《旅游学刊》2002 年第 1 期。

生态环境污染防治篇

Eco-Environmental Pollution Prevention and Control

B.7
四川省“三江”流域水环境生态补偿办法绩效评估

刘新民　包星月　刘　虹*

摘　要： 生态补偿制度是我国环境保护工作的一项基本制度，为响应《国务院关于落实科学发展观加强环境保护的决定》要求，近年来，四川省一直积极探索建立流域水环境生态补偿机制，并取得了一定成效。本文梳理了《四川省“三江”流域水环境生态补偿办法（试行）》实施以来在水环境质量改善等方面取得的成效，以及执行过程中形成的成功做法，同时，指出该办法实施以来存在的改进空间，并提出建议。

* 刘新民，四川省生态环境科学研究院副所长、高级工程师，主要研究方向为环境经济、生态补偿等环境政策；包星月，四川省生态环境科学研究院助理工程师，主要研究方向为环境政策；刘虹，四川省生态环境科学研究院助理工程师，主要研究方向为环境政策。

关键词： 生态补偿机制　水环境治理　四川

生态补偿是以促进人与自然和谐发展为目的，通过将生态保护中的经济外部性内部化，采用公共政策或市场化手段，调整生态保护者与受益者等利益相关者之间利益关系的制度安排。为完善生态补偿政策，建立生态补偿机制，四川省人民政府办公厅于2011年9月发布了《关于在岷江沱江流域试行跨界断面水质超标资金扣缴制度的通知》，决定在四川省环境压力较为突出的岷江、沱江流域干流及重要支流试行跨界断面水质超标资金扣缴制度。

为进一步改善四川省内水环境质量，促进污染物总量减排，2016年6月，四川省在原岷江、沱江流域跨界断面水质超标资金扣缴制度基础上，发布了《四川省“三江”流域水环境生态补偿办法（试行）》（以下简称《办法》），将嘉陵江流域干流及重要支流也纳入考核范围。《办法》的实施建立了以四川省重点流域水环境质量的持续改善为核心，体现“超标者赔偿、改善者受益”和“上下游对应补偿”原则的流域生态补偿制度。

一　四川省“三江”流域基本概况

本文中的四川省“三江”流域特指四川省境内岷江、沱江、嘉陵江干流及其重要支流所覆盖的流域（见表1）。其中，岷江包含传统认为发源于阿坝州松潘县的岷江干流，发源于宝兴县夹金山的青衣江，以及发源于青海省玉树藏族自治州的大渡河。以上三条河流在乐山市境内汇合，于宜宾市汇入长江。嘉陵江流域包含由陕入川的嘉陵江干流流域、涪江流域和渠江流域。嘉陵江干流、涪江和渠江在四川境内为三条独立的河流，最终于重庆市合川区汇合后汇入长江。①

① 陈雨艳、罗彬、何吉明、倖强、易丹：《四川省“三江”流域水环境生态补偿标准的核算浅析》，《四川环境》2018年第5期，第77~81页。

表1　四川省"三江"流域基本概况

内容	岷江流域	沱江流域	嘉陵江流域
经济发展概况	上中下游经济发展差异较大	四川省城镇最集中、人口最密集、经济实力最强的区域	经济社会发展总体水平不高
所辖区域	10市69县(市、区)	10市39县(市、区)	10市57县(市、区)
流域面积	12.5万平方公里	2.55万平方公里	10.53万平方公里
水资源量	889亿立方米	97亿立方米	503亿立方米
用水情况	73亿立方米	86亿立方米	69亿立方米
生态环境质量状况	岷江干流上游和下游水质情况较好,中游较差;青衣江和大渡河流域整体水质较好	呈全流域污染特征,总磷污染突出	嘉陵江干流整体水质较好,个别小支流水质较差;涪江流域上游水质较好,下游个别小支流较差;渠江流域水质整体较好

资料来源:《四川省岷江—河(库)—策管理保护方案》《四川省嘉陵江—河(库)—策管理保护方案》《四川省沱江—河(库)—策管理保护方案》《四川省青衣江—河(库)—策管理保护方案》《四川省大渡河—河(库)—策管理保护方案》《四川省涪江—河(库)—策管理保护方案》。

"三江"流域范围涉及四川省除凉山彝族自治州和攀枝花市外的其他所有市州,流域面积约占全省面积的60%,是四川省经济活动和人口最集中的区域。随着人口的逐渐增长,经济社会的迅速发展,流域内生态环境压力日渐增大,生态环境质量下降。[①]

二　《四川省"三江"流域水环境生态补偿办法(试行)》执行进展

《办法》于2016年6月1日起正式实施,考核对象为流域内19个市州及52个扩权县(市、区),在市、县河流交界处新设置监测断面,用以监测各行政区的出入境水质,考核断面达81个,其中仅20个断面为原有国考

① 余恒、陈雨艳、李纳、杨坪:《岷、沱江流域跨界生态补偿断面水质监测与资金扣缴情况分析研究》,《环境科学与管理》2015年第5期,第119~122页。

或省考断面，其余均为《办法》专设断面。《办法》按照“超标者赔偿、改善者受益”的原则，依据监测断面水质监测结果，在监测断面的上下游市、县人民政府之间实行水环境生态补偿横向转移支付。

《办法》的水质考核标准以《四川省地面水水域环境功能划类管理规定》和《地表水环境质量标准》为依据，主要考虑断面水质浓度与河流流量，考核指标为总磷、氨氮和高锰酸盐指数。《办法》为双向类补偿，当监测断面的任何一个污染物监测因子的监测结果劣于规定标准时，该断面上游的市县人民政府对下游的市县进行水环境赔偿；而当监测断面所有监测因子的监测结果均优于规定标准至少一个级别时，该断面的下游市县要对上游市县给予水环境改善补偿。

针对《办法》的具体实行，方案规定，上下游的补偿直接在对应的上下游市县人民政府之间进行横向转移支付。原四川省环境监测总站将针对“三江”水环境补偿每月监测一次。原四川省环境保护厅则根据每月监测结果计算当月和累计的水环境生态补偿资金，每年由四川省财政通过与市、县财政结算的方式实现市、县之间的转移支付。

2017 年，根据四川省环境保护厅、四川省财政厅《关于印发四川省“三江”流域省界断面水环境生态补偿办法的通知》，将“三江”流域内 9 个省界交接断面纳入省级生态补偿范围，建立起“三江”流域四川境内闭循环考核机制。

2016～2018 年，“三江”流域考核断面共产生生态补偿金约为 13.77 亿元，其中赔偿金 2.65 亿元，改善金 11.12 亿元（见表2）。2018 年“三江”流域考核断面产生的赔偿金比 2017 年减少 60.9%，改善金比 2017 年增加 4.9%。

表 2　四川省“三江”流域 2016～2018 年生态补偿金统计

单位：万元

年份	2016 年 7～12 月	2017 年	2018 年
生态补偿金	30819.0	56262.0	50684.8
赔偿金	8870.4	12693.5	4966.7
某地区获得赔偿金最多数额	1075.2	1541.8	796.3

续表

年份	2016年7~12月	2017年	2018年
改善金	21948.6	43568.5	45718.1
某地区获得改善金最多数额	1302.4	1973.9	2293.4

资料来源：《关于报请批准2016年“三江”流域水环境生态补偿资金分配方案的请示》（川环〔2017〕7号）、《关于报请批准2017年“三江”流域水环境生态补偿资金分配方案的请示》（川环〔2018〕77号）、《关于通报2018年“三江”流域水环境生态补偿资金分配方案的函》（川环函〔2019〕691号）。

三 《四川省“三江”流域水环境生态补偿办法（试行）》取得的成效

（一）进一步压实了地方流域水环境保护责任

为贯彻落实《办法》精神，强化环境保护责任，各地政府积极组织，持续推动，成都、自贡、德阳、绵阳、眉山、乐山、广元、遂宁、广安、巴中、资阳等市相继建立了市级水环境生态补偿办法，将区域内未纳入《办法》范围的重点小流域、市辖区等列入水环境生态补偿范围，共设有水环境生态补偿断面160多个，2017年产生生态补偿金额约1.6亿元。

乐山市根据《办法》制定了市级水环境生态补偿办法，在全市的11个县（市、区）全面实施水环境生态补偿制度。市级水环境生态补偿制度在省已设的生态补偿断面的基础上，在市辖区之间设立控制断面，厘清市辖区之间的责任，将符合条件的县（市、区）跨界断面全部纳入水环境生态补偿范围。此外，制定了《岷江乐山段总磷达标工作行动方案》《岷江流域乐山段总磷污染防治及削减方案》，加强沙咀断面上游五通桥区境内涉磷企业污染治理，有力推动了出境断面水环境质量的持续改善。

宜宾市人民政府于2016年印发了《关于贯彻落实〈四川省“三江”流域水环境生态补偿办法（试行）〉的实施意见》，明确了宜宾市“三江”流域水环境生态补偿工作内容（包括监测断面、考核因子、职责分工），同时也明确了相关市级部门的职责分工。目前，正在起草制定《宜宾市水环境生态补偿断面监测实施方案（试行）》。

眉山市各区县均有流域生态补偿办法，将乡镇之间的小河流出入境纳入生态补偿办法。

雅安市印发了《雅安市〈水污染防治行动计划实施方案〉2017 年度实施方案》《雅安市〈水污染防治行动计划实施方案〉2018 年度实施方案》，先后推动县（市、区）印发了 2017 年度、2018 年度实施方案等具体方案，不断强化措施，细化目标，落实责任。在全省率先制定《雅安市青衣江流域水环境保护条例》，明确规定在市内青衣江流域实行生态补偿制度。

2017 年，广元市人民政府印发了《嘉陵江流域水环境生态补偿办法（试行）》，在嘉陵江流域内的朝天区、利州区、青川县、昭化区交界处增设市生态补偿断面，并纳入市生态补偿考核工作，在全省各市州率先启动市级生态补偿考核工作。广元市建立了省市联动、上下游联防联控、齐抓共管、各区县全覆盖的联合作战的水环境生态保护和治理合作沟通平台。

巴中市编制印发了《巴中市巴河流域水环境生态补偿办法（试行）》《关于印发〈巴河流域水环境生态补偿跨界断面监测实施方案〉的通知》，在巴河流域上下游县（市、区）之间进行横向水环境生态补偿，将巴河流域沿线的污水处理厂（站）、工业企业、畜禽养殖场等污染源的污染情况和治理设施运行情况纳入水环境生态补偿考核范围，实行“有奖有罚”的水环境生态补偿机制，加大了环境监管力度，提高了各县（市、区）落实环境监管责任的主动性、积极性，为改善巴河流域水环境质量提供了重要支撑。

成都市政府在《成都市主要河道跨界断面水质超标资金扣缴制度》基础上，制定出台了《成都市岷沱江流域水环境生态补偿办法（试行）》，同时，市水务局、市环保局配套制定了《成都市岷沱江流域水环境生态补偿办法平均扣缴或免除扣缴确认工作程序的通知》，从以下几个方面加大了流域水生态资金的扣缴。一是增加了考核断面，将主要河道、重点流域和完成污染治理的部分河渠纳入水环境质量考核，考核断面由 36 个增加到 68 个；二是实行多因子累计扣缴，考核因子仍为高锰酸盐指数、氨氮和总磷，3 项因子同时考核，超标即扣缴；三是增加扣缴级别，保留岷江、沱江流域干流考核断面为一级扣缴断面、重要支流考核断面为二级扣缴断面、主要河渠考核断面为三级扣缴断面，增设了完成黑臭河渠治理的河渠为四级扣缴断面；四是提高扣缴基数，将一级断面扣缴基数由50万元提高到80万元、二级断面扣缴基数由30万元提高到50万元、三级断面扣缴基数由20万元提高到30万元，将已治理河渠新增为四级断面，扣缴基数设定为20万元。此外，为进一步明确治水责任，促进各乡镇之间水环境的不断改善，各县（市、区）对辖区内河道设置了水质超标扣缴断面，对各乡镇水质超标实施扣缴。

（二）有力促进了流域水环境质量改善

《办法》实施一年多来，“三江”流域水质状况总体得到了有效改善（见表3），2017年6～12月，“三江”81个流域考核断面产生的赔偿金同比下降了62%，其中岷江流域同比下降了74%，沱江流域同比下降了48.3%，嘉陵江流域同比下降了29.4%；产生的改善金同比上升了20.4%，其中岷江流域同比上升了34.2%，沱江流域同比上升了81.9%，嘉陵江流域同比上升了8.9%。2018年全年，“三江”流域考核断面产生的赔偿金比2017年减少60.9%，改善金比2017年增加了4.9%。沙咀、月波断面由2016年的赔偿金转变为2017年的改善金，改善最为明显；鹰嘴岩、香山渡口等断面产生的改善金同比明显升高；梓潼村、梭滩河等断面产生的赔偿金同比明显下降。

表3　岷江、沱江、嘉陵江干支流水质变化情况

水系		2011年	2016年	2018年
岷江	干流	达标率46.2%，总体轻度污染，眉山入境段重度污染	达到或优于Ⅲ类水质比例为61.5%，轻度污染	水质优良率达100%
	支流	达标率63.0%，中度污染，府河、江安河、体泉河、茫溪河重度污染	达到或优于Ⅲ类水质比例为61.5%，中度污染，江安河、新津南河、金牛河、思蒙河、体泉河、毛河、茫溪河重度污染	达到或优于Ⅲ类水质比例为76.9%，江安河、体泉河重度污染，毛河中度污染

续表

水系		2011 年	2016 年	2018 年
沱江	干流	达标率 46.7%，轻度污染，资阳入境段中度污染	无Ⅲ类水质或更优水质断面，轻度污染	达到或优于Ⅲ类水质比例为 85.7%，总体良好
	支流	达标率 21.7%，中度污染，威远河、釜溪河重度污染，毗河、九曲河中度污染	达到或优于Ⅲ类水质比例为 18.2%，中度污染，中河、毗河、九曲河、球溪河、威远河重度污染	达到或优于Ⅲ类水质比例为 22.7%，九曲河重度污染、球溪河中度污染
嘉陵江	干流	达标率 100%	均为Ⅱ类水质	均为Ⅱ类水质
	支流	达标率 91.7%，水质总体为优，铜钵河重度污染	达到或优于Ⅲ类水质比例为 82.1%，水质良好，铜钵河、鄄江中度污染	达到或优于Ⅲ类水质比例为 92.3%

资料来源：《2011 年四川省环境状况公报》《2016 年四川省环境状况公报》《2018 年四川省生态环境状况公报》。

实施水环境生态补偿制度以来，岷江流域中游乐山段水环境质量持续改善，4 个国家考核断面达标率为 100%，且主要污染物浓度呈下降趋势。岷江乐山段出境月波断面，省下达目标任务为 2020 年达到Ⅳ类水质，经过努力，自 2016 年起已稳定达到Ⅲ类，为全省水环境质量目标做出了贡献，2017 年有 5 个月达到Ⅱ类水质，水质进一步向好，总磷浓度进一步大幅下降。从 2017 年年均值看，茫溪河大桥断面高锰酸盐指数已达到Ⅳ类水质标准，总磷、氨氮浓度虽仍处于高位，但最后一季度三项主要污染物浓度均显著下降，氨氮已达标，总磷达到Ⅴ类水质标准，2018 年 1 月、2 月更是达到了Ⅳ类水质标准。自《办法》执行以来，2017 年，岷江干流眉山出境断面主要污染指标氨氮、总磷浓度分别较 2016 年下降 33%、20.7%，其余指标达到Ⅲ类，其中 7～12 月已全面达到Ⅲ类。雅安市考核断面的高锰酸盐指数、氨氮和总磷年均值达到Ⅲ类标准，水质呈变好趋势。2018 年绵阳市 11 个国控和省控断面的化学需氧量（COD）、氨氮、总磷年均值均达到Ⅱ类水质标准。根据 2016～2018 年四川省国控和省控断面水环境监测数据，“三江”流域内国控和省控断面Ⅲ类及以上水质断面比例由 2016 年的 56.5% 上升到 2018 年的 71.2%；劣Ⅴ类水质断面比例由 2016 年的 12.9% 下降到 3.2%，断面水质具体改善情况见表 4。

表 4　四川省 2016～2018 年国控、省控断面水质改善情况

单位：%

断面名称	国控/省控	氨氮变化比例	COD 变化比例	总磷变化比例	2016 年水质类别	2018 年水质类别
渭门桥	国控	-77.0	-39.4	-53.8	Ⅱ	Ⅰ
映秀	省控	24.6	32.5	-14.2	Ⅱ	Ⅱ
黎明村(界牌)	省控	-41.4	-26.3	23.3	Ⅱ	Ⅱ
都江堰水文站	国控	-42.3	-19.4	5.5	Ⅱ	Ⅱ
岳店子下(岳店子)	国控	-32.4	-6.0	-28.6	Ⅳ	Ⅲ
彭山岷江大桥	国控	-16.4	-11.9	-39.5	Ⅳ	Ⅲ
眉山白糖厂	省控	-27.7	-40.5	-40.5	Ⅳ	Ⅲ
青神罗波渡	省控	-19.2	-40.6	-32.6	Ⅳ	Ⅲ
悦来渡口	国控	-40.5	-30.7	-35.2	Ⅳ	Ⅲ
马鞍山	省控	-7.4	-38.6	-29.1	Ⅱ	Ⅱ
河口渡口	省控	-5.0	-34.4	-22.3	Ⅲ	Ⅲ
月波	国控	21.0	-15.4	-39.9	Ⅲ	Ⅲ
凉姜沟	国控	43.9	3.4	-32.8	Ⅲ	Ⅲ
水磨	国控	43.5	-1.3	12.9	Ⅱ	Ⅱ
小水沟	国控	23.4	27.6	-24.4	Ⅱ	Ⅱ
永安大桥	省控	-42.1	0.4	-40.2	Ⅴ	Ⅳ
黄龙溪	国控	-4.1	-13.3	-49.0	劣Ⅴ	Ⅳ
二江寺	国控	17.4	24.8	-51.4	劣Ⅴ	劣Ⅴ
老南河大桥	省控	-37.8	-17.1	-29.6	劣Ⅴ	Ⅳ
金牛河口	省控	-34.8	-11.2	-48.9	劣Ⅴ	Ⅳ
思蒙河口	省控	-22.5	0.5	-48.1	劣Ⅴ	Ⅳ
醴泉河口(体泉河口)	省控	-76.8	-33.4	-37.2	劣Ⅴ	劣Ⅴ
桥江桥	省控	-27.1	-24.5	-18.8	劣Ⅴ	Ⅴ
东风桥	省控	-10.5	-42.7	-42.3	Ⅲ	Ⅱ
黄荆坪	省控	-16.9	82.9	18.7	Ⅱ	Ⅱ
大岗山	国控	-35.1	-73.6	-63.7	Ⅱ	Ⅰ

续表

断面名称	国控/省控	氨氮变化比例	COD 变化比例	总磷变化比例	2016 年水质类别	2018 年水质类别
三谷庄	国控	-13.3	-51.3	-36.0	Ⅱ	Ⅱ
李码头	国控	-21.6	-55.3	-53.6	Ⅱ	Ⅱ
马尔邦碉王山庄	国控	8.9	-1.7	-34.4	Ⅱ	Ⅱ
水中坝(水冲坝)	省控	-53.0	-59.9	-48.8	Ⅱ	Ⅱ
龟都府	国控	23.6	-56.9	-49.9	Ⅱ	Ⅱ
木城镇	国控	-49.8	-61.0	-49.5	Ⅱ	Ⅱ
姜公堰	国控	-0.5	-32.8	-50.3	Ⅱ	Ⅱ
马边河河口	国控	-20.1	-38.7	-45.6	Ⅲ	Ⅱ
茫溪大桥	省控	-72.9	-20.5	-56.4	劣Ⅴ	Ⅳ
龙溪河河口	省控	-54.8	-30.2	21.6	Ⅱ	Ⅱ
佳乡黄龙桥	国控	-42.3	-8.2	1.0	Ⅳ	Ⅳ
两河口	国控	-45.3	16.4	-47.7	Ⅲ	Ⅲ
越溪河口	省控	9.5	5.5	2.7	Ⅱ	Ⅱ
三皇庙	省控	-12.8	0.4	-32.8	Ⅴ	Ⅳ
宏缘	国控	-56.7	-22.8	-33.0	Ⅴ	Ⅳ
临江寺	省控	-19.5	-15.3	-38.6	Ⅳ	Ⅲ
拱城铺渡口	国控	-65.2	-14.8	-46.6	Ⅴ	Ⅲ
幸福村(河东元坝)	国控	-63.3	-16.1	-39.0	Ⅳ	Ⅲ
顺河场	国控	-40.2	1.3	-31.2	Ⅳ	Ⅲ
银山镇	省控	-15.0	-6.5	-44.2	Ⅳ	Ⅲ
高寺渡口	省控	-46.2	6.6	-40.4	Ⅳ	Ⅲ
脚仙村(老母滩)	国控	-58.0	-3.2	-41.7	Ⅳ	Ⅲ
釜沱口前	省控	-53.3	16.8	-32.7	Ⅳ	Ⅲ
李家湾	国控	-34.4	17.8	-38.6	Ⅳ	Ⅲ
怀德渡口	省控	-26.8	0.7	-33.5	Ⅳ	Ⅲ
大磨子	国控	-40.3	16.1	-43.2	Ⅳ	Ⅲ
沱江大桥	国控	-16.2	6.3	-39.2	Ⅳ	Ⅲ
清平	国控	-69.1	3.5	83.3	Ⅰ	Ⅰ
八角	国控	-14.9	-28.5	-15.3	Ⅲ	Ⅲ
双江桥	国控	-14.5	-25.9	-38.1	Ⅴ	Ⅳ
三川	国控	8.4	-13.5	-31.6	Ⅴ	Ⅳ
201 医院	国控	-1.4	-28.5	-27.7	Ⅳ	Ⅲ
清江桥	国控	-60.0	-27.8	-56.2	劣Ⅴ	Ⅳ
清江大桥	省控	-49.6	-33.8	-48.2	劣Ⅴ	Ⅳ

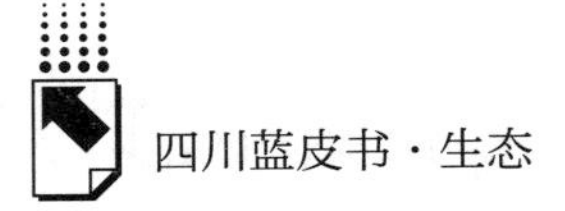

续表

断面名称	国控/省控	氨氮变化比例	COD 变化比例	总磷变化比例	2016 年水质类别	2018 年水质类别
三邑大桥	国控	-27.8	79.2	-23.1	Ⅲ	Ⅱ
毗河二桥（工农大桥）	省控	-47.6	14.2	-51.7	劣Ⅴ	Ⅳ
巷子口	省控	-15.8	-10.3	-43.6	Ⅳ	Ⅳ
九曲河大桥	省控	-47.6	-23.9	-45.5	劣Ⅴ	劣Ⅴ
爱民桥	省控	-61.1	56.2	19.6	Ⅲ	Ⅳ
北斗	省控	23.4	31.7	42.9	Ⅴ	劣Ⅴ
发轮河口	国控	18.7	3.8	-27.4	劣Ⅴ	Ⅴ
球溪河口	国控	38.2	-0.2	-30.7	劣Ⅴ	Ⅳ
雷公滩	省控	48.6	0.6	-10.0	Ⅳ	Ⅳ
廖家堰	国控	-44.5	12.0	-49.2	劣Ⅴ	Ⅳ
双河口	省控	16.7	16.2	-11.6	Ⅳ	Ⅳ
碳研所	国控	-35.6	1.0	-37.7	劣Ⅴ	Ⅳ
邓关（入沱把口）	省控	16.7	24.5	-21.1	Ⅳ	Ⅳ
高洞电站（天竺寺大桥）	非四川国控	-47.8	23.3	-14.6	Ⅲ	Ⅳ
胡市大桥	国控	-35.9	-2.7	-34.7	Ⅳ	Ⅲ
八庙沟	国控	-14.1	63.6	-21.6	Ⅱ	Ⅱ
上石盘（袁家坝）	国控	67.2	26.8	45.9	Ⅱ	Ⅱ
张家岩	省控	-15.2	11.2	19.1	Ⅱ	Ⅱ
沙溪	国控	-79.7	32.3	-20.4	Ⅱ	Ⅱ
金溪电站	国控	20.9	-30.4	19.0	Ⅱ	Ⅱ
小渡口	国控	79.8	-2.7	-1.4	Ⅱ	Ⅱ
李渡镇	省控	17.6	-7.1	-30.3	Ⅱ	Ⅱ
烈面	国控	44.0	-11.8	2.6	Ⅱ	Ⅱ
金子（清平镇）	非四川国控（联合监测）	18.1	-10.7	-2.6	Ⅱ	Ⅱ
安家湾（马家坝）	省控	23.3	61.6	27.8	Ⅱ	Ⅱ
南渡	国控	140.6	0.5	68.4	Ⅱ	Ⅱ
姚渡	国控	38.8	29.0	29.8	Ⅰ	Ⅰ
苴国村	国控	-2.4	32.8	4.3	Ⅰ	Ⅰ
县城马踏石点	国控	-33.8	-45.6	80.0	Ⅰ	Ⅱ
竹园镇阳泉坝	国控	-40.6	41.7	-41.7	Ⅱ	Ⅰ
文成镇	国控	-64.3	58.3	-17.5	Ⅱ	Ⅱ
升钟水库铁炉寺	国控	-65.5	26.4	-17.8	Ⅱ	Ⅲ

续表

断面名称	国控/省控	氨氮变化比例	COD 变化比例	总磷变化比例	2016 年水质类别	2018 年水质类别
彩虹桥(拉拉渡)	省控	16.4	-2.3	-6.5	Ⅳ	Ⅳ
手傍岩	国控	-23.1	-27.1	-49.6	Ⅲ	Ⅲ
排马梯	省控	14.1	-45.0	-22.2	Ⅱ	Ⅱ
江陵	国控	7.6	1.2	-20.6	Ⅱ	Ⅱ
大蹬沟	国控	-2.5	-14.4	1.1	Ⅱ	Ⅱ
水井湾	省控	1.8	-16.7	11.2	Ⅲ	Ⅲ
舵石盘	国控	47.6	-21.0	7.1	Ⅲ	Ⅲ
车家河	国控	133.6	15.3	0.0	Ⅱ	Ⅲ
漩坑坝	省控	-34.1	-17.2	-30.5	Ⅱ	Ⅱ
土堡寨	非四川国控	131.5	20.9	32.6	Ⅰ	Ⅱ
白兔乡	国控	72.9	-12.8	-28.1	Ⅳ	Ⅲ
联盟桥	国控	-3.2	-0.6	-19.4	Ⅲ	Ⅲ
上河坝	国控	-58.4	-10.1	-58.0	Ⅴ	Ⅲ
团堡岭	国控	4.4	4.7	-20.6	Ⅲ	Ⅱ
白塔	省控	-3.1	3.2	-3.6	Ⅲ	Ⅱ
码头(赛龙乡)	非四川国控(联合监测)	-7.3	19.8	-9.6	Ⅱ	Ⅱ
双龙桥	省控	60.6	-4.1	71.1	Ⅲ	Ⅲ
平武水文站	国控	-1.0	3.2	-4.5	Ⅰ	Ⅰ
福田坝	国控	47.5	-24.3	-38.2	Ⅱ	Ⅱ
丰谷	国控	-6.6	13.2	-32.9	Ⅲ	Ⅱ
百倾	国控	-27.3	-25.2	-47.6	Ⅲ	Ⅱ
米家桥	省控	20.9	-5.7	-35.7	Ⅲ	Ⅱ
玉溪(老池)	非四川国控(联合监测)	105.5	17.4	-50.2	Ⅲ	Ⅱ
北川通口	国控	-53.9	-4.1	-51.2	Ⅱ	Ⅱ
西平镇	国控	-58.6	-23.8	-51.5	Ⅲ	Ⅲ
老南桥	国控	13.4	-0.3	-62.1	Ⅳ	Ⅲ
天仙镇大佛寺渡口	省控	133.7	16.7	0.0	Ⅲ	Ⅲ
梓江大桥	国控	-53.7	-19.0	-26.6	Ⅲ	Ⅲ
象山	国控	-42.1	-27.8	-57.4	Ⅴ	Ⅲ
郪江口	国控	-21.7	-31.0	-46.0	Ⅴ	Ⅲ
跑马滩	国控	46.9	20.6	-44.0	Ⅴ	Ⅳ
光辉(大安)	非四川国控(联合监测)	0.7	14.3	-49.9	Ⅳ	Ⅳ

（三）为四川省流域生态补偿实践积累了丰富的经验

《四川省“三江”流域水环境生态补偿办法（试行）》进一步扩大了实施范围，更全面地体现了生态补偿，提高了扣缴基数，初步建立了真正意义上的水环境生态补偿制度，从监测断面设定到水环境质量监测，再到争议数据处理，从补偿资金计算到补偿资金清算，再到补偿资金转移支付，多年来积累了丰富的生态补偿经验。

（四）为西南地区流域生态补偿机制创新做出了有益贡献

从我国西南地区的省份看，贵州在2010~2015年先后针对清水江、红枫湖、赤水河和乌江出台了生态补偿相关文件，主要以污染物通量来核算补偿资金，针对不同流域特点出台不同政策文件，有利于做到“一河一策”，但其在上下游各方及省级政府各主体间分别享受什么样的权利和义务，则规定不一，并没有形成一个较稳定的模式。2018年，《重庆市建立流域横向生态保护补偿机制实施方案》发布，计划分流域逐步推进跨省（市）横向生态补偿机制建立，但模式较为简单。云南省至今未出台流域生态补偿办法。四川省从2011年开始探索跨界断面水质超标资金扣缴，到2016年实施“三江”流域水环境生态补偿，形成了一套具有鲜明自身特色且较为成熟的模式，在西南地区位居前列。西南地区各流域生态补偿主要政策见表5。

表5　西南地区各流域生态补偿政策一览

文件名	实施年份	上下游	主要内容	特点
《贵州省清水江流域水污染补偿办法》	2010	黔南自治州政府、黔东南自治州政府	1. 补偿资金根据超标污染物通量计算； 2. 总磷3600元/吨，氟化物6000元/吨； 3. 自动监测或人工监测（水质监测每月2次，水量根据水文情况）	1. 只有上游单方超标赔偿； 2. 上游补偿资金交省财政和下游比例为3:7，下游交补偿资金给省财政

续表

文件名	实施年份	上下游	主要内容	特点
《贵州省红枫湖流域水污染防治生态补偿办法(试行)》	2012	贵阳市、安顺市	1. 补偿资金根据污染物通量计算; 2. Ⅲ类水质标准,化学需氧量、氨氮和总磷的补偿标准分别为0.4万元/吨、2万元/吨和2万元/吨; 3. 自动监测或人工监测(每月1次)	1. 双向补偿; 2. 应缴纳生态补偿资金总额按2:8比例分别缴入省财政和对方市级财政
《贵州省赤水河流域水污染防治生态补偿暂行办法》	2014	毕节市、遵义市,以及七星关区、金沙县、大方县、习水县、仁怀市、赤水市、遵义县、桐梓县	1. 补偿资金根据污染物通量计算; 2. Ⅱ类或Ⅲ类标准,高锰酸盐指数补偿标准为0.1万元/吨、氨氮补偿标准为0.7万元/吨、总磷补偿标准为1万元/吨; 3. 自动监测或人工监测	1. 上游毕节市出境断面水质优于Ⅱ类水质标准,下游受益的遵义市应缴纳生态补偿资金;上游毕节市出境断面水质劣于Ⅱ类水质标准,毕节市则应缴纳生态补偿资金。赤水河流域内有关县(市、区)出境考核断面水质劣于规定的水质类别,也应缴纳生态补偿资金; 2. 生态补偿资金统一缴入省财政,由省财政厅会同省环境保护厅按照定向使用原则,通过因素法进行分配
《贵州省乌江流域水污染防治生态补偿实施办法(试行)》	2015	贵阳市、遵义市、安顺市、毕节市、铜仁市、黔南州	1. 补偿资金根据污染物通量计算; 2. Ⅲ类水质类别,总磷补偿标准为6000元/吨,氟化物补偿标准为12000元/吨; 3. 自动监测或人工监测	1. 达到《地表水环境质量标准》(GB 3838—2002)Ⅲ类水质标准,有关市(州)不缴纳生态补偿资金; 2. 安顺市出境断面和毕节市出境断面超过Ⅲ类水质标准,补偿资金按照核算结果以1:9比例分别缴入省财政和贵阳市财政。贵阳市出境断面和黔南州出境断

续表

文件名	实施年份	上下游	主要内容	特点
《贵州省乌江流域水污染防治生态补偿实施办法（试行）》	2015	贵阳市、遵义市、安顺市、毕节市、铜仁市、黔南州	1. 补偿资金根据污染物通量计算； 2. Ⅲ类水质类别，总磷补偿标准为6000元/吨，氟化物补偿标准为12000元/吨； 3. 自动监测或人工监测	面超过Ⅲ类水质标准，补偿资金按照核算结果以1:4:5比例分别缴入省财政、遵义市财政、铜仁市财政。除遵义市和铜仁市出境断面扣除上游累计增量外，若超过《地表水环境质量标准》（GB383—2002）Ⅲ类水质标准，遵义市承担45%、铜仁市承担55%，补偿资金缴入省财政
《重庆市建立流域横向生态保护补偿机制实施方案》	2018	全市行政区域内流域面积超过500平方公里，且流经2个区县及以上的19条次级河流	1. 对补偿断面水质未达到水环境功能类别要求，或虽达到水环境功能类别要求但较上年年度水质类别下降的，由上游区县补偿下游区县。对补偿断面水质达到水环境功能类别要求，且与上年年度水质类别相同的，上下游区县之间相互不补偿。对于补偿断面水质达到水环境功能类别要求，且较上年年度水质类别提升的，由下游区县补偿上游区县。直接流入长江、嘉陵江、乌江和市外，以及由市外流入重庆市境内的，由市级代为履行相应的补偿或受偿主体责任； 2. 按每月100万元的标准进行补偿	市级对先行先试的区县给予一次性资金奖励，对工作滞后的区县采取收取考核基金等方式进行约束和督导

四 《四川省“三江”流域水环境生态补偿办法（试行）》形成的成功做法

（一）压力逐月传递，提高政府主干线知晓程度

《办法》规定，环境保护厅每月根据监测结果计算当月和累计水环境生态补偿资金，并将情况通报有关市、县人民政府，形成了压力逐月传递、政府主干线广泛知晓的局面。据基层生态环境保护部门反映，一旦出现某个月水质超标资金被扣缴情况，通报给有关市、县人民政府，当地政府分管领导均会知晓并过问，并会积极查找原因、寻求整改方案，促进了水环境质量的持续改善。

（二）一进一出比较，厚植各地“守水有责”理念

《办法》规定，赔偿金和改善金产生的基础是监测因子监测浓度和标准限值的差，当监测因子的监测浓度劣于规定的水环境功能类别所对应的地表水标准限值时，上游向下游缴纳赔偿金；当所有监测因子监测浓度均优于规定的水环境功能类别对应的地表水标准限值一个类别以上时，下游向上游支付改善金。由于一个地区往往既是上游，又是下游，净得改善金是每个地区所追求的目标，要净得改善金，各个地区要时刻关注入境断面与出境断面的水质变化，始终保持出境断面好于入境断面，否则会承担不利后果。该规则使得各市、县时刻注意自己出境水质不变差，做到不“祸水东引”，从而厚植起各地“守水有责”的理念。

（三）省财政直接划账，降低管理成本

虽然《办法》主要规定流域上下游各市的权利义务，但环境保护厅和财政厅在此间发挥了重要的协调和推动作用，如环境保护厅每月根据监测结果计算当月和累计水环境生态补偿资金，财政厅通过与市、县财政结算的方

式实现市、县之间的财政转移支付，保障了《办法》的顺利实施，并降低了《办法》执行的管理成本。

（四）探索生态补偿闭循环，积累跨省生态补偿经验

在实施“三江”流域水环境生态补偿过程中，发现“三江”流域的省界断面未纳入水环境生态补偿范围，国家尚未开展跨省水环境生态补偿工作，导致“三江”流域水环境生态补偿不能形成闭循环，对涉省界断面的市、县不公平，影响了当地政府治污水、保良水的积极性。为进一步完善水环境生态补偿制度，2017 年，根据四川省环境保护厅、四川省财政厅《关于印发四川省“三江”流域省界断面水环境生态补偿办法的通知》，将“三江”流域的 9 个省界断面，涉及 2 个市 6 个扩权试点县纳入生态补偿范围，建立起“三江”流域闭循环考核机制，这为跨省生态补偿的实施积累了相关基础数据和经验。

（五）设定流量权重，探索水环境与水资源统筹

“三江”流域水环境生态补偿不仅考虑了水质而且考虑了水量，其生态补偿标准是基于污染物通量来核算的，将上游水质污染产生的赔偿金额和上游水质优良产生的补偿金额与水量结合起来，根据监测断面多年平均流量值所在范围进行分级，并设置了不同流量权重，探索水环境与水资源的统筹。

水环境“双向补偿”机制作为市场经济下的一种生态补偿手段，有助于解决流域治理的难题，尤其有利于改变之前“上游导致下游污染，但上游自身缺少治理污染积极性”的问题，奖惩并举更加公平，值得国内不断尝试和探索。

五 《四川省“三江”流域水环境生态补偿办法（试行）》存在的改进空间

（一）多流域“一把尺子”成为衡量失真的“导火线”

《办法》在岷江、沱江和嘉陵江流域全部适用，但岷江、沱江和嘉陵

江流域差异性大，沱江流域由于开发强度大，水资源少，呈现全域污染的特征；岷江流域上游发展强度低、水环境质量好，中游开发强度大、水环境压力大，下游水环境容量大、环境风险大；嘉陵江流域开发强度低，水环境容量大，水环境质量总体较好，但受域外输入性污染风险大。这导致“一把尺子”衡量三个流域面临失真，推动解决流域水环境问题的针对性不足。

（二）断面设置权威性差成为利益表达的“出气筒”

《办法》规定，依据监测断面水质监测结果在上下游地区间实行横向财政转移支付，断面的设定直接意味着流域水环境保护责任的设立，所以断面设置会直接关系各地区利益，从而对生态保护补偿资金格局产生直接影响。在调研过程中，很多地区均会以断面设置不合理来表达自己的利益诉求，断面设置成为利益表达的“出气筒”。

《办法》规定，在岷江、沱江、嘉陵江干流及重要支流相关市、县的交界处设置监测断面。“三江”流域共设置 81 个监测断面，涉及 39 条河流，除岷江干流、沱江干流、嘉陵江干流、涪江、渠江以及较大支流大渡河和青衣江外，还包括其他 32 条大大小小的支流，河流中水量有大有小，大的河流水量可达 1280 米^3/秒，小的则仅为 2.5 米^3/秒，水质也有好有坏。所以，对什么是“重点支流”，在基层看来更多是博弈的结果。因此，各方均将断面设置看作争取自己利益最大化的一种集中表达。同时，部分市州反映河流枯水期和洪水期水量差异较大，直接以多年平均流量作为权重难以反映每月实际的污染物通量。

从监测断面的具体位置看，河流流向的复杂性，流域与行政区域的非一一对应性以及河流共界、反复出入境造成的责任主体难以确认，使得在“交界处”设置监测断面的技术难度大。在 81 个“三江”流域考核断面中，18 个属于国控断面，2 个属于省控断面，各断面考核级别占比如图 1 所示。有超过七成的监测断面为非国控、省控断面，使得基层更容易产生“移动一点”的利益诉求。

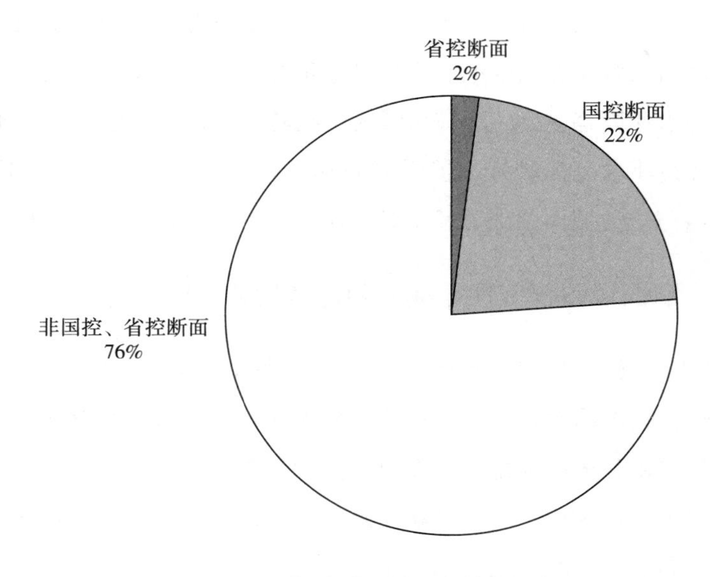

图 1　“三江”流域国控、省控断面占比

资料来源：《四川省人民政府办公厅关于印发四川省“三江”流域水环境生态补偿办法的通知》（川办函〔2016〕66 号）、《关于印发〈“三江”流域水环境生态补偿监测实施方案〉的通知》（川环发〔2016〕48 号）。

（三）补偿基准不合理成为基层吐槽的“点火器”

依据《办法》，获得多少改善金或给出多少赔偿金除取决于监测断面水质浓度和标准限值的差之外，还由各断面流量权重和改善金（赔偿金）基数决定，流量权重是依据多年平均流量设定了从 2.5 米^3/秒到 1280 米^3/秒的多个等级，改善金（赔偿金）是排污收费标准的 2 倍。所以，实际赔付的赔偿金或获得的改善金，主要起到对水生态环境保护的一种激励约束作用，是对生态环境保护行为的映射，而不能直接反映为保护水生态环境所付出的努力，或牺牲水生态环境所造成的损害。这使得付出与获得不匹配，往往成为基层吐槽的“点火器”，也使得现有《办法》能在多大程度上真正激励水生态环境行为、震慑水生态环境破坏存在较大的不确定性。

此外，《办法》本身存在一些问题，导致获得改善金或赔付赔偿金与生态环境保护之间或许是扭曲的映射关系，而非真实的映射。2017 年“三江”流域涉及地、市（州）和扩权县生态补偿资金概况如表 6 所示。如水质类别的设定，《办法》是根据《四川省地面水水域环境功能划类管理规定》和《地表水环境质量标准》确定水环境功能类别，作为水质考核类别。在 27 个岷江监测断面中，有 2 个断面（多营和马奈）的水质类别规定为Ⅰ类，其他监测断面均规定为Ⅱ类，这导致了这两个监测断面只有水质达到Ⅰ类时，才能获得改善金，使得多营监测断面的责任县宝兴县、天全县、荥经县和芦山县，虽然长期保持Ⅱ类水质，可非但没有得钱，还净出钱，而其下游相邻监测断面（龟都府）的责任市雅安市，经过进出境断面比对，其进出境断面水质保持了稳定，虽并无明显改善，却得到了近 500 万元的改善金。另外，作为岷江干流和大渡河的源头区域，阿坝州对岷江流域生态环境安全保障起着至关重要的作用，但马奈断面要达到Ⅰ类水才能得到改善金，使得阿坝州净获得的补偿资金不到石棉县获得补偿资金的 60%。

表 6　2017 年“三江”流域水环境生态补偿资金情况

单位：万元

地区	地、市（州）及扩权县	净出金额	净得金额
成都市	成都市	2078.7	
自贡市	自贡市		486.3
	荣县	234.7	
	富顺县		326.6
泸州市	泸州市		746.8
	泸县		450
德阳市	德阳市		79.3
	绵竹市	386.75	
	罗江县		4.3
	广汉市	284.5	
	什邡市	268.65	
	中江县	61.1	
绵阳市	绵阳市	271.2	
	平武县		130.8
	江油市		307.8
	三台县		139.3

续表

地区	地、市(州)及扩权县	净出金额	净得金额
广元市	广元市		1674.5
	苍溪县	207.8	
	剑阁县		42.4
	青川县		226
遂宁市	遂宁市		369.9
	射洪县		104.2
	大英县	299.5	
内江市	内江市	206.4	
	威远县	178.2	
	资中县		225.1
	隆昌市	578.9	
乐山市	乐山市	6955.4	5859.3
	井研县	922.2	
	夹江县	28.3	
	沐川县		35.9
	犍为县		238.5
	峨边县	241.4	
南充市	南充市	264.5	
	阆中市	145.5	
	南部县		26.5
南充市	仪陇县		30.7
	蓬安县		25
	营山县	138.5	
宜宾市	宜宾市	218.8	
	宜宾县	395.3	
	屏山县	337.7	
广安市	广安市	84.8	
	武胜县		33.1
	岳池县		592
	华蓥市		104.5
达州市	达州市		141.6
	渠县		327
	宣汉县		28.2
	开江县	7.8	
	大竹县	178.4	
巴中市	巴中市		
	通江县		
	平昌县		331.1

续表

地区	地、市(州)及扩权县	净出金额	净得金额
雅安市	雅安市		487.8
	天全县	0.6	
	荥经县	0.4	
	石棉县		1973.9
	汉源县	1250.6	
	宝兴县	0.7	
	芦山县	0.3	
眉山市	眉山市		919.4
	青神县		452.3
	丹棱县	289.4	
	仁寿县	331.9	
	洪雅县		118.7
资阳市	资阳市		241
	乐至县	246.8	
	安岳县	16.6	
阿坝州	阿坝州		1116.8
甘孜州	甘孜州		1842.8
省财政		3127.1	

资料来源：《关于报请批准2017年“三江”流域水环境生态补偿资金分配方案的请示》（川环〔2018〕77号）。

此外，根据《办法》，省财政每年财政转移支付的金额是每个地区的净得金额和净出金额，与账面上产生的高额改善金和赔偿金不同，净得金额和净出金额规模要小很多，该资金额对流域生态环境保护的促进所发挥的作用有限。

（四）主体格局破碎化成为流域共治的“绊脚石”

1. 上下游一一对应，与水的流动性背离

《办法》的主要特点是通过建立“上下游一一对应”的利益关系，清晰界定流域上下游责权利，突出横向生态保护补偿特征。但过分强调“上下游一一对应”可能不利于全流域水生态环境的整体保护，无法引导流域上下游建立流域联防联治机制。并且，强调“上下游一一对应”，与水的流动

性产生的连续影响可能产生背离。以乐山市为例（见表7），其处于净出钱地位，且支付金额仅次于成都市和汉源县，排名第三。之所以净出钱，是因为在乐山境内接纳了大渡河和青衣江的好水，给出了上游大量改善金，虽与岷江干流汇合使其水质有所回升而获得了改善金，但这部分改善金比付给大渡河和青衣江的改善金要少很多。假设刨除其与自己辖区内复杂的扩权县的关系，其净出金额会更多，将达到2259.7万元。

表7　2017年乐山市岷江流域水环境生态补偿基本情况

单位：万元

<table>
<tr><th>断面（河流名称）</th><th>给出资金</th><th>得到资金</th><th>合计</th><th>备注</th></tr>
<tr><td>沙咀（岷江干流）</td><td>0</td><td>655.7</td><td rowspan="7">-1096.1</td><td rowspan="7">两个出境断面：沙咀、宜坪
五个入境断面：悦来渡口、爱国桥、陶渡、芝麻凼、金口河</td></tr>
<tr><td>宜坪（大渡河）</td><td>0</td><td>3661.8</td></tr>
<tr><td>悦来渡口（岷江干流）</td><td>0</td><td>619.6</td></tr>
<tr><td>爱国桥（茫溪河）</td><td>0</td><td>922.2</td></tr>
<tr><td>陶渡（青衣江）</td><td>838.6</td><td>0</td></tr>
<tr><td>芝麻凼（大渡河）</td><td>3420.4</td><td>0</td></tr>
<tr><td>金口河（大渡河）</td><td>2696.4</td><td>0</td></tr>
</table>

资料来源：《关于报请批准2017年“三江”流域水环境生态补偿资金分配方案的请示》（川环〔2018〕77号）。

2. 加入扩权县，进一步割裂流域整体性

《办法》将扩权县与设区市并列，作为生态补偿中的一个单独主体，是《办法》的另外一个特色，生态补偿的参与主体得到了显著增加，也使得监测断面大幅增加，从而使生态补偿的影响扩展到了很多小的河流。

但将扩权县纳入进来，也会引发其他问题。首先，扩权县的设立与否往往是出于其他考虑，这与在流域生态补偿视野下，基于流域自身的特点来增加考核监测断面的考虑因素是不同的。其次，将扩权县和设区市并列，使之从上下级关系变为竞争关系，设区市在流域管理中的统筹整合功能被大大削弱，流域治理面临进一步碎片化。

六 政策建议

（一）坚持“一河一策”，更有针对性解决流域生态环境问题

针对各个流域不同特点，坚持一个流域一个生态补偿方案，更有针对性解决流域生态环境问题。如在沱江流域，既要考虑水环境指标，又要纳入水资源指标，以体现水资源稀缺的特点，既要坚持水环境功能水质类别标准，又要鼓励“自己与自己比不断改善”，建立水生态环境持续改善的激励约束机制。在岷江流域，则要重点考虑生态指标，并有针对性考虑岷江流域上中下游不同特点。

（二）优化监测断面，更高效化服务水污染防治攻坚

建议监测断面主要依托国控、省控断面，一方面减少监测断面的争议，另一方面使流域生态补偿与水环境管理无缝衔接，更好地服务水污染防治攻坚。同时，将非交界处的国控、省控断面也纳入生态补偿考核范围，为市级进一步扩大考核范围留下空间。此外，在长江干流生态补偿机制建立前，参照省界断面的省级兜底责任，将岷江入长江干流处也纳入省级兜底断面。

（三）调整补偿基准，更精准化匹配流域生态环境保护需求

进一步提高生态补偿基准，根据流域生态环境功能重要程度、保护治理难度等确定补偿资金规模，并建立省级财政奖励配套政策，流域横向生态保护补偿力度加大则省级财政奖励配套也相应增加，鼓励各地进一步提高生态补偿资金规模。同时，对生态补偿资金，采用“实出”而非“虚出”的方式，通过补偿资金的筹集与分配，使补偿资金总盘子均可以资金形式实际用于流域生态环境保护，而非各地区间的净出金额或净得金额。

（四）重塑利益格局，更强有力推动流域上下游共保共治

首先，省级层面只管到市（州）一级，并明确市（州）将生态环境治理责任进一步分解落实到县（市、区），充分发挥市级政府更加了解本地情况因而可以更为因地制宜地设定监测断面的优势，更好地发挥市级政府对其管辖县（市、区）的统筹协调作用。其次，重新构建流域生态保护补偿资金分配机制，使得流域各地既要关注本地流域生态环境质量的控制，又要关心别的区域流域生态环境质量的控制，构建“流域生态命运共同体”。

参考文献

陈雨艳、罗彬、何吉明、倖强、易丹：《四川省“三江”流域水环境生态补偿标准的核算浅析》，《四川环境》2018 年第 5 期。

余恒、陈雨艳、李纳、杨坪：《岷、沱江流域跨界生态补偿断面水质监测与资金扣缴情况分析研究》，《环境科学与管理》2015 年第 5 期。

B.8
四川省节能环保产业发展调查报告

夏溶娇*

摘　要： 发展节能环保产业是资源节约、环境保护的重要支撑，是实现绿色经济和可持续发展的必经之路。节能环保产业具有区别于一般产业的显著特征，注定其必须依靠政府调控与市场机制相结合、走技术创新之路。本文在厘清节能环保产业概念的基础上，聚焦四川省节能环保产业发展现状，分地区、分领域开展了详尽的调查研究，从对节能环保产业认识不足、管理分散，节能环保产业优势发展不充分，科技成果转化率低，企业融资难问题较为突出，节能环保产业在农业农村领域进入率低、发展滞后等方面提炼四川省节能环保产业发展中存在的突出问题，并提出建立节能环保产业发展领导协调机制、建立科学完善的节能环保产业统计制度、抓好重点领域、突出重点区域、培育骨干企业、设立产业发展基金、加强产业平台建设、大力支持和鼓励节能环保产业进乡村等壮大四川省节能环保产业的对策建议。

关键词： 节能环保产业　环境保护　四川

我国的经济社会发展和生态环境保护已经进入一个新时代，要坚持以习近平生态文明思想为指导，实施生态文明建设的国家战略。党的十九大报

* 夏溶娇，环境科学硕士，四川省环境保护科学研究院研究人员，工程师，主要研究方向为环境政策分析与评估、环境产业。

告提出“壮大节能环保产业”，2018 年李克强总理在《政府工作报告》中，首次明确“把节能环保产业培育成为我国发展的一大支柱产业”，这为新时代节能环保产业发展指明了方向。本文基于对四川省较为系统、全面的调查研究，在充分掌握四川省节能环保产业的发展现状和存在问题的基础上，为下一步继续发展壮大提出对策。

一　节能环保产业的概念界定

（一）节能环保产业的产生及演进

人类自脱离蒙昧时代以来，先后经历了农业文明、工业文明两大文明形态。农业文明时代，尽管生活、生产、战争等行为给自然界造成了种种干扰，甚至使许多脆弱的生态系统遭受了不可逆转的破坏，但总体而言，人类活动的干扰破坏强度尚未超出当时的环境承载力。而在进入工业文明后不足百年的时间里，资本主义所创造的财富比以往一切时代人类创造的财富总和还要多，当人们尽情享受工业文明和快速城市化带来的富裕与舒适生活时，生态破坏和环境污染已经加速发展，特别是环境污染。工业化的不断深入和急剧蔓延，终于形成了大面积乃至全球性公害，发达国家最先享受到工业革命带来的繁荣，也最先品尝到工业革命带来的苦果。在工业发达国家，20 世纪五六十年代起，公害事件层出不穷，导致成千上万人生病，甚至有不少人在公害事件中丧生。仅仅经过短短的一二百年，地球环境便因人类的肆意开发而恶化到了威胁人类生存的境况，这一变化反过来严重制约着人类社会持续、健康发展。从 20 世纪 60 年代后期开始，西方世界终于醒悟，开展了大规模的环境保护抗议运动。在日本，开展了大规模的环境诉讼活动并掀起反对公害的舆论浪潮。1970 年，美国开展了旨在保护环境的“地球日”活动，喊出了“不许东京悲剧重演”的口号。[①] 1972 年，为顺应全球兴起的

① 宋豫秦、叶文虎：《第三次文明》，《中国人口·资源与环境》2009 年第 4 期，第 119 ~ 124 页。

环保浪潮，联合国在瑞典斯德哥尔摩召开了人类环境会议，拉开了全球环保运动的序幕，随着环保运动从萌芽到发展壮大，节能环保产业也悄悄开始萌芽、发展。

新中国成立后，尤其是改革开放以来，伴随工业化进程的推进，产生了大量环境污染生态破坏问题，以治理污染、修复生态为主要任务的生态环境保护催生出为其服务的节能环保产业，二者相互依存、密不可分。天人合一作为我国传统农耕文化的精髓自古就深植于华夏九州，近年来，伴随着生态文明建设的大力推进，从科学发展到绿色发展的衍变，环保理念已在全国上下形成共识，绿色发展成为污染防治的治本之策。要实现绿色发展，环境保护要从经济发展源头加以贯彻落实，节能环保产业则是连接二者的支撑手段。环境保护的重要任务即治理和修复人为造成的环境污染和生态破坏，而这也是节能环保产业的本质作用。因此，绿色发展是宗旨，环境保护是目的，节能环保产业是手段和工具。要用先进技术和设备作为重要手段，壮大节能环保产业，为环境保护提供强有力的武器支撑。发展壮大节能环保产业，是调整经济结构、转变经济发展方式的内在要求，也是推动节能减排、发展绿色经济和循环经济、积极应对气候变化、抢占未来竞争制高点的战略选择。

节能环保产业是中国对这一新兴的经济门类的统称。它在不同的国家有不同的叫法。在 OECD 国家的英语文献中，它表示为“Environment Industry”或“Environmental Industry”（环境产业），也曾使用“Eco - Business”（生态产业）这一名称。在日本，它至今仍被称为“生态产业”。以上称谓，除了反映它们的概念覆盖面存在差异外，其核心内容则是一致的。节能环保产业的提法在我国的行政管理体制之下提出，由于行政主管部门的分离设置，最初分别产生了环保产业和节能产业的提法。

随着人类经济社会的不断发展和生态文明建设的深入推进，人类面临的主要生态环境问题不断演变，技术手段也不断突破更新，节能环保产业的内涵和外延也随之不断丰富和扩展。从最初的关注某个领域的末端治理逐步前后延伸到生产过程的节能减排和末端治理后的运行服务。随着技术不断进步，末端治理的深度和广度不断提升，产业链条延伸发展；伴随不断爆发出的新的热点环境问题和公众环保意识的提高，节能环保产业不断开拓新的市场，逐步从生产领域走向生活领域，家用节能环保仪器设备等市场将进一步激活。

（二）节能环保产业的主要特征

与传统产业不同，节能环保产业主要包括如下三方面特征。

一是存在正外部性的产业。正外部性表现为产业发展给产业外的行为主体带来了有利影响，即节能环保产业在创造经济价值的同时，也带来了广泛的社会效益——保护了人类赖以生存的生态环境，为人类的可持续发展奠定了坚实的基础。节能环保产业存在正外部性，决定了其是政府行为与市场行为交互作用的产业。作为产业，必然要以市场为基础，但节能环保产业的外部性和公益性又决定了产业的发展必须有政府的调控与干预。

二是具有公益性的产业，价值实现难度大。环保行为是一种造福子孙后代的可持续发展行为，成本高、见效慢，具有显著的公益性。尤其在提供环境基础设施和公共环境服务的非竞争性和非排他性的领域，节能环保产业的公共产品属性更加突出，需要政府发挥更多主动性，加大资金支持和政策引导力度来推动。

三是涉及面广、关联性很强的产业。节能环保产业与其他产业之间具有投入产出关系，可以通过发展节能环保产业带动相关产业的发展，如机电、钢铁、有色金属、化工产品、仪表仪器等行业的发展。①

（三）节能环保产业的界定

要对节能环保产业进行界定，需要先分别界定清楚什么是环保产业和节能产业。

环保产业是指在国民经济结构中以环境污染防治、生态保护与恢复、有

---

① 潘理权、赵良庆：《政府在环保产业发展中的作用》，《中国环保产业》2002 年第 5 期，第 8～9 页。

效利用资源为目的，为社会、经济可持续发展提供产品和服务支持的产业，主要包括环保仪器设备制造、环境工程建设、环境服务、资源综合循环利用、环保产品生产等产业形态。随着经济社会的不断发展，环保产业的内涵与外延在不断丰富和拓展，不仅包括为污染物末端控制和治理提供产品和技术服务的狭义范畴，还涉及产品生命周期中对污染控制和环境保护提供协助的技术与产品、生态设计、节约能源资源、清洁生产以及相关的服务等，包含源头预防、过程控制与终端治理全过程。因此，广义的环保产业包含节能产业。

节能产业是指以节约能源和提高能源使用效率为目的，进行技术、设备、产品的研发、设计、制造和生产以及开展节能咨询、诊断、融资、改造（施工、设备安装、调试）、运行管理和服务等一系列产业活动的集合，主要包括节能技术和装备、节能产品、节能工程、节能服务等主要产业形态。

在厘清环保产业和节能产业的内涵和外延的基础上，我们认为，节能环保产业是指在国民经济和社会发展中以生态环境保护、资源能源节约为总目标，从事技术研发、生产制造、建设安装和管理服务等一系列为节约资源能源、保护生态环境提供技术保障、物质基础和服务的生产经营活动的总称，主要包括节能环保仪器设备制造、节能环保产品生产、节能环保工程建设、节能环保管理和服务、清洁生产、资源综合利用及循环利用等相关产业。

二　四川省节能环保产业的发展现状

（一）总体现状

2017 年，四川省规模以上节能环保产业从业单位共有 356 家，环保从业人员 30442 人，年营业收入 554.4 亿元（省内收入占 54.04%），同比增长 12%，营业利润 53.89 亿元，出口合同额 2.46 亿元。2017 年，四川省节能环保装备产业总产值由2015年的约650亿元增加至1018亿元，增长了近60%。

目前，四川省已在成都平原地区、川南地区、攀西地区、川东北地区等形成了一定规模的节能环保产业聚集区。其中，成都平原地区主要依托成都、德阳、绵阳等市的技术研发和产业基础，大力发展重大节能环保技术及高端装备产业、节能环保服务业，打造全国一流的节能环保装备制造、再制造及综合配套服务产业基地；川南地区主要围绕川南城市老工业基地发展振兴和资源枯竭城市转型发展，充分挖掘节能环保装备制造及资源循环利用潜力，将节能环保产业打造成为川南地区重要的接续产业；攀西地区以攀枝花钒钛产业园区、西昌钒钛产业园区等为依托，以镍铁产业化项目、尾矿提取钛精矿项目等为载体，支持共伴生矿资源、粉煤灰、煤矸石、工业副产石膏、冶炼和化工废渣、尾矿等大宗工业固体废弃物综合利用，实施资源综合利用重点项目和示范工程，不断提高钒钛等自然资源综合利用水平，建设中国攀西战略资源创新开发试验区和国家资源综合利用“双百工程”示范基地；川东北地区依托丰富的天然气资源和农林资源，以资源综合循环利用为途径，实施循环化改造，提高资源综合利用水平。

伴随着节能环保产业的发展历程，四川省节能环保产业产生了一大批创新科技成果，诞生了四川能投、华西能源、川能智网、长虹格润、环能科技等一批具有较强实力和较高知名度的骨干企业，逐步构建起跨领域、跨行业、多种经济形式并存的产业发展格局。

（二）重点地区发展现状

1. 成都市

四川省节能环保产业一半以上的大中型企业聚集在成都，成都是四川省节能环保产业发展的龙头，成都发展的好坏影响着四川省节能环保产业的发展大局。目前成都已基本形成了工程治理、装备制造及产品生产、科技开发、环境服务、资源利用等较为完善的环保产业链；布局了成都金堂节能环保装备制造产业园和成都锦江环境服务业发展园区，在装备制造、环境服务业及总部经济发展方面具备一定基础。据调查，成都共有环保及相关产业单位809家，从业人员36147人（主要为工人和技术人员，研发、管理人员占比偏少），全市规模以上环保企业313家，总产值约640亿元，总利润18.02亿元。

成都市节能环保产业的重点优势领域包括：以成都金堂节能环保装备制造产业园为集聚区的高端节能环保装备制造基地和以成都锦江环境服务业发展园区、天府新区为集聚区的高端环境服务业、总部经济发展中心。未来，成都将继续发挥重大高端节能环保装备制造产业基础优势，依托西部经济中心打造节能环保服务产业高地。

2. 绵阳市

绵阳市是四川省节能环保产业发展起步较早的地区之一，其军工企业军转民的发展带动了绵阳市的节能环保产业发展。自党的十八大以来，绵阳市在节能环保产业领域引进项目80余个，总投资300余亿元，节能环保产业发展势头良好。绵阳市已初步形成了以保和富山、中科绵投、九洲环保科技、久润环保、振华科技等为龙头的节能环保企业90余家（其中规模以上企业39家），技术研发机构30余家，高级以上专业技术职称的科技人员近1000人，从业人员4000余人，主要涉及城市污水处理和水净化领域、烟气净化、噪声控制、固废处理、资源循环利用等领域。2016年已实现产值176.7亿元，同比增长22.2%。

绵阳市节能环保产业的重点优势领域包括：废金属处理、非金属废弃物处理、危险废弃物处理、节能矿山机械等。最具特色的是已被国家发展和改革委员会与财政部列为第四批国家“城市矿产”示范基地的四川保和富山再生资源产业园，总投资49.8亿元，项目涵盖从废旧金属回收、分拣、拆解、加工、再制造等从废品到产品的全过程。截至目前，园区招商入驻的企业13户，其中，工业企业6户，商业企业7户，建设项目8个，总投资18.23亿元，现已竣工投产项目4个，在建项目4个，实际已投入资金15.76亿元，已初步形成了以废旧铜为主的铜加工产业链。中国金属资源利用有限公司全资控股的绵阳金鑫铜业、铜鑫铜业、保和新世纪电缆、保和泰越通信线缆于2014年2月21日在香港联交所挂牌上市，全国首家再生资源电子结算交易平台项目正式上线运营，为园区的未来发展注入了强大动力。此外，绵阳中科以“打造新兴产业、发展绿色低碳、资源有限循环无限”为发展理念，通过工艺整合，以生活垃圾焚烧发电为龙头，实现生活垃圾、餐厨废弃物、市政污泥和医疗废弃物集中协同处置；物流、能流有序循环，实现固体废弃物高效综合再利用。

3. 自贡市

2017年自贡市规模以上节能环保企业61家，覆盖节能环保技术和产品研发、节能环保产品和设备制造、节能环保服务以及节能环保技术推广应用等领域，累计实现工业总产值354.74亿元，同比增长9.7%，占全市规模以上工业企业总产值的19.95%。2018年1~2月，节能环保产业实现产值50.65亿元，同比增长3.8%。目前已形成了较为完备的五大产业链，产业集中度较高，主导产品市场占有率较高。

自贡市节能环保产业的重点优势领域是以超超临界电站锅炉、循环流化床锅炉、余热利用锅炉、垃圾焚烧锅炉、生物质锅炉为代表的节能锅炉制造产业链，集中度居全国前列。在大型电站锅炉（包括高效节能锅炉）、生物质发电锅炉、窑炉余热利用锅炉、含盐废水工程化处理等方面，生产技术处于国内先进水平。龙头企业包括东锅、华西能源、川润股份、中昊晨光化工研究院等，规模较大，经济效益较好，配套企业协作能力强。

4. 德阳市

德阳市是全省的重装基地，制造业发达，工业产业发展基础较好，截至2016年底，纳入统计范畴的节能环保企业仅26家，总产值134亿元，收入12亿元，环保服务业收入仅0.12亿元，技术人员200多人，拥有高级技术职称的仅26人。总体来看，规模化不足，总体比较分散，技术含量不高，产品特色不明显。

5. 攀枝花市

攀西地区是四川省资源优势凸显的典型地区，也是五大经济发展区之一，依托该地区的矿产资源优势及工业发展基础，有大量的节能环保产业市场可进一步挖掘和激活。其中，攀枝花市的节能环保产业围绕其矿山资源开采和钢铁产业这两大支柱产业而发展壮大，形成了在钢铁工业“三废”治理、钒钛矿等资源综合利用方面的特色。目前，攀枝花正在大力发展大宗固体废弃物综合利用，申报大宗产业固体废弃物综合利用基地，已编制了全市方案，拟在基地范围内建设一些重点项目。由于统计指标体系尚未建立，节能环保产业的产值无法统一和完全掌握准确，经初步估算，攀枝花市仅资源综合利用每年就有 1000 多亿元产值，攀钢集团在节能环保领域也有很多产值未单独统计。

6. 凉山州（西昌市）

凉山州以西昌市为重点，结合其资源优势及工业现状，着力创建国家级工业资源综合利用基地，按照“减量化、再利用、资源化”，加快完善和延伸工业固体废弃物循环产业链条，促进产业内部、产业之间纵向闭合、共生耦合和资源循环利用，初步构建了尾矿综合利用产业循环链条，综合利用率呈逐年上升趋势。2019 年以西昌钢钒、凉山瑞海、重钢西昌矿业为首，相关资源综合利用企业为成员，组织申报国家级工业资源综合利用基地，成功创建国家级工业资源综合利用基地（第二批）。西昌市以重点节能环保项目为抓手，推动环保产业聚集发展，目前，正在积极开展太和工业园区“循环经济产业园”规划修编、基础设施建设工作，未来将作为西昌市发展节能环保产业的桥头堡。

7. 宜宾市

宜宾市对节能环保产业高度重视，一是在推进节能环保产业发展的过程中，机构比较健全、规格较高，将其纳入全市八大高端成长型产业之一，并于 2016 年成立了八大高端成长型产业推进工作领导小组，下设节能环保产业工作推进小组，办公室设在原市环保局。2017 年宜宾市委、市政府将节能环保产业招商引资工作职能划归节能环保处，并由原市环保局负责项目引进落地服务工作。原市环保局成立了节能环保产业发展领导组。二是将节能环保产业发展工作纳入市委、市政府绩效考核和环境保护专项目标暨党政“一把手”环境保护实绩考核。三是出台了一系列政策推动产业发展。据

2016年对规模以上节能环保企业统计，节能环保产业从业单位21家，涵盖节能环保产品、服务和资源综合利用等领域，实现从业人员1809人、产值收入8.03亿元。

由于统计体系不健全和对节能环保产业内涵外延认识不足，调研中发现，宜宾市的节能环保产业产值被远远低估，尤其是在资源综合利用方面。此外，宜宾与同济大学合作建设同济长江节能环保产业园，共同发展节能环保产业，其政—校合作模式值得推广。

8. 内江市

经过多年发展，内江市节能环保产业在资源综合利用领域走在全省前列，建成了以废塑料、废金属、废纸、废橡胶、废家电为主体的西南地区最大的再生资源回收加工综合利用产业基地，成为全国首批、西部地区第一的“城市矿产”试点示范基地。川威集团综合利用钒钛废渣提取五氧化二钒（三氧化二钒）、高炉渣钢渣生产普通硅酸盐水泥；长安化纤公司综合利用废旧聚酯瓶生产化纤棉。白马60万千瓦循环流化床示范电站建成运行，全面提升了循环流化床洁净煤发电技术，力争把内江打造为全国循环流化床洁净煤发电技术示范基地。

9. 广安市（武胜县）

武胜节能环保产业园被确定为全省节能环保产业六大基地、四大园区之一，是四川省政府在川东北地区唯一布局建设的节能环保产业基地，重点发展节能环保、新材料、智能制造产业。园区拥有一定的地理区位优势，目标同时辐射重庆、成都两地，但总体来看，目前该园区的区位优势尚未得到充分发挥，园区承接企业的技术水平不高，定位不够清晰。

10. 乐山市

在乐山新城市定位和产业定位的指引下，乐山节能环保产业布局遵循“生态优先、效率优化、集约发展”的空间布局导向。乐山市节能环保装备产业生产企业27家，其中节能技术装备生产企业11家，高效节能产品生产企业6家，环保产品生产企业2家，资源循环利用装备生产企业8家；环保监测、咨询公司2家。据不完全统计，乐山市从事环保及相关产品制造、环境服务的企业年营业收入已达4亿元。企业还自发成立了乐山环保商会。

乐山市节能环保产业的优势龙头企业包括：具有完全自主知识产权并成功在新三板挂牌的四川君和环保股份有限公司，以及通过BOT等模式建设运营了乐山市10个城市污水处理厂、5个垃圾处理场的四川新开元环保工程有限公司等。

11. 泸州市

泸州市环保产业主要涵盖环境保护产品生产、资源综合利用、环境保护技术咨询服务。其中，环境保护产品生产主要为水污染治理设备生产制造（液体过滤器）、油烟净化器等；资源综合利用类主要涉及塑料制品、转制品、纸制品、玻璃制品、纤维制品等，是环保产业的主导；环境保护技术咨询服务类主要是环境监测、环境污染治理、环境咨询和环境工程设计等；技术开发主要包括水污染防治技术和清洁生产技术，大部分已获得专利，具有知识产权，部分涉及空气污染防治技术、综合利用技术，投入小。2018年环保产业收入12.41亿元，其中资源综合利用销售收入7.31亿元。

（三）重点领域发展现状

1. 节能环保装备制造业

节能环保装备是节能环保产业的核心领域，是装备制造业的重要组成部分，具有产业链条长、关联度大、带动力强、技术资金密集的特点，是当前国际产业和科技竞争的焦点所在。目前，四川省已初步形成以成都、自贡为重点的节能环保装备生产基地，在节能装备、环保装备等领域形成了一批优势产品、技术及骨干企业（东锅、川润股份、华西能源等），也已建成中昊晨光化工研究院等20余个国家级和省级创新研发平台。据2012年国家发展和改革委员会以及原环境保护部环保产业调查统计结果，四川环保仪器设备制造排名全国第二，极具优势。特别是环保锅炉制造，品种全、技术含量高，在全国处于领先地位。但四川省的节能环保装备产业与发达地区相比，产业规模仍然较小，发展水平总体仍然偏低，尤其是从整体上来看，技术创新能力仍然不足，产品竞争力不强，企业规模不大。

在节能装备领域，节能锅炉方面，四川省在国内产业布局较早，尤其是在循环流化床锅炉（CFB）大容量、高参数设计方面有着丰富的经验，拥有先进的低 NO_X燃烧技术和烟气脱硫、脱硝技术，具有世界一流、国内领先的环保设备设计制造能力。在高效电机方面，需要重点突破稀土永磁无铁芯电机和非晶电机。稀土永磁无铁芯电机与传统电机相比，节能节材，性能优异，重量更轻，稳定性更好，是支持制造业升级的核心动力设备。目前，我国稀土永磁无铁芯电机研发和产业化水平居于世界前列，但相关标准匮乏，制约了相关产品的推广应用。余热余能利用及能量回收装置方面，四川省的余热发电技术普及率较低，尤其在钢铁、玻璃等行业，拥有广阔的市场前景。在建筑节能与绿色建材领域，随着国家经济发展和人民生活改善，公用建筑面积和居住建筑面积增长迅速，无论是建造能耗还是运行能耗近年来均大幅攀升。目前，研究建筑节能通用技术的居多，适应性研究偏少；低海拔地区研究多，高寒地区研究少；地面建筑研究多，地下建筑研究少；提高设备效率研究多，运行维护，特别是综合控制节能研究少。

在环保装备领域，四川在膜材料方面的研发应用走在全国前列，有世界独创的金属间化合物形成的广泛应用于大气治理、污水治理、重金属回收、室内空气净化和饮用水处理的金属膜；有全国唯一的第三代反渗透碟式膜，是治理高污染、高难度、高盐分废水达到零排放的有机膜，形成了全国独一无二的膜技术科研生产体系。在大气污染防治领域，近年来，随着国家对于大气环境要求越来越高，工业行业污染物排放提标改造、机动车尾气排放控制、挥发性有机物的有效减排都是四川省大气污染防治面临的亟待解决的主要问题。在水污染防治领域，四川省在传统的水污染控制领域存在工业污水处理技术不足、污染水体在线监测设备缺乏、污染水体生态修复治理表面化等问题。在水体富营养化治理、污水处理厂提标改造等方面缺乏先进实用技术，目前采用的技术存在投入与运行成本过高、处理效率较低等问题，需有针对性地开发相应的技术和设备。在工业和农业大宗固体废弃物方面，四川省磷石膏和脱硫石膏累积量多且排放量持续增加。磷石膏的资源化综合利用是当今全球关注的重大课题，如何合理利用磷石膏，从而提高固体废弃物处理企业的资源综合利用水平，并产生综合经济效益是亟待解决的产业难题。

2. 节能环保服务业

四川省节能环保产业发展尚处于产业化初期，节能环保服务业发展起步较晚，在环保产业中的比重相对偏低，与北京市、江苏省、广东省、浙江省等发达地区相比仍存在一定的差距。从总体发展情况来看，四川省节能环保服务业发展速度较快，但产业整体规模较小，发展潜力巨大；产业无论是在区域上还是业态结构上，发展较不均衡，环境绩效合同服务为节能环保服务业的优势领域，环境工程服务等传统领域也占据重要位置，环境技术服务、环境监测服务和环境贸易服务已初具规模，而环境信息服务、环境咨询服务、环境教育服务、环境大数据及应用等领域则仍处于起步阶段，环境金融服务、居民环境服务和综合环境服务仍需大力培育。四川省成都市等地区有人才优势，同时也存在节能环保服务产业发展模式创新不足、科技创新和人才支撑不足、服务实体经济能力薄弱等突出问题。

三　四川省节能环保产业发展中存在的问题

四川省节能环保产业发展势头良好，处于中西部地区一流行列，从业人员队伍庞大，科技人员技术力量较强，节能环保企业引进消化吸收先进技术、自主研发、技术创新等能力不断增强，诞生了一批大型节能环保企业集团，成为四川省节能环保产业的骨干队伍。目前，全省四大节能环保产业基地逐步形成，节能环保产业六大门类齐全，并在经济社会发展中为解决生态环境问题、支撑生态环境保护发挥了重要作用。但是与沿海发达的广东省、江苏省、上海市等省市相比，四川省节能环保产业还有较大差距。

（一）对节能环保产业认识不足、管理分散

各级政府和部门对节能环保产业的概念、业态构成及发展现状缺乏统一的认识，对节能环保产业作为经济新常态下新的经济增长点和其未来可作为支柱产业的发展前景、作为环境管理的重要抓手和环境保护的主力军、在运

用新技术解决高难度生态环境问题的同时可以开辟新的产业发展空间认识不足，未能真正统一全面地对四川省节能环保产业的发展现状进行统计掌握，数出多门，未能真正将节能环保产业作为国民经济中的新兴支柱产业来抓，未能有效地将环境管理中对节能环保产业的潜在需求转化为现实市场。

在具体推进工作中，省级层面的节能工作归发改部门负责，环保工作归环保部门负责，制造业等工业产业归经信部门负责，客观上造成了节能环保产业发展缺乏统一的组织机构。在市、县级层面，大多是经信部门负责产业发展，在上下级工作布置和协调对接方面渠道不够顺畅。关于节能环保产业发展的政策制度，散见于发改、财政、环保、经信、科技等各部门文件中，政策内容不协同、不成体系现象普遍，导致企业在实际操作过程中不好执行，在融资贷款、用电用地、价格税费等方面难以得到应有的实惠。这样“九龙治水”的多头管理模式难以有效推动节能环保产业的发展。

（二）节能环保产业优势发展不充分

四川省节能环保产业经过多年的发展，已在节能环保装备制造、各类膜技术研发与设备制造、核与辐射污染防治、资源综合利用等领域形成了较强优势。随着节能环保产业4.0时代的到来，节能环保产业市场竞争异常激烈，必须集中精力，重点围绕这些优势领域进一步发展壮大，否则就会面临优势不优、不进则退的问题。

从产业布局情况来看，四川省节能环保产业发展虽已依托各地经济社会及自然资源优势，形成了一定的集聚发展布局态势，但目前仍然存在产业集聚度不高、规模优势尚未显现以及部分集聚区发展定位不明确、发展思路尚不清晰等问题。

四川省节能环保产业以小微企业为主，全省2000多家从事污染治理、生态保护的企事业单位，年产值10亿元以上的企业不足10家。以成都市为例，年营业收入超过4亿元的大型企业仅占总数的3%，而年营业收入低于0.2亿元的中小微企业占比高达79%。产业集中度低，规模效应不明显，企业缺乏市场竞争力，具有一体化综合解决能力的大型综合性环境服务企业较少。此外，目前四川省节能环保产业联合发展水平仍然较低，企业多处于单打独斗的发展局面，资源缺乏整合，企业间信息还未互通、市场供需双方信息传播渠道还未打通，客观上增加了本土企业占领本土市场的难度，制约了四川省节能环保企业的发展壮大。

（三）科技成果转化率低

节能环保产业这类高新技术产业对产业发展具有举足轻重的作用。由于对先进节能环保技术设备推广应用力度不够，虽然四川省有一大批创新科技成果和优秀企业，但这些优秀成果并没有在四川省得到应用，“墙内开花墙外香”的现象较为突出。同时，四川省大型项目所使用的节能环保装备基本为国外进口或者采购自江苏、浙江、广东等东南沿海省份，未能摆脱省内节能环保产业市场大多被外省节能环保企业占领的被动局面。

产学研用结合不够紧密，四川省虽拥有四川大学、西南交通大学、电子科技大学等优秀院校资源，但高等院校与企业之间的对接较少，充分结合高等院校资源联合推进高新技术研发、转化的成熟模式尚未真正形成。科技攻关资源较为分散，缺乏系统性，企业技术研发投入不足，节能环保产业职业教育培训薄弱、能力建设不足，均限制了四川省节能环保高新技术的转化，造成节能环保领域基础性、开拓性、革命性技术创新缺乏，高端技术装备供给能力不强等问题。

（四）企业融资难问题较为突出

四川省节能环保产业面临的融资环境仍然较差，企业融资难问题较为突出。据不完全统计，川内企业融资成本较外省平均高 10% 左右，融资难、融资贵成为制约四川省节能环保企业——尤其是高新技术民营节能环保企业发展壮大的重要瓶颈。企业普遍面临绿色金融产品品种较少、绿色信贷占比低、资本金难以获得、担保条件难以达到、项目贷款期限长等问题。全国不少省份（江苏、山西等）成立了专门支持节能环保产业发展的基金，其经验做法值得借鉴。

（五）节能环保产业在农业农村领域进入率低、发展滞后

随着城镇化进程、现代农业、现代养殖业的加速发展以及人们生产生活方式的改变，农业农村污染已严重影响到我国的国民经济和农村的可持续发展。同时，城市和农村在环保方面的差距也在不断拉大。农业农村环境保护管理体制存在明显的薄弱环节和短板，包括当前的环境管理体制以城市和重要点源污染防治为主要目标，在农业农村环境监管和污染防治方面严重滞后，政策与资金供给严重不足，客观上也导致了节能环保产业在农业农村领域发展的不足。

四川省节能环保产业对全省环境保护的支撑不均衡，尤其是在农村生活污水、生活垃圾收集处理领域更是严重不足。2017 年中央第五环境保护督查组到四川督查反馈意见显示，全省“十二五”规划确定的 81 个城镇污水处理及配套设施项目仅完成 17 个，计划新增的 12496 千米污水管网，实际只完成了 54%；需实施的 37 个市、县污泥处理处置项目，26 个未按规划要求完成；农村生活垃圾未无害化处置、临时堆场不规范等问题比较普遍。农村环境基础设施建设与运营、面源污染治理等领域均有巨大的节能环保产业市场有待通过出台政策、提高标准、强力执法去激活。

四　发展壮大四川省节能环保产业的对策建议

（一）建立节能环保产业发展领导协调机制

确立新时代节能环保产业发展新战略。新时代我国经济社会高质量发展，环境保护和生态文明建设进入高水平阶段，四川省节能环保产业进入跨越发展新阶段，节能环保产业已成为新的经济增长点，各级党委政府应确立节能环保产业是支柱产业的发展战略。四川省节能环保产业应紧密结合和贯彻落实长江经济带发展战略和“一带一路”倡议，推行“立足四川、面向全国、走向世界”的全方位发展战略。

各级政府应建立节能环保产业领导协调机构。四川省省级层面已建立四川省节能环保产业协调小组，由省级发展改革、生态环境、经济和信息化、财政、自然资源、科技、商务、统计等相关部门作为成员单位，办公室设在省发展改革委，并对省发展改革委、生态环境厅、经济和信息化厅等部门明确了职责。市、县政府也应成立相应的领导协调机构，并相应建立和完善节能环保产业的领导协调机制。发展改革部门和相关成员单位都应明确相应职责，制订年度工作计划，建立壮大节能环保产业的工作机制。

（二）建立科学完善的节能环保产业统计制度

壮大节能环保产业必须要有理有据，针对节能环保产业家底不清的问题，在四川省建立一套科学的、切实可行的节能环保产业统计制度很有必要。首先，根据节能环保产业新定义的内涵和外延，确定统计范围，统一统计口径、统计标准、调查方法，2020 年在全省开展节能环保产业普查，摸清家底，找准优势，确立发展重点、方向及目标，为科学制订四川省“十四五”节能环保产业发展规划和壮大节能环保产业提供依据，做到推进有策、发展有据。其次，完善节能环保产业统计指标体系和制度，建立四川省节能环保产业年度统计制度。条件成熟时，逐步将节能环保产业统计纳入国民经济统计。各级政府依据年度统计数据，编制节能环保产业发展报告，并向同级人大报告和向社会公布。

在节能环保产业普查基础上，科学制订四川省节能环保产业发展“十四五”规划，确立发展战略、目标、措施。协调节能环保产业发展规划与国民经济发展规划、生态环境保护规划，把节能环保产业作为经济发展支柱产业，纳入国民经济发展计划，统筹安排、协调发展。各市（州）、县（市、区）根据全省节能环保产业发展规划制定相应的实施方案和细则。

（三）抓好重点领域，做大做强优势产业

四川省节能环保产业近几年突飞猛进，有后来者居上的发展势头，在节能环保仪器设备制造、各类膜技术研发与设备制造、核与辐射的污染治理、

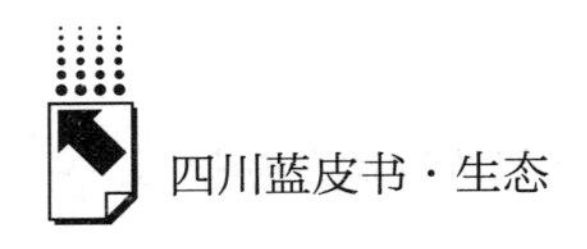

资源综合利用等领域已具备全国领先优势，应重点支持这些优势领域，进一步做大做强。

重点支持节能环保仪器设备制造。四川是制造业大省，也是节能环保仪器设备制造大省，四川省的节能环保锅炉等先进的环保仪器设备制造在全国首屈一指，要从科研成果转化、产品应用、政策、税收和工程项目上给予大力支持。凡属于四川研发的首台（套）先进仪器设备，政府予以重奖。参加节能环保项目招投标，按现行相关法规实行竞争性谈判和评选，鼓励落地四川示范，把四川独具优势的节能环保仪器设备制造业做得更大更强，使其优势更优。

重点支持膜技术研发推广应用于水、气污染治理。四川在各类膜技术的研发和设备制造方面，科技含量高，技术领先，已成体系，独具优势，在高污染工业废水零排放、高温冶炼炉废气治理和室内空气净化方面取得巨大成功。金属膜和有机膜已在医药、化工、印染、制革、电镀等领域的污染治理中得到广泛应用。“十四五”期间，省政府和相关部门在法规、政策、资金、税收等方面给予重点支持，在科技成果转化应用方面创造条件，广泛应用推广，尤其是运用于大气及污水治理、重金属回收、室内空气净化和饮用水处理的金属膜，全国唯一的第三代反渗透碟式膜，以有机氟为材料的处理污水的管式膜，以及广泛应用于给排水处理的中空纤维膜，以形成全国独一无二的膜技术科研生产体系和产学研用结合的产业链，让四川省膜技术产业继续领跑全国，走向世界。

大力发展资源综合循环利用产业。四川是资源大省，资源综合利用的市场很大，空间广阔。钒钛选矿冶炼污染治理技术资源的综合利用形成独特产业走在全国前列。以竹屑等有机质固体废弃物综合利用生产建筑材料的市场广阔、产业规模庞大、产值效益巨大。家电拆解资源综合利用技术领先西部地区，以铜为主的废旧金属回收利用已成规模，要在环境保护和生态文明建设中广泛推广应用。

重点支持节能环保产业高端服务业发展。四川在科研和信息技术方面具有显著优势，但是以高新技术为主的节能环保服务业是弱项，发展市场前景广阔、潜力巨大。“十四五”节能环保产业发展要重视以信息化、大数据、智慧环保为主要特征的环保服务业发展。大力建设和推广大智慧环保管理平台、环保管家、环境医院模式、第三方污染治理、远程监管和运营服务、综合全方位服务。

（四）突出重点区域，促进集群集聚发展

重点抓好成都市节能环保产业发展龙头。四川省大多数节能环保龙头骨干企业落户成都，成都节能环保产业规模占四川省节能环保产业总规模的比例超过1/3，应把成都的环保产业发展作为四川省环保产业发展的“龙头”来抓，带动全省环保产业快速发展。重点抓好两园区。一是成都金堂节能环保装备制造产业园区。进一步突出节能环保装备主业优势，引进、消化、吸收国际先进装备技术，打造国家级节能环保装备研发制造基地。二是成都锦江区－天府新区节能环保服务业聚集区。充分整合成都市乃至四川省各种优势资源，做好节能环保服务业发展过程中的体制机制创新、示范工作，打造节能环保产业国家级综合服务产业基地。

重点建设节能环保产业四个集群。在四川省节能环保产业总体规划布局中，重点抓好以下四个各具特色的集群。①加强自贡重大节能环保装备制造研发基地建设。发挥产业协作配套较好、技术积累丰富和制造能力领先等独特优势，加快建设国家级节能环保锅炉装备研发制造基地，长期保持“东方节能环保锅炉之都”的美誉。②加强节能环保资源综合利用基地建设，如攀西地区钒钛资源综合利用国家级综合示范基地，宜宾竹屑、酒糟等生物质综合利用产业集群，内江、成都金堂以废旧家电拆解、回收利用为主的再生资源产业园区，绵阳以铜为主的废旧金属回收利用富山产业园区。③加强绵阳环保科技中心、环保水处理中心综合基地建设。④加强广安武胜承接面向重庆来料加工节能环保材料生产基地建设。

（五）培育骨干企业，带领产业做大做强

大力培育骨干、龙头、独角兽企业。定期评选、表彰四川省节能环保企

业100强。选择技术先进、市场前景好、产品链条长的企业，在要素保障、人才引进、资金、税收、信贷、投资、奖励等方面加以扶持，在科技支持、项目审批、品牌培育等方面予以专项政策倾斜，促使其尽快成为具有较强竞争能力和带动力的骨干企业。“十四五”期间重点培育1000亿元企业、100亿元企业、50亿元企业、10亿元企业、5亿元企业等不同实力梯队龙头骨干企业若干家，力争培育1~2家具有世界一流、中国唯一先进技术的独角兽企业。

支持建立节能环保产业联盟和集团。政府引导，自愿参加，鼓励组建具有专业特色的节能环保产业集团。支持“四川联合环保产业联盟”由战略联盟向实体联盟发展，使之真正成为四川省的节能环保产业主力军。

（六）设立产业发展基金，建立多元化投融资机制

设立四川省节能环保产业发展基金。以省财政出资为主，与社会募集相结合，多方筹资设立100亿元节能环保产业发展基金，主要用于支持环保骨干企业、龙头企业和独角兽企业做大做强，形成科技含量高、专业覆盖广、优势突出的四川省节能环保产业发展主力军。对有先进环保技术和设备、有推广价值与发展潜力的中小节能环保企业，特别是民营中小节能环保企业，在科研、成果转化、推广应用等方面给予扶持。政府应鼓励支持建立多渠道、多形式，包括引进外资的综合性的节能环保产业投融资体系和机制，以解决节能环保企业——特别是民营中小企业融资难的问题。

（七）加强产业平台建设，增强科技创新能力

四川是节能环保产业大省，节能环保产业发展走在我国中西部地区前列，为保持新时代四川省节能环保产业的高速发展，建立一系列科技创新、科技成果转化、技术推广应用、环保职业技术教育和培训等平台十分必要。通过搭好平台，支持建好科研院所、产业转化平台、人才培训基地，增强节能环保产业科技创新能力。

省生态环境部门、科技部门应重点支持办好四川省生态环境科学研究院

等科研院所。每年列出专项资金支持重点环境污染问题、公众关心的环保热点问题解决，诸如畜禽养殖粪便处理达标排放、资源综合利用等重大环保科研项目，以保持经济社会与环境协调健康发展。

省科技部门、生态环境部门每年应拨出专款重点支持办好四川联合环保产业研究院等产业转化平台。搭建节能环保科技成果转化、产学研一体化、节能环保产业转化平台。

省教育部门、科技部门、生态环境部门要重视节能环保职业技术教育和培训工作，列支专项经费，支持组建四川环保职业技术学院。为四川省节能环保产业发展、生态环境保护和生态文明建设搭好教育培训平台，培训大批节能环保专业技术人才、经营管理人才和领导人才。

（八）大力支持和鼓励节能环保产业进乡村

四川省城市环保设施建设和环保产业发展已经达到相当规模和水平，大体与城市经济发展、城市建设和社会民生相适应。但农村环保设施建设不充分，运营管理无经费，环保产业发展受阻滞。各级政府要把节能环保产业纳入“扶贫攻坚”“乡村振兴”，拨专款、立专项，切实有效解决农村环境问题，提高扶贫攻坚、新农村建设的质量和水平，让节能环保产业进入乡村、覆盖全省。

参考文献

段娟：《中国环保产业发展的历史回顾与经验启示》，《中州学刊》2017 年第 4 期。

解振华：《中国改革开放 40 年生态环境保护的历史变革——从“三废”治理走向生态文明建设》，《中国环境管理》2019 年第 4 期。

潘理权、赵良庆：《政府在环保产业发展中的作用》，《中国环保产业》2002 年第 5 期。

宋秀杰、王绍堂、张漫：《发达国家环保产业发展经验及其对我们的启示》，《环境保护》2002 年第 2 期。

宋秀杰等：《发达国家环保产业发展经验及其对我们的启示》，《环境保护》2002 年第 2 期。

宋豫秦、叶文虎：《第三次文明》，《中国人口·资源与环境》2009 年第 4 期。

徐嵩龄：《世界环保产业发展透视》，《中国环保产业》1997 年第 3 期。

杨丽、付伟：《国外环保产业的发展概况及启示》，《中国环保产业》2018 年第 10 期。

B.9

生态环境损害赔偿制度法益及相关问题研究

马如梦　成迪雅*

摘　要： 生态环境损害赔偿制度经过试点运行阶段、全国试行阶段，其制度设计与安排已逐渐明确，但生态环境损害赔偿制度的基本问题——法益仍不明朗。本文从“生态环境损害”的定义、环境经济学对环境资源的总经济价值的定义和公共共用物理论进行分析，指出生态环境损害赔偿制度保护的法益具有公共性，生态环境损害赔偿诉讼归属于环境公益诉讼中的特殊一类。

关键词： 生态环境损害赔偿制度　环境资源　公共共用物

一　生态环境损害赔偿制度概述

（一）国家生态环境损害赔偿制度概述

2015 年 12 月 3 日，中共中央办公厅、国务院办公厅发布生态环境损害赔偿制度改革的标志性方案——《生态环境损害赔偿制度改革试点方案》

* 马如梦，法学硕士，四川省生态环境科学研究院研究人员，主要研究方向为环境与资源保护法学；成迪雅，法学硕士，四川省生态环境科学研究院研究人员，主要研究方向为环境与资源保护法学、国际环境法。

（以下简称《改革试点方案》）。《改革试点方案》将改革工作目标确定为三个阶段：一是2015～2017年，试点区域选定山东、湖南、贵州、云南等七个省（市），开展生态环境损害赔偿制度改革工作；二是自2018年起，在全国范围内试行生态环境损害赔偿制度；三是到2020年，在全国范围内初步构建起责任明确、途径畅通、技术规范、保障有力、赔偿到位、修复有效的生态环境损害赔偿制度。[①]

2017年12月，中共中央办公厅、国务院办公厅发布了《生态环境损害赔偿制度改革方案》（以下简称《改革方案》），标志着生态环境损害赔偿制度改革已进入全国试行阶段，对比《改革试点方案》，《改革方案》做了如下变动。

（1）《改革方案》要求在全国试行生态环境损害赔偿制度。

（2）规定提出生态环境损害赔偿诉讼的前置程序——磋商程序。

（3）在适用范围中新增“森林”作为一种环境要素。

（4）将“发生其他严重影响生态环境事件的”改为“发生其他严重影响生态环境后果的”，并将完善具体情形的权利下放到“各地区”，即省级和市地级政府（包括直辖市所辖的区县级政府）。

（5）要求赔偿义务人承担赔偿责任，做到“应赔尽赔”。

（6）赔偿权利人进一步细化。明确行政区域内的生态环境损害赔偿权利人为国务院授权的省级、市地级政府（包括直辖市所辖的区县级政府），进一步明确了具体工作范围划分、具体工作职责划分、起诉资格以及跨省域的生态环境损害相关问题。

（7）《改革方案》明确经磋商达成的协议可以依照《民事诉讼法》向人民法院申请司法确认。

（8）《改革试点方案》在鼓励开展生态环境损害赔偿诉讼的主体中仅提及“符合条件的社会组织”，《改革方案》中增加了“法定的机关”。

（9）新增关于生态环境损害赔偿制度与环境公益诉讼之间衔接问题的

---

① 《中共中央办公厅 国务院办公厅印发〈生态环境损害赔偿制度改革试点方案〉》，中央政府门户网站，2015年12月3日。

相关规定。

《改革方案》要求各省（自治区、直辖市）、市（地、州、盟）制定本地区实施方案。截至2019年7月26日，31个省区市和新疆生产建设兵团已印发省级改革实施方案，另有126个县（市、区）印发了市地级改革实施方案。

根据《改革方案》要求，《最高人民法院关于审理生态环境损害赔偿案件的若干规定（试行）》于世界环境日公布并施行，该规定对生态环境损害赔偿诉讼相关制度安排予以明确，如案件管辖法院、原告举证责任、生态环境损害赔偿案件合并审理规则与优先审理规则等。

据生态环境部统计，截至2019年7月26日，各地共办理案件424件，涉案金额近10亿元；已办结206件，其中以磋商结案186件，占结案总数的90%以上。全国34个省区市，除港澳台地区外，仅西藏自治区仍无生态环境损害赔偿案例。

（二）四川省生态环境损害赔偿制度概述

2018年9月6日，《四川省生态环境损害赔偿制度改革实施方案》（以下简称《四川省实施方案》）正式印发，并于2019年制定了相关配套制度：《四川省生态环境损害赔偿工作程序规定》《四川省生态环境损害赔偿磋商办法》《四川省生态环境损害赔偿资金管理办法》等。

2019年5月，成都市办理了《四川省实施方案》发布后首例生态环境损害赔偿案件，赔偿义务人与成都市人民政府以磋商形式结案，并积极履行了双方签订的生态环境损害赔偿协议书。

二　生态环境损害赔偿制度所保护的法益为环境公共利益

（一）法益理论

法益指的是由法律所保护的利益。法益理论的产生通常可追溯到伯恩鲍姆的文章《论有关犯罪概念的权利侵害的必要性》，目前我国刑法学、民法学对其研究颇多。“法益侵害说”为刑法学界的主流学说，认为法益是刑法所保护的客体。我国著名刑法学者张明楷指明，“法益是根据宪法的基本原则确定的人的生活利益，该利益由法保护的且客观上可能受到侵害或者威胁。刑法上的法益，即由刑法所保护的人的生活利益”。[①] 民事上的法益，即民法所保护的利益。我国民法学研究领域对法益理论有两种理解。一种理解认为，法益包括权利和未具体化、特定化为权利但受法律保护的利益。另一种理解认为，法益不包括权利，仅指权利之外而为法律所保护的利益，权利和法益为并列概念。“法益理论的理论价值同样运用于其他部门法领域，可作为其他部门法的分析工具；对法益概念采用广义理解，有利于形成法理学层面起普遍指导意义的法益理论”，[②] 这种理解认为法益既包含权利，也包含权利之外其他应受法律保护的正当利益。环境法学者认为，环境法的法益具有复合性，包括三种环境权利或利益：一是私权形态的环境权利；二是非环境权利形态的环境权利；三是以环境权利形态存在的环境利益。

生态环境损害赔偿制度作为新兴制度，学界对其性质多有探讨，很多探讨已经超出了部门法律范畴，法益作为不同法律部门的通用概念，能够实现超出部门法律范畴，在整个法律体系内分析生态环境损害赔偿制度的目标。只有明确了生态环境损害赔偿制度的法益，才能够在法律体系框架内将其置于适当位置。

（二）生态环境损害赔偿制度法益相关理论

在生态环境损害赔偿制度中，学者们多分析作为其组成部分的生态环境损害赔偿诉讼与生态环境损害赔偿磋商的性质与适用法律。对二者的分析又均落脚于二者保护的法益和政府索赔权来源。讨论索赔权来源实质是讨论法

① 张明楷：《法益初论》，中国政法大学出版社，2003，第167页。

② 史玉成：《环境法的法权结构理论》，商务印书馆，2018，第51页。

益归属。生态环境损害赔偿制度多从法益享有主体角度探讨，并形成以下两种主要学说。

1. 私人法益

持有这种观点的学者认为，根据《宪法》第九条规定，国务院代表国家对属于国家所有的自然资源行使所有权。[①] 国家享有对物权和对人权，享有私法所规定的任何权利和义务，[②] 法律明确规定，国家享有自然资源的所有权，在此基础上进一步产生生态环境损害赔偿索赔权，并据此提起诉讼，此种基于自然资源国家所有权提起的诉讼依照民法规则进行，在性质上属于私益诉讼。[③]

2. 公共法益

学者试图从不同角度分析生态环境损害赔偿制度保护的是一种公共法益。

有的学者认为政府提起生态环境损害赔偿制度，其本质是为了保护依附于自然资源存在的环境价值（该价值为环境经济学上的价值定义），环境价值属于社会公共利益。[④]

有的学者从公共信托角度分析，认为生态环境损害赔偿法益属于国家法益（国家利益），但同时承认广义的社会公共利益包括国家利益，不同之处是由国家作为国家利益特定的利益代表。国家基于公共信托而成为不特定多数人持有的重要利益的代表。“全民所有”其实质即为不特定多数人的利

① 《宪法》第九条：矿藏、水流、森林、山岭、草原、荒地、滩涂等自然资源，都属于国家所有，即全民所有；由法律规定属于集体所有的森林和山岭、草原、荒地、滩涂除外。国家保障自然资源的合理利用，保护珍贵的动物和植物。禁止任何组织或者个人用任何手段侵占或者破坏自然资源。

② 〔奥地利〕凯尔森：《法与国家的一般理论》，沈宗灵译，中国大百科全书出版社，1996，第227页。

③ 王树义、李华琪：《论我国的生态环境损害赔偿诉讼》，《学习与实践》2018年第11期，第71页。

④ 李浩：《生态环境损害赔偿诉讼的本质及相关问题研究——以环境民事公益诉讼为视角的分析》，《行政法学研究》2019年第4期，第60页。

益。[1] 基于国家利益而提起的民事诉讼即为“国益诉讼”。[2]

有的学者认为，生态环境损害赔偿诉讼是行政机关为履行环境保护义务或履行环境保护职责而行使生态环境损害索赔权，但“公共利益构成了行政目的的核心”。[3] 行政机关提起生态环境损害赔偿诉讼，实质上并不是为了维护政府利益，而是为了人民集体的利益，是“国家履行维护国内生存环境和发展情况、改善国家生态总体状况的职责”。我国并没有使环境权入宪，传统的国家义务来源于公民基本权利的证成路径难以实现，因此最好将保护环境作为一种“国家目标条款”，[4] 所有国家权力都受国家目标的制约。行政机关有充足的正当性提起生态环境损害赔偿，因为提起生态环境损害赔偿诉讼是“行政机关进一步完成宪法的要求与目标，履行和坚守职责，力求行政与司法之间的协作而进行的突破之举”。[5] 该主张认为，生态环境损害赔偿诉讼是行政机关为履行环境保护义务或职责而采取的非行政手段，甚至认为作为生态环境损害赔偿诉讼前置程序的生态环境损害赔偿磋商程序属于“弱权行政下的行政法律关系”，[6] 依照该逻辑，生态环境损害赔偿诉讼必然已经跳出民事法律制度框架，落入行政法律制度框架。

有学者认为，生态环境损害赔偿诉讼所维护的法益包括国家利益与环境公共利益。其中国家对自然资源享有的所有权产生生态环境损害赔偿诉讼中的国家利益，环境公共利益则来源于生态环境损害赔偿诉讼中涉及的生态系统服务功能和未被纳入财产法秩序的能源资源利益，如太阳能、风能等。生态环境损害赔偿诉讼中的国家利益与社会公共利益既耦合又分离。政府以自

---

① 肖建国：《利益交错中的环境公益诉讼原理》，《中国人民大学学报》2016 年第 2 期，第 50 页。

② 肖建国、宋春龙：《环境民事公益诉讼程序问题研究：以不同环境利益的交织与协调为切入点》，《法律适用》2016 年第 7 期，第 28 页。

③ 章剑生：《现代行政法总论》，法律出版社，2014，第 12 页。

④ 陈海嵩：《国家环境保护义务的溯源与展开》，《法学研究》2014 年第 3 期，第 84 页。

⑤ 梅宏、胡勇：《论行政机关提起生态环境损害赔偿诉讼的正当性与可行性》，《重庆大学学报》（社会科学版）2017 年第 5 期，第 84 页。

⑥ 史玉成：《生态环境损害赔偿制度的学理反思与法律建构》，《中州学刊》2019 年第 10 期，第 88 页。

然资源国家所有权为主要权源成为利益代表和索赔主体。正是因为自然资源国家所有权的私权属性，国家（政府）才有可能作为自然资源所有者，在民事救济程序中行使索赔权。并且，即使生态环境损害赔偿诉讼维护的不只是作为私权的国家所有权，但“对国家利益求偿亦可促进环境公共利益的实现”,[①] 因此，该主张将生态环境损害赔偿诉讼视为一种新类型的诉讼形式，认为其只是在法益分类上存在差异，仍认同生态环境损害赔偿制度保护的法益为公共利益。

（三）生态环境损害赔偿制度公共法益阐述

私人法益说依据国家自然资源所有权认为，生态环境损害赔偿制度维护的是国家的法益，私人法益说没有看到作为“物”的客体的自然资源与生态环境要素之间的区别，也没有看到行使自然资源所有权与发挥生态系统要素生态服务功能的矛盾。

从定义来看，《改革试点方案》与《改革方案》均将生态环境损害解释为砍伐树木、违法排污等污染环境、破坏生态行为等直接或间接地造成环境要素和生物要素的可观测的不利改变，还包括这些要素组成的生态系统服务能力损伤或退化,[②] 简要来说，就是对生态系统及其要素的生态系统服务功能的损伤。

法律规定国家享有所有权的不动产和动产，其所有权只能由国家取得，任何单位和个人不能取得,[③] 《物权法》在第五章中进一步规定了国家享有所有权的自然资源种类。[④] 《物权法》上的所有权解释应当受到《物权法》基本原则的限制，“本法所称物权，是指权利人依法对于特定的物享有直接

---

① 吴惟予:《生态环境损害赔偿中的利益代表机制研究———以社会公共利益与国家利益为分析工具》,《河北法学》2019 年第 3 期，第 131 ~ 133 页。

② 《中共中央办公厅　国务院办公厅印发〈生态环境损害赔偿制度改革试点方案〉》，中央政府门户网站，2015 年 12 月 3 日；《中共中央办公厅　国务院办公厅印发〈生态环境损害赔偿制度改革方案〉》，中央政府门户网站，2017 年 12 月 17 日。

③ 《物权法》第四十一条。

④ 《物权法》第五章。

支配和排他的权利”,[①] 亦即国家所有权是指国家对物享有能够直接支配和排他的权利。自然资源可以排他性地由国家享有，但作为生态系统要素的生态服务功能却不可能由国家排他性地占有，如清洁的空气，不可能设立排他性的使用权。生态系统要素的生态服务功能具有自然人成员的独立享受性，只有自然人才能享受环境公共利益。[②]

在生态破坏类案件中，自然资源所有权的行使与生态系统服务功能的价值作用存在冲突。生态环境损害赔偿制度涉及环境经济价值与生态价值的对立，具体表现为所有权权利人行使所有权的行为和附着于物之上的生态系统服务价值的矛盾。所有权由单独法人或自然人享有，但附着于其上的生态环境利益却由社会公众甚至全体人类享有。对于实体物的处分将会影响或消除实体物的生态环境功能。所有权权利人可以对作为“物”的生态系统要素进行占有、使用、收益、处分，其行使所有权的某些行为并不影响生态系统要素的服务功能，但某些行为，尤其是改变物的存在方式的处分行为，将会严重影响生态系统要素的生态系统服务功能。这就造成行使所有权权能在某些场合会损害作为公共利益的生态系统服务功能。

四川省资阳市中级人民法院曾判决过一起环境污染责任纠纷案件，资阳市雁江区回龙乡赵兴村村民委员会在未取得采伐许可证的情况下，砍伐其合作社所有的“凤凰李”果树共533株，四川省资阳市人民检察院将村委会起诉至四川省资阳市中级人民法院，要求其承担“环境生态损害赔偿责任”，进行林木补栽或者承担植被修复费用，并公开赔礼道歉，资阳市中级人民法院认为“被告赵兴村村委会在未取得林木采伐许可证的情况下砍伐树木的行为违法，对当地水土、植被、森林资源和生态环境造成了破坏和危害，对社会公共利益造成了损害，其行为构成生态环境侵权。损害发生后，侵权人应根据破坏生态、污染环境的实际情况，面对生态环境损害适用不同

① 《物权法》第二条。

② 王小钢：《论环境公益诉讼的利益和权利基础》，《浙江大学学报》（人文社会科学版）2011年第3期，第50页。

的修复与赔偿方式”。[①] 该案件所蕴含的原理为：所有权权利人自然有权行使所有权权利，但行使权利受到相关规定的规制，如砍伐特定树木需要办理砍伐许可证。依据生态环境损害赔偿制度设计原理，按照国家规定行使所有权可以阻却法律意义上的生态环境损害。[②] 但国家要求砍伐树木需要办理许可证本身就是基于树木所具有的涵养水源、水土保持等生态系统服务功能考量。

从所有权与生态环境系统服务价值的矛盾可以看出，政府索赔权来自国家自然资源所有权的谬误。当生态系统要素作为民法上的物之所有权属于个人或集体时，附着于物之上的生态系统服务价值属于“共有物”，行使所有权受到保障生态系统服务价值发挥的限制，但当国家享有自然资源所有权时，附着于物之上的生态系统服务价值便与物之所有权一同属于国家。对于相同的权利做不同种类的解释，违背公平原则。

为避免此种矛盾，有些学者将国家的环境保护义务作为说明国家索赔权来源的依据，并将提起生态环境损害赔偿诉讼作为一种行政权力与司法权力在“国家目标”下的合作模式。首先，国家目标的实现确实需要行政权力、司法权力等机关共同努力，但具体权力的行使应该在《宪法》的规制下进行，合作模式并未实质说明政府生态环境损害索赔权的来源，只是将该问题模糊化。其次，政府履行环境保护义务应当采取行政手段，为何采用非行政手段的诉讼形式，尤其是在我国行政诉讼严格规定为“民告官”的情形下？该理论未逃脱“行政司法化”的嫌疑。

深入研究生态环境损害赔偿制度保护的法益，可从环境经济学环境价值评估方法入手。环境经济学是通过经济学方法对环境资源进行价值衡量的学科，其目的是对经济开发、环境保护投资进行可行性分析，以增强环境政

---

① 《四川省资阳市人民检察院、资阳市雁江区回龙乡赵兴村村民委员会环境污染责任纠纷一审民事判决书》，中国裁判文书网，2019 年 6 月 20 日。

② 依据《生态环境损害赔偿制度改革试点方案》《生态环境损害赔偿制度改革方案》，赔偿义务人是指“违反法律法规，造成生态环境损害的单位和个人”，即如未违反法律法规，则非赔偿义务人，不承担生态环境损害赔偿责任。

策、环境管理科学性。[①] 环境经济学形成了一套较为完备的环境价值评估方法。

环境经济学认为，使用价值和非使用价值是环境资源总经济价值的两个部分。[②] 使用价值进一步分解为：直接使用价值、间接使用价值和选择价值。直接使用价值指直接使用环境资源产生的价值，包括环境资源的观赏价值；间接使用价值，即环境资源具有的间接支持生产和消费活动的功能价值，即生态系统运转对人类产生的正面影响，如森林的水土保持作用，间接使用价值不直接进入生产和消费过程；选择价值又称期权价值，即为了现在保护环境资源以利于将来的利用，选择价值可以视为消费者自愿支付的，防止未利用资产在以后发生丧失风险造成损失的保险金。

非使用价值相当于生态学家认为的环境资源的存在价值，它与是否被使用没有关系。存在价值是非使用价值的一种最主要的形式。存在价值是人们对环境资源存在的价值认同，与是否要使用无关。存在价值，这种认同包括人类对其他生物物种的同情和关注。人们具有的几种行为都可以证明环境资源具有存在价值：遗赠动机、礼赠动机、同情动机。遗赠动机，实指当代人有把某种资源保留下来遗留赠送给后代人的意愿。礼赠动机是赠予当代人的意愿。

直接使用价值对应所有权的占有、使用、收益、处分权能。除直接使用价值外的其他环境资源的总经济价值组成部分相当于生态系统服务功能部分。环境资源的总经济价值中直接使用价值可以由所有权人享有，但除直接使用价值之外的其他环境资源的总经济价值组成部分却不能由所有权人独占，且所有权人行使所有权的行为将会使不特定享有环境资源的主体承担不利益，亦即所有权人行使所有权的行为可能侵害不特定主体享有的环境资源利益，甚至是后代人享有的环境资源利益。环境经济学承认环境利益属于公共利益，环境是公共共用物。

---

① 马中主编《环境与自然资源经济学概论》（第三版），高等教育出版社，2019，第 10 页。

② 马中主编《环境与自然资源经济学概论》（第三版），高等教育出版社，2019，第 100 ~ 101 页。

公共共用物是指由不特定多数人享有的，以非排他性的方式使用共用物的资格、自由和力量。公共共用物中的“物”不是《物权法》中作为“财产”的物，它是指自然资源、环境等不能排他性使用的作为生态系统组成部分的要素。这些要素具有公众公用性，个人或单位无法将该资源整体据为私有或独占，因此，绝大多数国家认为自然环境及资源并非物权客体，这也是环境理所当然地成为公众共用物的原因。然而，法律表面上在某些自然资源上设定了所有权，并以物权的形式对其加以保护，但这些规定仅仅包含自然资源某部分内容或功能，自然资源的其他部分或功能依然属于公众共用物。作为公众中一员的每一个人都有使用权，这种使用权重在共用、非排他性地使用，与政府对公共共用物的行政管理权存在诸多不同，一是性质上的差异，政府行政管理权是一种公权力，而公众共用物（自然资源、财产）使用权是一种个人公权利；二是权利主体不同，国家和政府是政府行政管理权的权力主体，而公众使用权的主体可能为非独占使用公众公用财产的组织、单位以及不特定多数人中的所有个人。[①]

三 生态环境损害赔偿制度相关问题

（一）生态环境损害赔偿诉讼是特殊的民事公益诉讼

生态环境损害赔偿诉讼的法律定义是在赔偿权利人与赔偿义务人磋商未达成一致的情况下，向人民法院提起的以要求赔偿义务人修复受损的生态环境或生态环境不能修复、不能完全修复时，对生态环境功能永久性损害或造成的损失，要求赔偿义务人承担赔偿责任的诉讼。

从制度维护的法益与生态系统服务功能的公共性角度来看，应当将生态环境损害赔偿诉讼归为民事公益诉讼中的特殊一类，不同之处在于：国务院、省级和地市级人民政府为赔偿权利人；存在起诉前置程序；适用范

① 蔡守秋：《论公众共用物的法律保护》，《河北法学》2012 年第 4 期，第 9 页。

围小于一般民事公益诉讼，生态环境损害赔偿诉讼以赔偿义务人违反法律规定并造成损害为前提，但一般民事公益诉讼可针对侵害风险提出消除危险请求。

（二）生态环境损害赔偿诉讼、磋商与其他相关制度的衔接

2019 年 6 月 4 日，最高人民法院规定了生态环境损害赔偿诉讼与民事公益诉讼的审理先后顺序和合并审理规则，[①] 基本厘清了两类诉讼的衔接问题。但生态环境损害赔偿磋商、诉讼在实践操作中仍存在下述问题有待解决："磋商不成" 的判断标准；生态环境损害赔偿磋商与刑事诉讼、行政处罚决定等之间的关系，以及与检察院提起的环境民事公益诉讼案件的关系。

1. 生态环境损害赔偿诉讼、磋商的衔接问题

生态环境损害赔偿诉讼的前置条件是磋商，在磋商不成的情况下，赔偿权利人一方应直接、及时地就生态环境损害提起民事诉讼，以最大限度地发挥司法的保障功能。磋商未达成一致的两种情况，一是赔偿义务人明确表示拒绝承担赔偿责任；二是双方在较长的一段时间内未能达成协议。在第二种情况下，不能达成一致的标准该如何判断以及如何认定赔偿权利人及时提起了生态环境损害赔偿诉讼，也是实践中暴露出的难题。各省级政府、地市级政府在实践中倾向于规定最长磋商时间或依据磋商次数来认定"磋商未达成一致"。

① 《最高人民法院关于审理生态环境损害赔偿案件的若干规定（试行）》第十六条"在生态环境损害赔偿诉讼案件审理过程中，同一损害生态环境行为又被提起民事公益诉讼，符合起诉条件的，应当由受理生态环境损害赔偿案件的人民法院受理并由同一审判组织审理"。第十七条"人民法院受理因同一损害生态环境行为提起的生态环境损害赔偿诉讼案件和民事公益诉讼案件，应先中止民事公益诉讼案件的审理，待生态环境损害赔偿诉讼案件审理完毕后，就民事公益诉讼案件未被涵盖的诉讼请求依法做出裁判"。第十八条"生态环境损害赔偿诉讼案件的裁判生效后，有权提起民事公益诉讼的机关或者社会组织就同一损害生态环境行为有证据证明存在前案审理时未发现的损害，并提起民事公益诉讼的，人民法院应予受理。民事公益诉讼案件的裁判生效后，有权提起生态环境损害诉讼的主体就同一损害生态环境行为有证据证明存在前案审理时未发现的损害并提起生态环境损害赔偿诉讼的，人民法院应予受理"。

以河南为例，《河南省生态环境损害赔偿制度改革工作方案》（以下简称《河南方案》）规定“磋商应当在两个月内完成”，同时规定达到一定条件可向赔偿义务人送达磋商建议书。

依据最长磋商时间判断“磋商未能达成一致”的，磋商开始时间的认定是首要难题。对于这一点，《河南方案》并没有规定具体的起算时间是按照生态环境损害赔偿磋商建议书的落款时间起算，还是按照磋商建议书送达赔偿义务人的送达时间起算。实践中认为，按照磋商建议书上的落款时间起算更为合理。在赔偿义务人住址明确、磋商建议书可在预期时间内送达赔偿义务人时，磋商建议书落款时间与磋商建议书送达时间相差不大。但若赔偿义务人下落不明，即已经丧失了继续进行磋商的可能性，赔偿权利人应当及时就生态环境损害行使索赔权，通过法院向赔偿义务人传达损害赔偿请求。同时，应当将赔偿义务人下落不明作为“磋商未能达成一致”的情形之一。

另一个需要解决的问题是最长磋商时间的设置，最长磋商时间设置得过短，赔偿义务人疲于应付磋商，没有充分的时间对生态环境损害赔偿案件进行调查了解，其在磋商中处于极端被动地位，在磋商中赔偿权利人与赔偿义务人也不能充分地交换意见，制度设计中尽可能将生态环境损害赔偿案件解决于磋商程序的导向会无法实现。磋商时间过长，会出现案件不必要拖延的情况，不利于及时恢复受损生态环境。综合实践情况，将最长磋商时间设定为6个月较为合理，赔偿义务人有充分的时间委托鉴定评估机构了解其违法行为是否造成了生态环境损害、生态环境损害的范围及程度，只有在了解的基础上，赔偿义务人才有可能积极主动地履行生态环境损害赔偿责任。

单纯以磋商轮数来判断“磋商未能达成一致”可能出现的问题如磋商“一轮”的概念本身不确定，“一轮”也可能有多次磋商会议，且每轮之间的间隔时间不确定，间隔时间太短，磋商不能发挥解决纠纷的作用，间隔时间太长，不能有效保护环境。

以最长磋商时间或磋商轮数来判断“磋商未能达成一致”，如2018年发布的《北京市生态环境损害赔偿制度改革工作方案》、2019 年印发的《西藏自治区生态环境损害赔偿制度改革实施方案》。两个方案对磋商机制均做出了进一步探索，同时规定两轮的磋商轮数和 6 个月的最长磋商时间，如果限制时间内当事人仍未达成一致，赔偿权利人一方应及时起诉。磋商时间和磋商轮数只要满足一项要求即可判定“磋商未能达成一致”的规定无疑给了赔偿权利人充分的空间左右甚至掌握磋商的终结程序。

上述三个类型的“磋商未能达成一致”的判断条件是从政府部门及时履职角度出发，更多的考量是如何使政府部门尽快履行提起生态环境损害赔偿诉讼的职责，而忽略了赔偿义务人在磋商程序中基本的知情权与磋商程序的本质目的。

《江苏省生态环境损害赔偿磋商办法（试行）》（以下简称《江苏磋商办法》）相关规定较好地平衡了赔偿权利人履职、赔偿义务人知情权与磋商程序本质目的的实现。在磋商程序启动方面，《江苏磋商办法》第五条将启动磋商程序的主动权交到了赔偿权利人手中，规定由其指定的部门或机构告知义务人启动磋商程序。磋商时间方面，《江苏磋商办法》第七条明确赔偿义务人提交答复意见的期限为 10 个工作日。义务人同意磋商的，由权利人一方明确磋商时间，通知赔偿义务人参加磋商会议。对于磋商次数，《江苏磋商办法》指出一次磋商不成的，可在 10 个工作日内再次进行磋商，且磋商次数原则上不超过 2 次。并在第十条明确规定了终止磋商程序的六种情形。[①]《江苏磋商办法》给予了赔偿义务人在磋商中较强的主观能动性，可以依据自身意志决定磋商程序的启动与结束，赔偿权利人与赔偿义务人在磋商程序启动与结束的决定权上地位平等，且未造成磋商程序不必要的拖延。

---

① 《江苏省生态环境损害赔偿磋商办法（试行）》第十条有下列情形之一的，终止生态环境损害赔偿磋商程序：（一）赔偿义务人未在生态环境损害赔偿意见书规定时间内提交答复意见的；（二）赔偿义务人提交答复意见不同意赔偿，或者不同意磋商赔偿的；（三）赔偿义务人不按规定参加磋商会议的；（四）经二次磋商，双方未达成一致意见的；（五）一次磋商后，双方未达成一致意见，并无意愿做进一步磋商的；（六）磋商双方任一方当事人终止磋商的其他情形。

《四川省生态环境损害赔偿磋商办法（征求意见稿）》对于判断“磋商未能达成一致”有创新规定。首先，明确赔偿权利人应当在磋商会议15日前向赔偿义务人送达生态环境损害赔偿磋商告知书，赔偿义务人应当在磋商告知书送达之日起7日内书面反馈意见，表明是否同意磋商，并规定逾期未反馈意见的，视为不同意磋商。其次，充分考虑赔偿义务人向专业机构或人员求助的需求，规定磋商未达成一致意见，但赔偿义务人仍有磋商意愿的，赔偿权利人可组织再次磋商。再次，充分考虑案件复杂程度的区别，规定特殊、复杂、疑难案件可在两次磋商的基础上增加一次。最后，为避免磋商程序不必要的拖延，规定磋商活动应当自首次磋商告知书送达之日90日内完成协议签订，且赔偿权利人应当在义务人不同意磋商、磋商未达成一致意见等磋商无法继续的情况出现后30日内提起诉讼。

2. 生态环境损害赔偿磋商与刑事诉讼的衔接问题

河南省和四川省均规定当事人参与磋商、履行磋商协议的积极性可作为司法机关的量罚参考，四川省还规定履行情况可作为相关行政机关的参考情形。但相关规范性文件将赔偿义务人积极履行情况作为“量罚参考”或者“司法机关或者有关行政机关参考”内容，实质违反了《改革方案》的精神。

首先，《改革方案》规定将单位或个人确定为“赔偿义务人”的前提为“违反法律法规规定”。但在我国无罪推定原则的语境下，我们认为在人民法院判决有罪之前，任何机关都不能确定单位或者个人违反了刑事法律的规定，那么，对单位和个人提起生态环境损害赔偿磋商应当在人民法院判决明确单位或个人违反了刑事法律的规定。前述两省的方案违背了《刑事诉讼法》的基本原理。

其次，有一种理解认为，违反《刑法》的环境污染或生态破坏案件往往也违反了《行政法》的规定，《改革方案》中的“违反法律法规”包括行政处罚等行政法律法规。判断该说法应当先分析我国行政执法与刑事司法的衔接问题。2017年印发的《环境保护行政执法与刑事司法衔接工作办法》中规定，移送到公安机关的环境犯罪案件，已做出的行政处罚决定不停止执行，未做出的，行政处罚的给予规定有前置条件。[①] 因此，即使是行政机关移送的涉嫌环境犯罪案件，也有可能并未处以行政处罚，换句话说，并未确定其行为“违法”。更何况单纯行政违法案件，其确定违法也需经过法律规定程序，由具有相关权力的行政机关在法定职权内实施。亦即，生态环境损害赔偿磋商与诉讼应当在行政违法“确认”程序结束后。赔偿义务人在生态环境损害赔偿磋商中的表现自然不可能成为行政机关的参考依据。

参考文献

〔奥地利〕凯尔森：《法与国家的一般理论》，沈宗灵译，中国大百科全书出版社，1996。

蔡守秋：《论公众共用物的法律保护》，《河北法学》2012 年第 4 期。

陈海嵩：《国家环境保护义务的溯源与展开》，《法学研究》2014 年第 3 期。

程雨燕：《生态环境损害赔偿磋商制度构想》，《北方法学》2017 年第 5 期。

侯韦锋：《我国生态环境行政执法与刑事司法衔接机制研究》，硕士学位论文，中共江苏省委党校，2019。

黄大芬、张辉：《论生态环境损害赔偿磋商与环境民事公益诉讼调解、和解的衔接》，《环境保护》2018 年第 21 期。

柯坚：《破解生态环境损害赔偿法律难题——以生态法益为进路的理论与实践分析》，《清华法治论衡》2012 第 2 期。

冷罗生，李树训：《生态环境损害赔偿制度与环境民事公益诉讼研究——基于法律权利和义务的衡量》，《法学杂志》2019 年第 11 期。

李浩：《生态环境损害赔偿诉讼的本质及相关问题研究——以环境民事公益诉讼为视角的分析》，《行政法学研究》2019 年第 4 期。

林莉红、邓嘉咏：《论生态环境损害赔偿诉讼与环境民事公益诉讼之关系定位》，《南京工业大学学报》（社会科学版）2020 年第 1 期。

---

① 《环境保护行政执法与刑事司法衔接工作办法》第十六条规定：环保部门向公安机关移送涉嫌环境犯罪案件，已做出的警告、责令停产停业、暂扣或者吊销许可证的行政处罚决定，不停止执行。未做出行政处罚决定的，原则上应当在公安机关决定不予立案或者撤销案件、人民检察院做出不起诉决定、人民法院做出无罪判决或者免予刑事处罚后，再决定是否给予行政处罚。

卢瑶:《马克思主义公共产品理论视域下的生态环境损害赔偿研究》,博士学位论文,华中科技大学,2018。

罗丽、王浴勋:《生态环境损害赔偿磋商与诉讼衔接关键问题研究》,《武汉理工大学学报》(社会科学版)2017年第3期。

马中主编《环境与自然资源经济学概论》(第三版),高等教育出版社,2019。

梅宏、胡勇:《论行政机关提起生态环境损害赔偿诉讼的正当性与可行性》,《重庆大学学报》(社会科学版)2017年第5期。

彭璞:《生态环境损害赔偿制度下的磋商行为性质研究》,《中国环境管理干部学院学报》2019年第6期。

史玉成:《环境法的法权结构理论》,商务印书馆,2018。

史玉成:《生态环境损害赔偿制度的学理反思与法律建构》,《中州学刊》2019年第10期。

王树义、李华琪:《论我国的生态环境损害赔偿诉讼》,《学习与实践》2018年第11期。

王小钢:《论环境公益诉讼的利益和权利基础》,《浙江大学学报》(人文社会科学版)2011年第3期。

吴惟予:《生态环境损害赔偿中的利益代表机制研究——以社会公共利益与国家利益为分析工具》,《河北法学》2019年第3期。

肖建国:《利益交错中的环境公益诉讼原理》,《中国人民大学学报》2016年第2期。

肖建国、宋春龙:《环境民事公益诉讼程序问题研究:以不同环境利益的交织与协调为切入点》,《法律适用》2016年第7期。

张继钢:《环境法益之独立、内涵及贯彻》,《南海法学》2019年第4期。

张明楷:《法益初论》,中国政法大学出版社,2003。

张倩:《生态环境损害赔偿磋商法律问题研究》,《法制博览》2019年第36期。

章剑生:《现代行政法总论》,法律出版社,2014。

《中共中央办公厅 国务院办公厅印发〈生态环境损害赔偿制度改革试点方案〉》,中央政府门户网站,2015年12月3日。

自然资源管理篇

Natural Resource Management

B.10 四川省乡镇水资源管理现状、问题与对策*

何孟　龙莉　徐明曦　王君勤**

摘　要： 自2012年国务院发布《关于实行最严格水资源管理制度的意见》以来，全国农村经济迅速发展，人们对水资源和水环境需求不断增加，乡镇作为我国最基层的管理单位，如何有效合理地进行水资源管理也成为影响当前社会发展的重要问题。本文通过分析四川省水资源、水利工程分布及乡镇水资

* 本文为2018年四川省重点研发项目（2018SZ0278）、2019年四川省重点研发项目（2019YSF0048）、2018年中央引导地方资金项目（2018SZYD0005）阶段性成果。

** 何孟，四川省水利科学研究院水土保持与生态环境研究所副所长、副高级工程师，主要研究方向为水土保持、水资源工程等；龙莉，四川省水利科学研究院水土保持与生态环境研究所科员、工程师，主要研究方向为水土保持、农业资源与环境等；徐明曦，四川省水利科学研究院水土保持与生态环境研究所科员、工程师，主要研究方向为水土保持、风景园林等；王君勤，四川省水利科学研究院节水灌溉研究所副所长、副高级工程师，主要研究方向为节水灌溉、水资源利用管理等。

源管理等特点，在典型区域调研的基础上，采用综合分析等方法，分析典型乡镇水资源管理体制存在的问题。研究发现，水资源地区差异导致管理制度差异、乡镇水资源管理职责未明晰、乡镇水资源管理人员缺乏、乡镇水资源管理制度不健全等问题使水资源管理存在漏洞。因此，提出了完善水资源管理制度、合理调配乡镇水资源管理人员结构、推行乡镇水资源资产管理审计制度等建议，对政府实施严格的水资源管理制度，深入贯彻“节水优先”等方针具有一定的借鉴意义。

关键词： 水资源管理　水利工程　四川

一　水资源状况

（一）水资源简介

根据世界气象组织（WMO）和联合国教科文组织（UNESCO）的 *International Glossary of Hydrology* 中有关水资源的定义，水资源是指可资利用或有可能被利用的水源，这个水源应具有足够的数量和合适的质量，并满足某一地方在一段时间内具体利用的需求。根据全国科学技术名词审定委员会公布的水利科技名词中有关水资源的定义，水资源是指地球上具有一定数量和可用质量且能从自然界获得补充并可资利用的水。

由此可见，水资源是人类生产生活不可缺少的自然资源，是维系生命与健康的基本需求，也是社会经济发展的必要保证。地球上虽然有 70.8% 的面积被水覆盖，但是能直接利用的淡水资源极其有限。

在地球的全部水资源中，97.5% 是无法直接饮用、浇地或用于工业的咸水。淡水资源仅占总水量的 2.5%，而在这极为有限的淡水资源中，又有

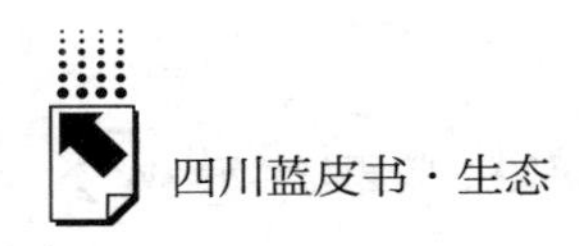

70%以上被冻结在南极和北极的冰盖中，再加上高山冰川和永冻积雪，有87%的淡水资源难以利用。人类真正能够利用的淡水资源是江河湖泊和地下水中的一部分，约占地球总水量的0.26%。

（二）全国水资源状况

我国是一个水资源短缺的国家，虽然淡水资源总量约占全球的6%，居世界前列，但是，我国的人均水资源量约为世界平均水平的1/4，是全球人均水资源最贫乏的国家之一。然而，中国又是世界上的用水大国。

水资源量包含降水量、地表水资源量、地下水资源量、地下水资源与地表水资源不重复量四个方面。

2018年，全国水资源总量为27462.5亿立方米，与多年平均值基本持平，比2017年减少4.5%。其中，地表水资源量为26323.2亿立方米，地下水资源量为8246.5亿立方米，地下水资源与地表水资源不重复量为1139.3亿立方米。总体而言，我国水资源的分布南方地区多于北方地区，东部地区多于西部地区。①

2018年，全国供水总量6015.5亿立方米，占水资源总量的21.9%。其中，地表水源供水量4952.7亿立方米，地下水源供水量976.4亿立方米，其他水源供水量86.4亿立方米。与2017年相比，供水总量减少27.9亿立方米，其中地表水源供水量增加7.2亿立方米，地下水源供水量减少40.3亿立方米，其他水源供水量增加5.2亿立方米。

2018年，全国用水总量6015.5亿立方米。其中生活用水859.9亿立方米，工业用水1261.6亿立方米，农业用水3693.1亿立方米，人工生活环境补水200.9亿立方米。与2017年相比，用水总量减少27.9亿立方米，其中农业用水量和工业用水量分别减少73.3亿立方米和15.4亿立方米，生活用水量和人工生活环境补水量分别增加21.8亿立方米和39.0亿立方米。

---

① 《2018年中国水资源公报》，中华人民共和国水利部网站，2019年7月12日。

2018年，全国人均综合用水量432立方米，万元国内生产总值用水量66.8立方米。耕地实际灌溉亩均用水量365立方米，农田灌溉水有效利用系数为0.554，万元工业增加值用水量41.3立方米，城镇居民人均生活用水量（含公共用水）225升/天，农村居民人均生活用水量89升/天。

（三）四川省水资源状况

1. 四川省水资源总量

四川省地处长江上游，水资源总量丰富，居全国前列。省内水资源以河川径流最为丰富，境内共有大小河流近1400条，号称“千河之省”。境内遍布湖泊冰川，有湖泊1000多个、冰川200余条，在川西北和川西南还分布有一定面积的沼泽。

据《2018年四川省水资源公报》，2018年，四川省水资源总量为2953.8亿立方米。其中，地表水资源量2952.64亿立方米，比多年平均值增加12.9%，比2017年增加19.7%；地下水资源量636.88亿立方米，地下水资源与地表水资源不重复量为1.15亿立方米。①

2. 四川省水资源利用

2018年，四川省供水总量259.1亿立方米，占水资源总量的8.8%。其中，地表水源供水量248.1亿立方米，地下水源供水量10.3亿立方米，其他水源供水量0.7亿立方米。

四川省用水总量259.1亿立方米。其中，农业用水156.6亿立方米，工业用水42.5亿立方米，城镇公共用水12.5亿立方米，居民生活用水41.9亿立方米，生态环境用水5.6亿立方米。

四川省人均综合用水量311立方米，万元国内生产总值用水量63.7立方米，万元工业增加值用水量34.8立方米，耕地实际灌溉亩均用水量367立方米，农田灌溉水有效利用系数为0.473。城镇居民人均生活用水量（含

① 《2018年四川省水资源公报》，四川省水利厅网站，2019年10月18日。

公共用水）245 升/天，农村居民人均生活用水量 112 升/天。

3. 四川省水资源质量

全省 2.6 万千米的河流水质状况评价显示：Ⅰ~Ⅲ类、Ⅳ~Ⅴ类、劣Ⅴ类水河长分别占评价河长的 97.83%、1.46%、0.70%。2 个湖泊共 58 平方千米水面水质评价显示：均为Ⅱ类水，4~9 月营养化程度均为中营养。160 座水库水质评价显示：Ⅰ~Ⅲ类、Ⅳ~Ⅴ类、劣Ⅴ类水库分别占评价水库总数的 61.25%、30.00%、8.75%。轻度富营养、中度富营养、中营养水库分别占评价水库总数的 55.00%、16.25%、28.75%。975 个水功能区评价显示：满足水域功能目标的 834 个，占评价水功能区总数的 85.54%。56 个省界水体水质评价显示：水质类别为Ⅰ~Ⅳ类，其中Ⅰ~Ⅲ类断面占评价总数的 94.64%、Ⅳ类断面占评价总数的 5.36%。90 个城市饮用水地表水水源地水质评价显示：全年水质合格率在 80% 及以上的水源地占评价总数的 76.67%。

4. 四川省水利工程情况

根据 2019 年水利工程统计情况，年末水利工程供水能力 445.44 亿立方米，水利工程总供水量为 261.87 亿立方米，供水工程类型包括跨区域供水工程，水库工程，塘坝和窖池工程，河湖引水闸工程，河湖水泵站工程，其他地表水源工程，地下水源工程，浅层水、深层水、微咸水利用，其他水源工程。

（1）四川省水库工程情况

四川省现有水库工程（含在建）8238 座，总库容 522.91 亿立方米，其中大Ⅰ型水库 9 座，大Ⅱ型水库 38 座，中型水库 211 座，小Ⅰ型水库 1234 座，小Ⅱ型水库 6746 座。

（2）四川省农村供水工程情况

2005 年以来，在国家大力支持和指导下，四川省坚持把解决群众安全饮水作为水利工作的首要任务，集中精力、全面推进。2008 年，积极转变工作思路，坚持“集中为主、联户为辅、分散补充”，提出集中供水率平坝地区达到 95%、丘陵地区达到 90%、山区在 70% 以上的发展目标；2011 年后，又做出“因地制宜、分类发展、整县推进、效益优先”的战略调整，广泛推行“城乡统筹，全域供水”；2014 年起探索管理体制机制，颁布施行《四川省村镇供水条例》，填补了四川省村镇供水建设管理的法律空白，开创了一条规模化建设、现代化管理、社会化服务、法制化保障的发展路子；2016 年开始围绕实施脱贫攻坚工程、全面建成小康社会的目标要求，立足巩固已有饮水安全成果，突出建立健全管理维护长效机制，充分发挥已建工程效益，综合采取配套、改造、升级、联网等方式，辅以新建措施，按照“标准化提升、现代化管理、优质化服务、法制化保障”的思路，整体推进农村饮水安全巩固提升，取得了显著成效。

据 2019 年农村供水工程摸底调查不完全统计（未统计 2019 年底建成的供水工程），全省已建成饮水安全工程 148.7 万余处，其中日供水超过 10 立方米的集中供水工程 4.1 万处，供水工程解决了 5230.8 万居民（含城乡供水一体工程覆盖范围内的居民和城镇居民）的供水问题。

二 四川省水资源利用及管理现状

（一）四川省水资源特点

四川全省共辖 18 个地级市、3 个自治州。全省河流分属 7 个水资源二级流域。根据《2018 年四川省水资源公报》，2018 年四川省水资源量较常年（多年平均，下同）有所增加。全省全年平均降水 1051.92 毫米，总量 5093.93 亿立方米，比常年增加 7.5%。全省地表水资源量 2952.64 亿立方米，比常年增加 12.9%；全省地下水资源量 636.88 亿立方米，较上一年增加 4.84%；其中地下水资源与地表水资源不重复量为 1.15 亿立方米（见表 1）。

表1　2018年四川省行政分区水资源量

单位：亿立方米，立方米

市(州)	水资源总量	年降水量	多年平均降水量	地表水资源量	多年平均径流量	地下水资源量	上年地下水资源量	地下水资源与地表水资源不重复量	年末人均水资源量
成都市	127.83	216.43	166.85	127.02	84.87	32.97	25.51	0.81	783
自贡市	14.88	44.82	43.99	14.88	14.79	2.26	2.05		510
攀枝花市	53.13	86.75	82.12	53.13	48.20	10.19	10.09		4299
泸州市	64.87	129.82	134.88	64.87	61.58	13.29	12.60		1500
德阳市	60.76	81.79	62.5	60.44	30.36	14.99	12.23	0.32	1711
绵阳市	150.19	272.57	219.06	150.17	114.16	29.43	27.43	0.02	3092
广元市	92.22	195.8	167.54	92.22	83.85	11.98	10.76		3458
遂宁市	13.73	49.3	46	13.73	11.35	1.78	1.76		429
内江市	14.48	52.96	53.24	14.48	15.10	1.50	1.45		391
乐山市	155.83	235.6	187.94	155.83	118.94	28.14	25.43		4770
南充市	38.90	125.36	125.85	38.9	41.23	6.16	5.70		604
眉山市	92.80	119.71	98.66	92.8	59.93	12.94	11.69		3110
宜宾市	90.78	158.88	148.39	90.78	91.16	19.33	18.16		1993
广安市	22.13	67.22	67.37	22.13	29.64	3.57	5.05		683
达州市	72.29	187.35	206.67	72.29	103.71	14.51	18.59		1264
雅安市	206.05	283.69	232.92	206.05	168.57	43.45	40.12		13380
巴中市	64.73	144.43	146.42	64.73	71.68	6.54	6.95		1949
资阳市	28.61	54.08	48.74	28.61	15.95	2.08	1.77		1139
阿坝州	451.48	715.88	668.94	451.48	391.33	102.68	99		47826
甘孜州	717.35	1197.67	1168.41	717.35	659.73	177.64	173.94		59979
凉山州	420.75	673.82	662.68	420.75	398.41	101.45	97.26		8573
全省	2953.79	5093.93	4739.15	2952.64	2614.54	636.88	607.48	1.15	3541

四川省地域辽阔，地形地貌不尽相同，区域差异性大，水资源总量丰富，人均水资源量高于全国，但时空分布不均，形成区域性缺水和季节性缺水。鉴于此，综合考虑行政区划、经济条件、水资源条件、地形条件、水利

工程类型及分布等因素，按照有利于群众使用、有利于工程效益发挥、有利于水资源持续利用的原则，根据水资源分布特点，将四川省分为四个区，分别为盆中平原区、盆地丘陵区、盆周山区、西部高山高原区（见表2）。

表2　四川省水资源分区

分区	行政区
盆中平原区	成都市、德阳市
盆地丘陵区	自贡市、泸州市、绵阳市、遂宁市、内江市、资阳市、乐山市、眉山市、宜宾市、南充市、广安市
盆周山区	雅安市、广元市、达州市、巴中市
西部高山高原区	甘孜州、阿坝州、凉山州、攀枝花市

结合表1和表2可以看出，人均水资源量高于全省平均值的有6个市（州），包括攀枝花市、乐山市、雅安市、阿坝州、甘孜州、凉山州，主要集中在盆周山区、西部高山高原区；其余15个市均低于全省平均值，主要集中在盆中平原区、盆地丘陵区。主要是地表径流量和人口分布不均造成的。

从表3可以看出，盆地丘陵区占全省面积的21.83%，水资源总量占全省水资源总量的23.27%，但该区居民达4200.16万人，占全省总人口的50.36%，因此盆地丘陵区具有四川省水资源分布的重要特征。

表3　四川省分区水资源量现状

分区	盆中平原区	盆地丘陵区	盆周山区	西部高山高原区	合计
面积(平方千米)	20274	105691	60154	298133	484252
2018年分区水资源总量(亿立方米)	188.59	687.20	435.29	1642.71	2953.79
2018年降水量(亿立方米)	298.22	1310.32	811.27	2674.12	5093.93
多年平均降水量(亿立方米)	229.35	1174.12	753.55	2582.15	4739.17
2018年地表水资源量(亿立方米)	187.46	687.18	435.29	1642.71	2952.64
多年平均径流量(亿立方米)	115.23	573.83	427.81	1497.67	2614.54

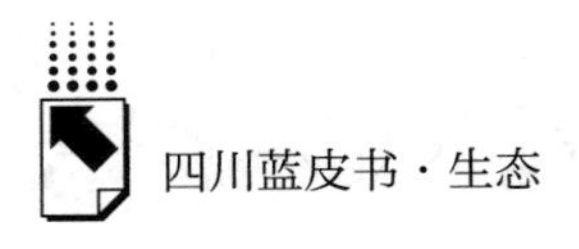

续表

分区	盆中平原区	盆地丘陵区	盆周山区	西部高山高原区	合计
2018 年地下水资源量(亿立方米)	47.96	120.46	76.48	391.96	636.86
2017 年地下水资源量(亿立方米)	37.74	113.09	76.42	380.29	607.54
2018 年地下水资源与地表水资源不重复量(亿立方米)	1.13	0.02	0	0	1.15
2018 年人口数量(万人)	1987.68	4200.16	1324.72	828.37	8340.93

注：为了以水资源量进行数据统一，人口数量是根据《四川省水资源公报》人均水资源量进行换算获得。

（二）四川省水资源利用特点

水是生命之源、生产之要、生态之基，是现代农业生产不可或缺的条件，是经济社会发展不可替代的基础，是生态环境改善不可分割的保障。水利工程是指为了控制、调节和利用自然界的地表水和地下水，以达到除害兴利的目的而兴建的各种工程。除水力发电工程外，水利工程是水资源开发利用的主要方式，科学规划水资源利用方式，统筹安排生产、生活用水，是新时期水利工作的主要任务。本部分着重从水利工程中水库工程和农村供水工程方面阐述四川省水资源在水利工程中的利用特点。

1. 四川省水库工程分布情况

水利工程按其服务对象可以分为防洪工程、农田水利工程（灌溉工程）、水力发电工程、航运及供排水工程。

水库既是灌溉、供水等综合的自然体，又是社会、经济的综合体，具备调节河川径流、防洪、灌溉、供水、发电、养殖、旅游、改善环境等多种功能，同时具有重要的社会效益、经济效益和自然生态效益。水库工程基本情况是全国水利普查重点对象之一。第一次全国水利普查明确了全国水利工程基本情况，形成了水利工程数据查询系统。全国共普查 10 万立方米及以上的水库工程 98002 座，总库容 9323.12 亿立方米。水库工程主要分布在湖南、江西、广东、四川、湖北、山东和云南七省，占全国水库总量的 61.7%；总库容较大的是湖北、云南、广西、四川、湖南和贵州六省，占全国水库总库容的 47%。①因此分析水库工程分布情况对于四川省的水资源管理情况具有重要意义。

通过水利普查建立的水利工程数据查询系统，结合各市（州）公布数据，四川省水利工程供水能力为 445.44 亿立方米，总供水量 261.87 亿立方米，其中水库工程 8238 座，总库容 522.9 亿立方米。

水库工程数量主要集中于盆地丘陵区，以小Ⅱ型水库最多，为 4057 座，该区域内供水工程供水能力为 165.74 亿立方米，占全省总供水能力的 37.21%；总供水量 120.79 亿立方米，占全省总供水量的 46.13%；其中水库工程 5018 座，占全省总数量的 60.91%；其库容为 201.39 亿立方米，占全省总库容的 38.51%（见表 4）。

表 4　四川省水库工程分区情况

分区	盆中平原区	盆地丘陵区	盆周山区	西部高山高原区	合计
面积(平方千米)	20274	105691	60154	298133	484252
分区水资源总量(亿立方米)	188.59	687.2	435.29	1642.71	2953.79
水利工程供水能力(亿立方米)	197.19	165.74	38.98	43.53	445.44
水利工程总供水量(亿立方米)	76.72	120.79	33.31	31.05	261.87
水库数量合计(座)	436	5018	2217	567	8238
大(Ⅰ)型(座)	1	2	3	3	9
大(Ⅱ)型(座)	1	19	7	11	38
中型(座)	14	127	45	25	211
小(Ⅰ)型(座)	85	813	226	110	1234
小(Ⅱ)型(座)	335	4057	1936	418	6746
水库库容(亿立方米)	20.28	201.39	162.4	138.83	522.9
大(Ⅰ)型(亿立方米)	11.12	65.02	120.56	91.25	287.95
大(Ⅱ)型(亿立方米)	2.29	68.09	19.2	36.26	125.84
中型(亿立方米)	3.91	36.88	14.02	7.07	61.88

① 孙振刚、张岚、段中德：《我国水库工程数量及分布》，《中国水利》2013 年第 7 期，第 9～10页。

续表

分区	盆中平原区	盆地丘陵区	盆周山区	西部高山高原区	合计
小(Ⅰ)型(亿立方米)	1.99	20.45	4.69	2.88	30.01
小(Ⅱ)型(亿立方米)	0.97	10.95	3.93	1.38	17.23

2. 四川省农村供水工程情况

经过“十一五”、“十二五”及“十三五”长达15年的农村饮水安全工程及巩固提升工程的建设，四川省供水工程受益人口达5230.8万人，累计投入285.18亿元。全省农村供水工程总数为148.72万处，其中分散供水工程（日供水量小于10立方米，下同）占绝大部分比例，集中供水工程（日供水量大等于10立方米，下同）数约为4.1万处，仅占供水工程总数的2.76%。而日供水量大等于1000立方米的供水工程665处，主要集中在盆中平原区、盆地丘陵区和盆周山区，占该类型供水工程总数的96.09%；日供水量大等于100立方米且小于1000立方米的供水工程4416处，主要集中在盆地丘陵区和盆周山区，占该类型供水工程总数的70.22%；日供水量大等于10立方米且小于100立方米的供水工程35966处，主要集中在盆地丘陵区、盆周山区和西部高山高原区，占该类型供水工程总数的98.22%；分散供水工程1446178处，主要集中在盆中平原区和盆地丘陵区，占该类型供水工程总数的87.34%（见表5）。

表5 四川省农村供水工程现状

区域	工程规模	数量(处)	受益人口(人)	设计供水规模(米^3/天)	数量比例(%)	受益人口比例(%)	设计供水规模比例(%)
盆中平原区	盆中平原区合计	300467	7517255	3095400	20.20	14.37	29.95
	$W \geq 1000$ 米^3/天工程	135	5618882	2083508	20.30	21.85	40.85
	100 米^3/天 $\leq W <$ 1000 米^3/天工程	321	644416	80367	7.27	7.06	8.57
	10 米^3/天 $\leq W <$ 100 米^3/天工程	639	293055	33409	1.78	2.93	2.59
	$W < 10$ 米^3/天	299372	960902	898116	20.70	12.87	29.85

续表

区域	工程规模	数量（处）	受益人口（人）	设计供水规模（米3/天）	数量比例（%）	受益人口比例(%)	设计供水规模比例(%)
盆地丘陵区	盆地丘陵区合计	978382	28703713	5128270	65.79	54.87	49.62
	$W\geq1000$ 米^3/天工程	327	15609715	2292564	49.17	60.70	44.95
	100 米^3/天$\leq W<$1000 米^3/天工程	1636	4892286	462685	37.05	53.63	49.35
	10 米^3/天$\leq W<$100 米^3/天工程	12737	3700273	445657	35.41	37.00	34.58
	$W<10$ 米^3/天	963682	4501439	1927364	66.64	60.28	64.06
盆周山区	盆周山区合计	150428	11142127	1557630	10.11	21.30	15.07
	$W\geq1000$ 米^3/天工程	177	4194941	653779	26.62	16.31	12.82
	100 米^3/天$\leq W<$1000 米^3/天工程	1465	2549219	273991	33.17	27.95	29.22
	10 米^3/天$\leq W<$100 米^3/天工程	13090	3115491	494164	36.40	31.15	38.35
	$W<10$ 米^3/天	135696	1282476	135696	9.38	17.17	4.51
西部高山高原区	西部高山高原区合计	57948	4944851	553258	3.90	9.45	5.35
	$W\geq1000$ 米^3/天工程	26	293359	69913	3.91	1.14	1.37
	100 米^3/天$\leq W<$1000 米^3/天工程	994	1036031	120503	22.51	11.36	12.85
	10 米^3/天$\leq W<$100 米^3/天工程	9500	2892246	315414	26.41	28.92	24.48
	$W<10$ 米^3/天	47428	723215	47428	3.28	9.68	1.58
四川省	总计	1487225	52307946	10334558	100.00	100.00	100.00
	$W\geq1000$ 米^3/天工程	665	25716897	5099764			
	100 米^3/天$\leq W<$1000 米^3/天工程	4416	9121952	937546			
	10 米^3/天$\leq W<$100 米^3/天工程	35966	10001065	1288644			
	$W<10$ 米^3/天	1446178	7468032	3008604			

注：W 表示供水规模。

从受益人口分布和供水规模情况来看，全省集中供水工程数量约为4.1万处，仅占供水工程总数的2.76%，设计日供水规模约732.6万立方米，占总设计供水规模的70.89%，但受益人口约4484万人，占总受益人口的85.72%，集中供水的效益十分明显。而日供水1000立方米以上的供水工程数量少，设计供水规模占总设计供水规模的49.35%，受益人口最多，约为2571.69万人，占受益人口总数的49.16%。

从不同地形区域来看，盆地丘陵区集中供水工程有1.47万处，仅占集中供水工程总数的35.81%，设计日供水规模约320.09万立方米，占集中供水工程总设计规模的43.69%，而该区受益人口约2420.23万人，占全省集中供水工程总受益人口的53.97%，超过全省集中供水工程半数受益人口，可见盆地丘陵区是全省农村供水工程重要管理区域。

（三）四川省乡镇水资源管理

1. 乡镇水资源管理的要求

《中华人民共和国水污染防治法》第五条规定，省、市、县、乡建立河长制，分级分段组织领导本行政区域内江河、湖泊的水资源保护、水域岸线管理、水污染防治、水环境治理等工作。

《中华人民共和国突发事件应对法》第二十九条规定，县级人民政府及其有关部门、乡级人民政府、街道办事处应当组织开展应急知识的宣传普及活动和必要的应急演练。

在《四川省人民政府关于实行最严格水资源管理制度的实施意见》中，四川省实行省、市、县三级行政区域取用水总量控制指标体系，流域和区域取用水总量控制；水资源统一调度实行区域和流域调度，区域水资源调度服从流域水资源调度；节水型社会建设实行以县为单位，分批5~8年基本建成节水型社会；水功能区限制纳污制度要求各级人民政府把限制排污总量作为水污染防治和污染减排工作的重要依据。

《四川省饮用水水源保护管理条例》第五条规定，县级以上地方人民政府有关部门、乡（镇）人民政府以及江河、湖泊、水库的管理机构，按照各自职责，做好饮用水水源保护工作；第三十三条规定，饮用水水源保护区、准保护区所在地乡（镇）人民政府和相关企业事业单位应当制定污染事故应急方案，报当地生态环境及相关主管部门备案，并按要求进行应急演练。

《四川省水利工程管理条例》第一章规定，乡（镇）人民政府应当按照上级人民政府及其水行政主管部门的要求，做好区域内水利工程建设、管理、节约用水以及水生态保护等方面的工作。

由此可见，中央和省里对乡镇人民政府水资源管理要求较少，主要是指导性要求，其水资源管理制度需要市（州）、区县和乡镇各级政府共同完善。

2. 乡镇水资源管理的职责

通过与四川省多地水行政主管部门和乡镇水资源管理人员调研，并依据《中华人民共和国水法》《中华人民共和国水污染防治法》《关于全面推行河长制的意见》《四川省人民政府关于实行最严格水资源管理制度的实施意见》和地方“三定方案”等相关文件，乡镇水资源管理职责主要包括以下几个方面。

（1）落实河（湖）长制相关要求，负责水污染防治工作。

（2）负责乡镇、村级污水处理设施的监管工作，发现问题及时报相关部门。

（3）负责辖区内农业面源污染控制，减小对周边水质的影响。

（4）负责辖区内水资源管理和保护，编制相关工作管理方案。

（5）负责辖区内公共排水和再生水设施组织运营和维护。

（6）负责辖区内集中供水站日常管理（或监管）工作。

（7）负责辖区内计划用水、节约用水工作，组织开展节约用水宣传、教育。

（8）负责辖区内防汛抗旱工作，掌握灾情并及时做出预警预报，落实防汛抗旱应急预案。

（9）负责辖区内水土保持工作，监管人为造成水土流失活动，预防重

大水土流失事件发生。

3. 乡镇水资源管理的内容

根据四川省不同区域调查情况，结合乡镇水资源管理职责，乡镇水资源管理内容主要包括以下几个方面。

（1）执行最严格水资源管理制度。包括严格保障“三条红线”控制目标，成立最严格水资源管理工作领导小组，出台最严格水资源管理制度相关文件等。

（2）贯彻执行《中华人民共和国水污染防治法》等法律法规。严格执行《中华人民共和国水污染防治法》，以及各级出台的相关管理制度等。

（3）宣传水资源管理相关法律政策制度。按照相关要求开展水资源相关宣传活动，制作或设置宣传标语、标识、标牌等。

（4）落实水资源管理职责分工。本级水资源管理相关部门或村级职责分工明确，文件包含人员名单和责任岗位等。

（5）建立重大事件预警机制。针对防汛抗旱、饮水安全事故、突发水污染事故等制定相应应急预案或工作方案，规范储备抢险救灾物资，同时按规定实施事故演练等。

（6）应对突发事件处置情况。根据应急预案或相应工作方案妥善完成或配合完成事件处置工作，完成事后处理报告等。

（7）完成河长制工作。成立本级河长制办公室，成立河长制工作领导小组，出台本级关于全面推行河长制相关制度文件或者工作方案等，全面落实河长制工作。

（8）建设节水型社会。成立节水型社会建设领导小组，完成新增高效节水灌溉面积任务，引进节水型企业或督促企业进行节水型改造建设等。

（9）落实水资源资产管理工作。成立水资源资产管理相关工作领导小组，出台本级水资源资产管理相关制度文件或者工作方案等。

（10）统计辖区范围内各种水资源指标情况。涉及集中供水工程水质达标情况、河道水质达标情况、蓄水工程蓄水情况、城乡污水处理率、灌溉水有效利用系数、耕地实际灌溉亩均毛用水量、农业用水量、工业用水量、生活用水量、生态用水量、人均收入与用水总量比值变化等。

（11）开展水土保持工作。开展水土流失综合治理，保护水土保持设施，创建水土保持示范园地等。

（12）监督与配合执法。监管辖区内河道采砂，监管辖区内重点用水单位，监管开发建设项目水土保持措施落实及验收，完成本级河长巡河，配合上级部门执法及巡河等。

（13）工程项目招投标，项目执行及后期管护。新建或扩建工程项目符合招投标相关规定程序；按期完成上级业务主管部门下达的规划建设任务；项目资金管理使用合法合规；项目建成后管护到位。

（14）水资源相关资金征收管理上缴。负责辖区范围内水资源税（水费）、生产建设项目排污费（环境保护税）、生产建设项目水土保持补偿费等的征收，并按规定上报使用情况。

4. 乡镇水资源管理的人员结构

根据水资源管理内容，区县级涉及的行政主管部门主要包括水务和环保部门，各部门均有管理人员承担相应工作。四川省各区县均有水行政主管部门，如水利局、水务局、水利建设管理中心等。水质管理相关工作主要由各区县环保部门负责。而乡镇政府一般未设置水资源管理机构或专职管理人员。重要工作任务一般会成立相应工作领导小组，多由党政领导干部担任领导小组组长，小组其他成员为相关工作人员。重要水库、供水工程等一般设有单独管理站，配备相应管理人员，负责该工程日常运行、管理、维护等工作。

全省 183 个县（市、区）共分布有 4610 个乡镇，其中盆地丘陵区乡镇数量为 2055 个，绵阳市共有 292 个乡镇，乡镇数量仅次于南充市。因此本文选出绵阳市三个乡镇调查水资源管理工作和相关人员，其调查内容见表 6。

根据机关干部分工调整文件（即“三定方案”），这三个乡镇情况基本相同，在科级领导干部中，副镇长一：负责水利工程、人饮工程、武引工程、河长制、自来水厂等工作；副镇长二：负责环保等工作，各负责人同时承担其他数项任务。在各办公室干部职工中，党政办主任负责公共设施维护、宣传等工作；党政办、经发办工作人员协助经发办主任工作，负责武引工程、水利工程、防汛抗旱、河长制等工作；财政所业务所长、会计负责财政所业务工作，如财务核算、预算、决算等工作；经发办主任负责项目建设等工作；农业服务中心主任、林业站长负责用水户协会等工作。

据调查，三个乡镇实行最严格水资源管理制度工作领导小组组长由镇长担任，副组长由副镇长担任，成员由经发办主任、经发办工作人员、农业服务中心主任和各村村主任组成。

全面落实河长制工作领导小组组长由党委书记担任，副组长由镇长和纪委书记担任，成员由人大主席、党委副书记、副镇长、武装部部长、组织员、矛盾调解中心副主任、派出所所长、经发办主任、农业服务中心主任、社计办主任、村建办主任、财政所业务所长、环保办副主任、党政办工作人员、司法所工作人员组成。

防汛抗旱指挥部指挥长由党委书记和镇长担任，副指挥长由 3 个副镇长担任，成员由党政办主任、经发办主任、社会事务服务中心主任和各村书记或副书记组成。辖区内重要水库、石河堰、渠道防汛总负责人由党委书记或镇长担任，乡镇联系领导分别由镇长、副镇长、纪委书记、人大主席等担任；村级责任人为所在村书记或村主任。

表 6　绵阳市三个乡镇水资源管理情况调查

<table>
<tr><th colspan="2" rowspan="2">调查内容</th><th colspan="3">调查地</th></tr>
<tr><th>A 镇</th><th>B 乡</th><th>C 镇</th></tr>
<tr><td rowspan="3">最严格水资源管理制度执行情况</td><td>1. 严格保障“三条红线”控制目标(是/否)</td><td>是</td><td>是</td><td>是</td></tr>
<tr><td>2. 成立最严格水资源管理工作领导小组(是/否)</td><td>是</td><td>是</td><td>是</td></tr>
<tr><td>3. 出台最严格水资源管理制度相关文件(份)</td><td>1</td><td>0</td><td>1</td></tr>
<tr><td rowspan="3">河长制执行情况</td><td>1. 成立乡镇级河长制办公室(是/否)</td><td>是</td><td>是</td><td>是</td></tr>
<tr><td>2. 成立河长制工作领导小组(是/否)</td><td>是</td><td>是</td><td>是</td></tr>
<tr><td>3. 出台乡镇全面推行河长制相关制度文件或者工作方案等(份)</td><td>2</td><td>4</td><td>3</td></tr>
</table>

续表

调查内容		调查地		
		A 镇	B 乡	C 镇
《中华人民共和国水污染防治法》执行情况	严格执行《中华人民共和国水污染防治法》,出台乡镇管理相关文件(份)	1	1	1
其他法律法规政策执行情况	出台其他水资源管理等相关文件(与已有项不能重复,份)	0	1	1
水资源管理法律政策制度宣传情况	1. 按照相关要求开展水资源相关宣传活动(次)	4	1	1
	2. 制作或设置宣传标语、标识、标牌(类)	5	2	2
水资源管理职责分工	水资源相关管理职责分工明确(是/否)	是	是	是
水行政主管部门考核情况	根据上级相关部门考核情况是否达标(是/否)	不涉及	不涉及	不涉及
防汛抗旱应急处置方案及机构、人员、物资配备情况	1. 制定防汛抗旱工作方案或应急预案且措施操作可行(个)	5	3	1
	2. 抢险救灾物资储备规范,人员分工明确(是/否)	是	是	是
饮水安全事故应急处理预警机制	1. 制定饮水安全事故应急预案且措施操作可行(是/否)	否	是	是
	2. 年度内实施该类事故演练(是/否)	否	否	否
	3. 除自然不可抗原因外,年度是否有该类事故出现(是/否)	否	否	否
突发污染事故应急处置方案	1. 制定突发水污染事故应急预案且措施操作可行(个)	1	1	1
	2. 年度内实施该类事故演练(是/否)	否	否	否
	3. 除自然不可抗原因外,年度是否有该类事故出现(是/否)	否	否	否
应对突发事件处置情况	1. 配合完成处置工作得到上级部门好评(是/否)	不涉及	不涉及	不涉及
	2. 配合完成事后处理报告(是/否)	不涉及	不涉及	不涉及
	3. 隐瞒不及时上报、造成重大人员伤亡事故或者事态扩大等情况(是/否)	不涉及	不涉及	不涉及
"一河一策"管理保护落实情况	1. 根据"一河一策"管理保护方案,按期完成上级下达的任务(是/否)	是	是	是
	2. 配套落实"一河一策"管理保护相应经费,专款专用(是/否)	无	无	无

续表

调查内容		调查地		
		A 镇	B 乡	C 镇
节水型社会建设情况	1. 成立节水型社会建设领导小组(是/否)	否	是	是
	2. 完成新增高效节水灌溉面积任务至少1项(项)	0	1	0
	3. 引进节水型企业建设1例及以上(例)	0	0	0
	4. 完成其他节水型社会建设任务,超过上一年节水总量(是/否)	否	否	否
水资源资产管理工作落实情况	1. 成立水资源资产管理相关工作领导小组(是/否)	否	否	否
	2. 出台乡镇水资源资产管理相关制度文件或者工作方案等(份)	0	1	0
水土保持工作开展及完成情况	1. 新增水土流失综合治理项目(项)	1	0	0
	2. 新增水土保持示范园地(个)	0	0	0
	3. 新增水土保持监测设施(个)	0	0	0
	4. 不考虑突发自然灾害等造成的影响,水土流失面积是否降低(是/否)	是	否	否
防汛抗旱工作执行情况	1. 成立防汛抗旱工作领导小组(是/否)	是	是	是
	2. 抢险救灾任务完成(是/否)	不涉及	是	是
	3. 完成灾后清理整治工作(是/否)	不涉及	是	是
监督与配合执法情况	1. 完成日常监管和巡河(是/否)	是	是	是
	2. 监管辖区内河道采砂(是/否)	不涉及	不涉及	不涉及
	3. 监管辖区内重点用水单位(是/否)	不涉及	是	是
	4. 监管开发建设项目水土保持措施落实及验收(是/否)	不涉及	不涉及	不涉及
	5. 配合上级部门执法及河长巡河等(须有上级部门证明材料,正式监督监管文字记录等佐证材料,是/否)	是	是	是
工程项目招投标及执行进度情况	1. 新建生产建设项目招投标程序到位(是/否)	不涉及	不涉及	是
	2. 建设项目按期、保质完成(是/否)	是	不涉及	是
工程项目资金管理情况	建立工程项目建设台账、资金台账等(是/否)	不涉及	不涉及	是
工程项目后期管护	项目建成后管护到位(是/否)	不涉及	不涉及	是

续表

调查内容		调查地		
		A 镇	B 乡	C 镇
水资源相关资金征收管理上缴使用情况	1. 根据供水量申报,配合辖区范围内水资源税征收收缴率(%)	100	100	不涉及
	2. 配合辖区范围内排污费征收收缴率(%)	不涉及	不涉及	不涉及
	3. 配合辖区范围内水土保持补偿费等征收收缴率(%)	不涉及	不涉及	不涉及

注：不涉及是指没有该事项要求或者未发生该事项。

三个乡镇现有水库 17 座，其中小Ⅰ型水库 1 座，由专门管理站管理，基本设施和设备较完善；其他 16 座小Ⅱ型水库均由水库所在村管理，现场调查仅有水位观测资料（见表 7）。辖区内有山坪塘、提灌站、灌溉渠道等

表 7　绵阳市三个乡镇主要水利工程调查

乡镇	水库						其他水利工程			
	名称	总库容（万立方米）	年份	管理			山坪塘（个）	提灌站（个）	灌溉渠道（千米）	管理
				管理单位	人员（人）	备注				
A 镇	红旗水库	30.22	1976	镇政府	1	村主任	1050	35	240	除部分山坪塘由承包人自行管理外，其余工程由所在社管理，跨社工程由所在村管理，跨村工程由乡镇直接管理
	劳武水库	35.00	1954	镇政府	1	村主任				
	麻柳水库	34.90	1958	镇政府	1	村主任				
	批修水库	34.30	1971	镇政府	1	村主任				
	五星水库	29.10	1966	镇政府	1	村主任				
B 乡	龙江水库	145.00	1974	管理站	1	管理站	256	6	290	
	崇林水库	41.58	1971	乡政府	1	村主任				
	马鞍水库	22.36	1980	乡政府	1	村主任				
	先锋水库	44.80	1959	乡政府	1	村主任				
	园林水库	35.89	1978	乡政府	1	村主任				
C 镇	广济水库	98.45	1886	镇政府	1	村主任	185	18	75	
	红光水库	59.99	1974	镇政府	1	村主任				
	联合水库	30.23	1972	镇政府	1	村主任				
	人民水库	26.79	1978	镇政府	1	村主任				
	森柏水库	59.10	1979	镇政府	1	村主任				
	五八水库	72.57	1959	镇政府	1	村主任				
	跃进水库	75.98	1958	镇政府	1	村主任				

水利工程，按照“谁受益，谁管理”的原则，除部分山坪塘由承包人自行管理外，其余工程由所在社管理，跨社工程由所在村管理，跨村工程由乡镇直接管理。

三　四川省乡镇水资源管理存在问题

（一）水资源地区差异导致管理制度差异

水资源管理与水资源现状、水利工程建设等密切相关。从表1可见2018年全省人均水资源量3541立方米，其中，盆中平原区人均水资源量最低，为948.80立方米，西部高山高原区人均水资源量最高，为19830.57立方米。

西部高山高原区人均水资源量远大于省内平均水平，但该区域人口密度最低，水资源需求量较低，所以乡镇水资源管理制度并不完善，并且管理人员很少，这与社会经济条件和人口密度紧密相关。盆中平原区主要涉及成都市和德阳市，由于水资源需求量大，人均水资源短缺，乡镇水资源管理制度建立较为完善，管理人员较为充足。而盆地丘陵区、盆周山区人均水资源量分别为1636.13立方米、3285.91立方米，这两个区域人口密度大，特别是盆地丘陵区人口多达4200.16万，占全省总人口的50.36%，区域内水资源需求量也相对较高，但水资源管理制度和人员却供给不足，因此全省水资源管理制度应着重从盆地丘陵区开始向盆周山区和西部高山高原区逐步进行完善。

（二）乡镇水资源管理职责未明晰

根据现有水资源相关法律法规，国家和省级的各项工作职责要求极少划分到乡镇人民政府及领导干部，针对主体一般是县（市、区）以上政府。而地方政府出台的工作职责文件基本是沿用上级文件的要求，而在水利管理方面仅是要求负责水利（或水务）方面，未明确水资源管理具体职责；地方（县级）行业管理部门与乡镇基本属于同级管理部门，水资源行业要求也基本是转发上级部门文件，水资源管理的工作职责不清楚，最严格的水资源管理制度就难以完善，节水优先的工作思路就难以贯彻执行。

（三）乡镇管理人员任务重，水资源管理人员缺乏

由于乡镇工作的复杂性和专业管理人员的严重不足，乡镇工作人员多身兼数职，这就造成了一人需对接多个职能部门的情况。针对多样化的工作，相关工作人员可能很难做好每一项行业管理内容。

以绵阳市A镇为例，该镇一个副镇长负责农业经济、农业统计、农业产业化、农电、农机、农技、引水、水利水产、人饮、畜牧、林业、桑蚕、农能、劳务开发、移民、脱贫攻坚、集体经济，同时分管经发办、农业服务中心、河长制、畜牧兽医站、蚕茧站、自来水厂、木材加工厂、电管站、一事一议、财政奖补，还分管党风廉政建设。需要对接部门包括区农委、区水务局、区农业局、区林业和草原局、区统计局、区供销合作社联合社，平均每个部门每天对接一个事项一周就结束了，因此只有利用休息时间来完成工作。

未单独成立管理站的水资源相关工程大多由村、社直接管理，管理人员往往缺乏相关专业知识储备，管护能力普遍不足。

（四）乡镇水资源管理制度不健全

1. 水资源相关制度政策未完全落实

针对国家、省、市（州）出台的各类法律法规、规章制度、决策部署等，从本次调研的典型乡镇来看，在实行最严格水资源管理制度和建设节水型社会方面，可能存在未完全落实的情况以及水资源管理人员相关职责分工不明确等问题。

2. 重大事件预警机制不完善

乡镇存在未建立或未完善重大事件应急预警机制等情况，例如，供水安全事故应急处理预警机制尚未建立，应急预案或相关工作方案不符合当地实

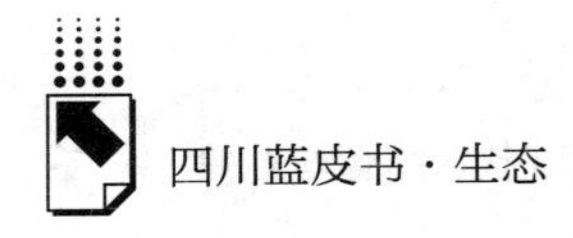

际情况，预警机制不健全、物资储备不规范，应对突发事件处置相关演练未达到要求等。

3. 水资源管理任务要求未完成

编制的“一河（湖/库）一策”管理保护方案不符合乡镇实际需求或对方案中的任务和责任执行落实不到位；乡镇未积极引进节水型企业或申报节水相关项目；乡镇未积极申报并落实水土流失治理和相关水土保持任务。

4. 水资源相关工程建设与管护不规范

由乡镇管理的水资源相关工程，存在的主要问题包括：①建成时间久，工程可能存在不同程度的老化或损毁，如水库大坝安全性降低或库底淤泥多、河堤被冲毁或不能满足现阶段防洪标准要求、渠道被冲毁或泥沙淤积等。②未制定相关工程管理制度，或制定的制度操作性不强。③已建工程缺乏维护资金，在建工程存在招投标程序不规范、资金使用管理不完善等现象。

5. 监督监管不力，未及时发现问题

乡镇机构和工作人员一般无执法权，目前主要为监督与配合上级部门执法，对于辖区内的集中供水站、污水处理站、小Ⅰ型水库等设有管理站的工程，乡镇主要职能为配合监管，在工作开展过程中主要存在监管不力、未及时发现问题上报等情况。

四　对策与建议

（一）完善水资源管理制度

1. 严格落实水资源相关制度政策

针对上级下发的各类水资源相关政策，乡镇要在综合考虑自身实际情况的前提下制定相应制度文件，制度文件需具有可操作性，相关职责分工明确、责任落实到位。如针对最严格水资源管理制度，需成立最严格水资源管理工作领导小组，同时出台合理的政策，以保障“三条红线”控制目标。

2. 推进河（湖、库、塘）长制、节水型社会、水土保持生态建设等工作任务完成

及时制定乡镇级河（湖、库、塘）长制工作方案等，以“问题清单”、“目标清单”和“责任清单”为导向，明确水资源保护、水域岸线管理、水污染防治、水环境治理、水生态修复等河湖管理保护工作，落实“任务清单”。

推进节水型社会建设，积极申报高效节水灌溉项目，大力推广先进成熟的节水灌溉技术，积极发展现代节水农业；与上级部门及供水管理部门合作，多途径、多方式宣传生活节水措施，逐渐改变辖区内居民生活用水观念与用水方式；积极引进节水型企业或督促企业进行节水改造建设。

加快水土保持生态环境建设，积极申报小流域综合治理、坡耕地治理等水土保持相关项目；监管辖区内生产建设项目，督促落实水土保持措施，及时发现并制止人为造成的水土流失等不良行为，提高水土资源综合利用能力和生态环境综合保护能力。

3. 完善重大事件预警及事件处置

乡镇应加强防汛抗旱、饮水安全、突发水污染等重大事件应急管理体系建设，制定可操作、符合当地实际情况的工作方案或应急预案，明确人员职责分工；规范物资储备；定期开展事故演练，增强突发事件应急处理能力；制定科学合理的灾后事件处置方案，建立管理规范、协调有序的联动机制；推进非工程措施等预警机制建立。

4. 规范工程建设，加强工程管护

积极申报各类水资源相关工程建设，项目严格按照上级要求，落实招投标程序，合法合规使用工程资金，确保项目按期保质保量完成。结合当地实际情况，制定各类工程管理制度，落实专人管护并对其进行相关专业知识培训，定期上报工程运行等情况，尽早申请资金进行维护，及时消除工程安全隐患，最大限度地发挥工程功能与效益。

5. 严格监管

严格按照各文件制度落实职责分工，针对辖区内河道采砂、重点用水单

位、开发建设项目水土保持措施落实、相关工程建设及管护等进行监管；积极配合上级部门调解水事纠纷，开展水资源相关案件执法；各级河长严格按照上级及本级河长制相关制度文件要求巡河，巡河次数不得少于预期，巡河过程中及时发现存在的问题并进行整改，本级不能解决的问题及时上报上级河长制办公室；积极配合上级部门监督执法及巡河；在监督与配合执法的过程中将发现的问题及时处理或上报。

（二）合理调配乡镇水资源管理人员结构

县（市、区）应全力支持乡镇水资源管理人员的工作，乡镇政府应积极引进水资源相关专业人才，整合当地专业的人力资源，专人专职负责当地水资源管理。委派管理人员积极参加不同机构组织的水资源相关培训会和新技术新产品推介会等，及时提升自身专业能力，掌握领域前沿技术，同时将培训内容向村社级水资源相关工程管理人员传达，帮助提升整个乡镇水资源管理人员业务能力。

考虑到现阶段实际情况，可学习率先实行的“河长制+”的形式，如“河长+警长”“互联网+河长”“河长+技术河长”。面对乡镇现有人员不足、专业技术能力较弱的制约，考虑与相关技术服务单位合作，聘请专业技术人员对辖区内水资源现状进行摸底，梳理存在的问题，提出整改建议，形成水资源管理的问题清单和任务清单。在措施整改落实的过程中再寻求专业技术人员进行指导，逐步落实并完善乡镇水资源管理制度。

（三）推行乡镇水资源资产管理审计制度

中共十八届三中全会通过的《中共中央关于全面深化改革若干重大问题的决定》提出，“对领导干部实行自然资源资产离任审计，建立生态环境损害责任终身追究制”；中华人民共和国审计署《2014年经济责任审计工作指导意见》（审经责发〔2014〕24号）也提出，要开展自然资源资产离任审计。作为一种特殊的责任审计，开展自然资源资产离任审计有利于科学管理、使用自然资源，促进生态文明建设和经济可持续发展。

在自然资源资产管理工作中，乡镇及其领导干部作为国家最基层的政权组织和管理人员具有基础性和决定性作用。通过开展乡镇水资源资产离任审计，追查领导干部水资源管理职责落实情况，对于摸清现阶段乡镇水资源及水资源管理工作有重要作用。

结合上级文件，可以从贯彻落实中央关于生态文明建设的重大决策部署情况、遵守水资源资产管理法律法规情况、水资源资产管理重大决策情况、水资源资产管理目标完成情况、履行水资源资产管理监督责任情况、水资源资产开发利用相关资金和项目管理情况六个方面开展乡镇领导干部水资源资产离任审计工作。

参考文献

杜威漩：《科学发展观下的水资源利用问题研究》，《水利发展研究》2007 年第2 期。

马志敏、李强、陈秀凤：《浅谈安阳县农村饮水安全巩固提升工程规划》，《河南水利与南水北调》2016 年第 7 期。

叶培英、周渝：《四川省水库工程数量及分布简介》，《四川水利》2013 年第 Z1 期。

孙振刚、张岚、段中德：《我国水库工程数量及分布》，《中国水利》2013 年第 7 期。

姚鹏举：《我国水资源利用现状分析》，《科技传播》2013 年第 15 期。

李雪菲：《四川省水资源分布及承载力评价研究》，硕士学位论文，西安交通大学，2012。

B.11
四川省乡镇领导自然资源资产离任审计问题与对策研究*

罗 艳 许 愿 李绪佳 何 孟 王 荣**

摘 要： 乡镇是我国最基层的党政机构，肩负着自然资源资产管理和生态环境保护重要职责，对其在自然资源资产管理和生态环境保护中的履职情况进行审计具有重要意义。本文以乡镇领导自然资源资产离任审计为研究对象，在梳理乡镇在自然资源资产管理方面的主要权责的基础上，探索乡镇自然资源资产离任审计的重点内容及评价标准，并将该指标体系在四川某乡镇领导干部离任审计中进行了实践检验。

关键词： 自然资源 离任审计 四川

对领导干部实行自然资源资产离任审计，既是生态文明制度体系的重要组成部分，也是建立健全系统完整的生态文明制度体系的重要内容，对于促进领导干部树立科学的发展观和正确的政绩观、推动生态文明建设具有重要

---

* 本文为四川省重点研发计划（2018SZ0278、2019YFS0048）、四川省软科学项目（2018ZR0048）、四川省应用基础项目（2018JY0533）阶段性研究成果。

** 罗艳，四川省自然资源科学研究院副研究员，主要研究方向为生态环境；许愿，四川省国土科学技术研究院（四川省卫星应用技术中心）工程师，主要研究方向为自然资源开发利用和所有者权益；李绪佳，四川省林业和草原调查规划院（四川省林业和草原生态环境监测中心）高级工程师，主要研究方向为森林资源调查监测和森林资源资产评估；何孟，四川省水利科学研究院水土保持与生态环境研究所副所长、副高级工程师，主要研究方向为水土保持、水资源工程等；王荣，绵阳市游仙区审计局党组书记、局长。

意义。[①] 近年来，国内许多学者围绕领导干部自然资源资产离任审计开展了大量研究，对自然资源资产离任审计的意义和特点、[②] 审计评价对象、[③] 审计评价框架构建、[④] 审计评价内容[⑤]等方面进行了探讨。大多数研究成果已在县区级以上或者相关职能部门良好运用，因为县区级以上或者相关职能部门的责任一般比较明确，通常能明确地列出权责清单。

乡镇是我国最基层的党政机构，承担了管理自然资源资产和保护生态环境的主要职责，对其在自然资源资产管理和生态环境保护中的履职情况进行审计，对于促进乡镇领导干部守法、守纪、守规、尽责，切实履行自然资源资产管理和生态环境保护责任，促进自然资源资产节约集约利用和生态环境安全，具有重要的推动作用。虽然我国现行法律对乡镇在自然资源资产管理和生态环境保护方面赋予了大量规定笼统、涵盖宽泛的责任，但赋予乡镇的权力却相当有限，很多乡镇难以明确地列出权责清单，存在职责边界不清、规则不明、权责不对称的现象。此外，开展对乡镇一级党政领导干部的审计，目前相关的案例成果相对较少，仅检索到翁俊涵对乡镇领导干部自然资源资产离任审计的含义和内容、与经济责任审计的关系以及工作的内容和重点等进行了探讨，[⑥] 顾奋玲和吴佳琪选取北京市某乡镇领导干部为审计对象，开展了土地资源资产离任审计的重点内容、责任界定及评价标准等方面

① 《加强审计监督　推进生态文明建设——审计署副审计长陈主肇解读〈开展领导干部自然资源资产离任审计试点方案〉》，新华社，2015 年 11 月 9 日。

② 蔡春、毕铭悦：《关于自然资源资产离任审计的理论思考》，《审计研究》2014 年第 5 期，第 3 ~ 9 页。

③ 安徽省审计厅课题组：《对自然资源资产离任审计的几点认识》，《审计研究》2014 年第 6 期，第 3 ~ 9 页。

④ 张宏亮、刘长翠、曹丽娟：《地方领导人自然资源资产离任审计探讨——框架构建及案例运用》，《审计研究》2015 年第 2 期，第 14 ~ 20 页。

⑤ 徐泓、曲婧：《自然资源绩效审计的目标、内容和评价指标体系初探》，《审计研究》2012 年第 2 期，第 16 ~ 21 页；黄溶冰：《基于 PSR 模型的自然资源资产离任审计研究》，《会计研究》2016 年第 7 期，第 91 ~ 97 页。

⑥ 翁俊涵：《乡镇领导干部自然资源资产离任审计研究》，《中国经贸》2017 年第 7 期，第 191 ~ 192 页。

的理论探索和审计实践。[①] 鉴于此，本文以乡镇领导自然资源资产离任审计为研究对象，在梳理乡镇在自然资源资产管理和生态环境保护方面的主要职责的基础上，探索乡镇领导自然资源资产离任审计的重点内容及评价标准，并通过在四川某乡镇领导干部中开展离任审计实践，检验本研究构建的指标体系在乡镇领导自然资源资产离任审计工作中的适用性，以期为开展乡镇领导自然资源资产离任审计工作提供参考。

一　乡镇领导自然资源资产离任审计主要问题分析

（一）乡镇领导自然资源资产管理主要权责梳理

根据自然资源分专业门类管理的现状，结合乡镇实际开展的相关工作，以相关法律、法规和规章制度为基础，本文从土地、森林、水资源资产管理和生态环境保护着手，梳理了乡镇在自然资源资产管理方面的主要职责。

在土地资源资产管理方面，根据调研、座谈，特别是与自然资源局、乡镇国土所等的对接，依据《中华人民共和国土地管理法》《中华人民共和国土地管理法实施条例》《四川省〈中华人民共和国土地管理法〉实施办法》《基本农田保护条例》《土地利用总体规划管理办法》《国务院关于深化改革严格土地管理的决定》等法律法规和规章制度，乡镇的主要责任包括：①（配合）编制和实施乡镇土地利用总体规划；②负责耕地和基本农田保护工作，制定工作措施，落实责任，组织实施土地整理（政府主要负责人对耕地保有量和基本农田保护面积负责）；③制止违法用地行为，协助组织查处违法用地行为；④负责调处涉及个人的土地所有权和使用权争议；⑤负责宅基地和农村公共设施、公益设施用地审核；⑥负责实施征地拆迁补偿安置工作，并对安置补偿费的使用进行监督。

① 顾奋玲、吴佳琪：《乡镇领导干部土地资源资产离任审计探索与实践——以北京某乡镇领导干部离任审计为例》，《审计研究》2017 年第 6 期，第 28 ~ 35 页。

森林资源资产管理方面，依据《中华人民共和国森林法》《中华人民共和国森林法实施条例》《森林防火条例》《森林病虫害防治条例》《森林资源监督工作管理办法》等相关法律法规，结合乡镇的实际工作内容，乡镇的主要职责包括：①组织、指导和监督辖区内植树造林、封山育林、营林、中幼林抚育等生态林的建设、保护和管理工作；②负责政策宣传工作；③负责审核发放采伐许可证，并对林地、林木进行监管，发现违法违规使用林地情况及时向相关部门汇报；④组织、协调和指导辖区内森林防火、有害生物防治、野生动植物保护等工作；⑤负责协助侦查辖区内破坏森林资源案件、协助办理破坏森林资源行政案件及重大和疑难涉林案件，负责协助森林火灾案件的查处工作；⑥协助林业主管部门对辖区内林木资源的清查、统计和动态监测工作。

水资源资产管理方面，通过与水行政主管部门调研，结合乡镇在水资源资产管理中开展的具体工作，并根据《中华人民共和国水法》《中华人民共和国水污染防治法》《四川省人民政府关于实行最严格水资源管理制度的实施意见》等相关法律法规，乡镇的主要职责包括：①落实“河（湖）长制”相关要求，负责水污染防治工作；②负责乡镇、村级污水处理设施的监管工作，发现问题及时上报相关部门；③负责辖区内农业面源污染控制，减小对周边水质造成影响；④负责辖区内水资源管理和保护，编制相关工作管理方案；⑤负责辖区内公共排水和再生水设施组织运营和维护；⑥负责辖区内集中供水站日常管理（或监管）工作；⑦负责辖区内计划用水、节约用水工作，组织开展节约用水宣传、教育；⑧负责辖区内防汛抗旱工作，掌握灾情并及时做出预警预报，落实防汛抗旱应急预案；⑨负责辖区内水土保持工作，监管人为造成的水土流失活动，预防重大水土流失事件发生。

生态环境保护方面，依据《中华人民共和国环境保护法》《四川省环境保护条例》《四川省饮用水水源保护管理条例》《四川省党政领导干部生态环境损害责任追究实施细则（试行）》等相关法律法规，乡镇的主要职责包括：①对辖区内的环境质量和环境安全负责，严格遵照国家生态环境保护的法律法规以及中央和省、市、县（区）关于生态文明建设的决策部署，采取有效措施提升和保障区域内环境质量和环境安全；②负责辖区内环境保护法律法规政策宣传，督促指导辖区内企事业单位和个体工商户落实环境保护的法律法规及政策措施；③负责辖区内环境保护隐患排查和治理，实施网格化管理，发现环境违法问题及时制止，并向上级党委、政府和有关部门报告，配合有关部门查处环境违法行为；④组织辖区内各单位和村（居）民开展城乡环境综合治理，负责辖区内秸秆禁烧、畜禽养殖等面源污染防治和集中式饮用水水源地保护，指导农村农药、化肥施用；⑤会同有关部门调解辖区内环境污染和生态破坏纠纷，协助处理突发环境事件；⑥负责监督辖区内企事业单位环境污染防治，组织实施社区、集中安置区污水处理以及农村垃圾收集和转运。

（二）乡镇领导自然资源资产离任审计主要问题分析

总体上，我国现行法律对乡镇自然资源资产管理方面赋予了包括组织实施境内自然资源的保护工作、制订境内自然资源发展规划、开展境内自然资源资产管理风险预防和应对工作、推动自然资源资产管理相关技术提升、开展自然资源资产管理和生态环境保护宣传教育、对境内自然资源和生态环境方面出现的问题直接负责、激励民众投入自然资源资产管理和生态环境保护工作等诸多责任。但实际上，相关的法律法规赋予乡镇的权力相当有限，主要包括领导、组织、协调、督促、监督检查的权力，以及部分资源的审核权力。权责的不一致导致对乡镇领导开展自然资源资产离任审计时不能照搬区县级以上领导离任审计的成果，而应充分考虑乡镇的这一特点，构建适宜的乡镇领导自然资源资产离任审计评价指标体系。总体上，开展乡镇领导自然资源资产离任审计主要面临以下四个方面的问题。

首先，缺乏一套权威、完整的乡镇领导自然资源资产管理和生态环境保护权责清单。一方面，相关法律法规、规章制度对于自然资源资产管理和生态环境保护乡镇级别领导干部的权责规定过于笼统，多数的描述仅为“应当”或者“负责”做好生态环境保护或自然资源资产管理工作，具体应该如何做好却缺乏明确规定；另一方面，乡镇在履行自然资源资产管理和生态环境保护的职责时多数通过协助县级职能部门实现，导致在实际审计时难以进行判断追责。总之，目前这种缺少权责清单的状况对于开展审计追责是个难题，可能导致审计过程中即使发现问题，在具体追责时，却难以找到明确的责任出处以及具体的责任人。

其次，由于没有良好的档案管理制度，且存在人事变动频繁等情况，与乡镇自然资源资产管理和生态环境保护相关的文件资料往往不完整。而对于凡事讲求证据的审计工作而言，缺少相关的文件资料来佐证会极大地增加审计工作的难度，甚至有可能导致审计工作无法顺利开展。

再次，当前从事审计的人员知识结构相对比较单一，主要偏重于审计和财务方面的相关知识。而与自然资源资产管理和生态环境保护相关的内容涉及农学、林学、环境科学、生态学、资源科学等多个领域的知识。要顺利地开展自然资源资产离任审计，审计人员不仅要熟悉自然资源资产管理和生态环境保护的相关法律、法规和政策，在审计过程中还必须能够熟练运用各种自然资源和生态环境现状评价的相关工具（如数据库技术、地理信息系统等）。这对于专业审计人员而言难度较大。虽然可以通过专业团队协助来达成这一目的，但是专业团队对于审计通常不太熟悉，导致在实际的审计过程中，可能存在发现问题难、发现的问题不够典型等现象。

最后，与自然资源和生态环境相关的基础数据难以收集。目前，环境质量数据难以细化到乡镇一级。此外，自然资源资产数据统计程序复杂，技术难度大，造成数据采集频率不够，数据链出现断层，难以满足审计需要。① 总之，目前自然资源和生态环境本底数据状况总体上无法满足乡镇领导自然资源资产离任审计的要求。

二　四川省乡镇领导自然资源资产离任审计的实现

（一）乡镇领导自然资源资产离任审计指标体系构建

基于上述分析，本文认为，在乡镇领导自然资源资产离任审计中，应当

① 蔡华浩：《开展乡镇领导干部自然资源资产离任审计的困难及解决思路》，《现代审计与经济》2019 年第 2 期，第 31 ~ 33 页。

以被审计领导干部任职期间所在辖区内自然资源资产实物量及生态环境质量状况变化为基础，以其履行自然资源资产管理和生态环境保护责任情况为主线，重点关注土地、水、森林资源资产管理和生态环境保护职责履行情况，主要审计领导干部贯彻执行生态文明建设方针政策和决策部署情况、遵守自然资源资产管理和生态环境保护法律法规及重大决策情况、完成自然资源资产管理和生态环境保护目标情况、履行自然资源资产管理和生态环境保护监督责任情况、组织自然资源资产和生态环境保护相关资金使用和项目建设运行情况，以及履行其他相关责任情况。基于上述考虑，本研究按照重点审计方面、主要审计内容以及审计评价指标3个层次分别构建了土地资源、森林资源、水资源和生态环境保护离任审计评价指标体系（以下简称“指标体系”，见表1至表4）。

表1 土地资源资产离任审计评价指标体系

重点审计方面	主要审计内容	序号	审计评价指标
贯彻执行生态文明建设方针政策和决策部署	制度建立情况	1	责任、分工是否明确
遵守土地资源资产管理法律法规及重大决策	土地资源管理保护落实情况	2	是否对土地资源实施严格管理、保护、开发，是否制止非法占用土地，特别是以流转土地名义非法占用土地的行为
	重大事件预警机制建立情况	3	重大事件预警机制建立情况
	重大事件处置处理情况	4	地质灾害隐患点排查及建档情况
		5	重大事件处置情况
	规划编制、实施、调整情况	6	是否使用最新的乡镇土地利用总体规划
		7	是否在其职责范围内公开并宣传乡镇土地利用总体规划相关内容
		8	项目用地、征地范围是否符合土地利用总体规划
完成土地资源资产管理目标	耕地保有量目标完成情况	9	是否存在耕地实际保有量低于上级政府下达的耕地保有量年度考核指标（或耕地保有量低于乡镇土地利用总体规划控制指标）

续表

重点审计方面	主要审计内容	序号	审计评价指标
完成土地资源资产管理目标	永久基本农田管护情况	10	是否与县级人民政府签订了基本农田保护责任书
		11	是否与农村集体经济组织或者村民委员会签订了基本农田保护责任书
		12	是否存在擅自占用、破坏、改变永久基本农田情况
	建设用地规模指标控制情况	13	乡镇级规划各项控制指标是否符合上级部门下达情况
履行土地资源资产管理监督责任	土地流转管理情况	14	是否存在未按规定流转土地，或以土地流转名义搞非农化建设、土地流转后长期闲置撂荒等问题
履行土地资源资产管理监督责任	相关权力运行情况	15	是否积极配合开展土地执法
		16	是否及时上报违规开采矿产资源等行为
		17	是否按照法律法规程序处理好老百姓权属纠纷问题、土地上访问题
		18	是否按规定审核村民宅基地等用地
组织土地资源资产相关资金使用和项目建设运行	项目资金使用情况	19	土地整理、地质灾害治理等相关土地项目资金使用情况
	安置补助费使用情况	20	征地拆迁补偿安置补助费发放情况
	相关项目建设运行情况	21	是否按要求组织实施土地整理、增减挂钩等相关项目

资料来源：四川省自然资源资产管理研究课题组编制。

根据实际审计情况对各项指标进行赋分，综合评价结果分为好、较好、一般、较差和差 5 个等次，总分为 100 分，其中，85 分（含）以上为“好”，75 分（含）以上 85 分以下为“较好”，60 分（含）以上 75 分以下为“一般”，50 分（含）以上 60 分以下为“较差”，50 分以下为“差”。由于不同乡镇可能工作侧重点不同，对不涉及的指标不予赋分，将其他项总分进行系数调整，折合为 100 分进行计算；对指标中不涉及子项的情况依此类推。

表 2　森林资源资产离任审计评价指标体系

重点审计方面	主要审计内容	序号	审计评价指标
法律法规及政策执行情况	森林防火预案	1	森林防火应急预案
	有害生物防治预案	2	有害生物防治预案
目标和约束性指标完成情况	林地指标	3	林地保有量
	林木指标	4	森林覆盖率
		5	森林蓄积量
监督责任的履行	林业宣传	6	宣传
	日常巡查监管情况	7	日常巡查
	林地保护情况	8	林地征占监管情况
	名木古树监管情况	9	名木古树存活状况
	林木采伐监管情况	10	林木采伐监管情况
	森林防火处置情况	11	森林火灾上报及配合上级处置情况
	有害生物防治	12	有害生物灾情疫情上报及配合上级处置情况
	野生动植物保护	13	发现野生动植物违法情况上报及配合上级处置情况
	退耕还林工程监管情况	14	退耕还林实施情况
		15	退耕还林复耕情况
	天然林保护工程监管情况	16	天然林工程管护情况
		17	封山育林情况
相关资金征管用和项目建设运行情况	退耕还林工程、天然林保护工程资金监管情况	18	退耕还林补助资金发放情况
		19	公益林生态效益生态补偿资金发放情况

资料来源：四川省自然资源资产管理研究课题组编制。

表 3　水资源资产离任审计评价指标体系

重点审计方面	主要审计内容	序号	审计评价指标
贯彻执行生态文明建设方针政策和决策部署	贯彻落实生态文明建设执行情况	1	最严格水资源管理制度执行情况
遵守水资源资产管理法律法规及重大决策	政策和制度制定执行情况	2	《水污染防治法》等法律法规贯彻执行情况
		3	水资源管理法律政策制度宣传情况
		4	水资源管理职责分工

续表

重点审计方面	主要审计内容	序号	审计评价指标
遵守水资源资产管理法律法规及重大决策	重大事件预警机制建立情况	5	防汛抗旱应急处置方案及机构、人员、物资配备情况
		6	饮水安全事故应急处理预警机制
		7	突发污染事故应急处置方案
	重大事件处置处理情况	8	应对突发事件处置情况
完成水资源资产管理目标	目标完成情况	9	河长制工作完成情况
		10	节水型社会建设情况
		11	水资源资产管理工作落实情况
	定量、定性指标(含约束性指标)完成情况	12	审计期内水资源相关指标:1. 蓄水工程蓄水量、水域面积,塘、库、堰库容变化情况;2. 水功能区水质达标率、重点湖库水质达标率、饮用水水源地水质达标率、出入境断面水质达标率;3. 城乡污水收集率、污水处理率;4. 水资源可利用量、地表水可利用量、地下水可利用量;5. 灌溉水有效利用系数、耕地实际灌溉亩均毛用水量;6. 农业用水量、工业用水量、生活用水量、生态用水量(河道外);7. 区域水资源差异化平衡指标
		13	水土保持工作开展及完成情况
履行水资源资产管理监督责任	监督与配合执法情况	14	监督与配合执法情况
组织水资源资产相关资金使用和项目建设运行	工程项目执行情况	15	工程项目招投标及执行进度情况
		16	工程项目资金管理情况
		17	工程项目后期管护情况
	水资源相关资金使用情况	18	水资源相关资金征收管理上缴使用情况

资料来源：四川省自然资源资产管理研究课题组编制。

表 4　生态环境保护离任审计评价指标体系

重点审计方面	主要审计内容	序号	审计评价指标
法律法规及政策执行情况	政策和制度制定执行情况	1	法律法规和政策执行总体情况
		2	环保政策宣传情况
	履行生态环境保护监督责任情况	3	监督检查和配合执法情况

续表

重点审计方面	主要审计内容	序号	审计评价指标
目标和约束性指标完成情况	目标和约束性指标完成情况	4	秸秆(垃圾)禁烧和秸秆综合利用
		5	土壤污染防治
		6	集中式饮用水水源地保护
		7	畜禽养殖污染治理
		8	生活垃圾无害化治理
		9	污水处理情况
		10	指导农药、化肥使用情况
相关资金征管用和项目建设运行情况	环保资金安排使用情况	11	环保专项资金使用情况
	环保项目建设运行情况	12	项目建设、运营情况
		13	环境影响评价执行情况
重大事件预警及处置情况	预警机制建立运行情况	14	环境污染公共监测预警体系
	环境风险隐患处置情况	15	突发环境事件、环境信访处置情况

资料来源：四川省自然资源资产管理研究课题组编制。

（二）乡镇领导自然资源资产离任审计实施步骤

1. 组成审计组与开展业务培训

（1）确定审计组组长。确定被审计对象后，审计机关组成5～9人的审计组，审计组由审计组组长和其他成员组成，实行组长负责制。审计组组长由审计机关确定，一般应当由审计机关的副职领导或者同职级领导担任，具体履行现场审计的管理职责。

（2）配置审计组成员。审计组成员由审计机关按照审计目标要求统筹配置，合理配备财政、投资、资源环境等专业审计人员，必要时可以邀请相关职能部门和科研单位专业技术人员。

（3）确定一名主审。主审根据审计组组长的委托和审计分工，履行起草审计文书和信息、对主要审计事项进行审计查证、协助组织实施现场审计、督促审计组成员工作等职责。

（4）开展业务培训。根据审计组成员对自然资源资产离任（任中）审计工作的熟悉程度，必要时可开展2～3个工作日集中培训，主要内容包括但不限于：自然资源资产离任（任中）审计的基本概念、工作流程、重点内容、工作方式，以及指标体系的详细内容和运用方法等。

2. 审前调查

具体审计实施前，审计机关应做必要的调查，主要包括：被审计领导干部所在乡镇的主体功能区定位、主要自然资源禀赋和特征、自然资源资产管理和生态环境保护工作重点等。调查方法：通过走访相关职能部门或与乡镇领导座谈，了解被审计领导任职乡镇基本情况及资源禀赋、主体功能区定位；与乡镇领导对接指标体系，了解自然资源资产管理和生态环境保护的工作重点，以及指标体系中不涉及的事项。审前调查时可向被审计单位提供审计评价指标表和涉及的资料清单，必要时向审计对象或相关工作人员解释相关事项，并预留2～3个工作日由被审计单位按照资料清单要求查找和准备相关资料，资料应按相应的顺序进行分类、编号，以便于审计取证。

3. 制发审计通知书

审计机关在实施领导干部自然资源资产离任（任中）审计3日前，向被审计领导干部本人及其所任职乡镇党委（党工委）、政府（管委会）送达审计通知书，同时抄送干部监督管理部门。遇有特殊情况，经本级人民政府批准，审计机关可以直接持审计通知书实施审计。

4. 召开审计进点会

（1）审计进点会参加人员：审计组组长、主审及成员，被审计领导干部，被审计领导干部所任职乡镇党委、政府有关领导班子成员及人大、政协主要负责人，被审计领导干部所任职乡镇党政办、财政所、环保办、国土资源所、林业站、农经中心等相关工作部门主要负责同志，村（社区）三职干部，以及审计组确定的其他参加人员。

（2）审计进点会的主要程序：审计组组长宣读审计通知书（说明审计依据、审计目标、审计范围、审计内容、相关要求、时间安排、工作要求）；被审计领导干部做任职期间履行自然资源资产管理和生态环境保护责任情况的述职报告；发放测评表。在进点会后，审计组应当采取适当方式进行审计公示。

5. 现场审计及取证

（1）制定审计实施方案：审计组根据审计前调查和审计工作方案确定的范围、内容，重点制定审计实施方案，主要内容为审计目标、审计范围、审计内容和重点、审计方式方法、审计分工和时间安排、审计工作要求等。

（2）现场审计主要方式方法：一是调阅资料开展分析，按照指标体系和审前调查情况，逐项收集相关资料，对照相关工作了解掌握责任落实情况，并制作相应的取证单。二是对比分析查找疑点，对涉及自然资源资产数量（实物量）、环境质量状况等数值变化的情况，可运用地理信息等先进技术进行对比分析查找疑点。三是重点抽查，现场核实，对审计期内的重点工作、重大项目、重要民生工程，如规模养殖场环保措施落实、饮用水源保护地保护措施、污水处理厂（站）运行情况等，进行抽查和现场核实，可以对管护人、业主、周边居民等进行走访询问，同时制作取证单。

（3）审计取证：对应指标体系，对于涉及的子项，每个指标填写一张取证单，每项现场核查也应当填写一张取证单。在审计取证的同时，对应指标体系发现乡镇在自然资源资产管理和生态环境保护方面好的做法，并对比查找存在的问题，进而形成工作底稿。

6. 审计评价与审计意见

（1）审计评价：根据审计取证，对照审计评价指标体系逐项进行评价。

（2）审计意见：第一步，起草审计意见初稿，由审计组成员讨论形成审计意见，主要内容为审计依据与实时审计情况、被审计领导干部任职情况及其所在乡镇自然资源和生态环保基本情况、审计评价、发现的主要问题和责任界定、审计建议等。其中，发现的主要问题依据评分中被扣分项进行筛选，经审计组讨论列入审计意见。对于特定问题，对照指标体系中“责任依据”开展责任界定。第二步，审计意见的定稿和签发，审计组起草审计报告（征求意见稿）后，以审计机关名义征求被审计领导干部及其所任职乡镇党委、政府的意见，要求10个工作日内形成书面反馈意见。审计组对反馈意见进行核实研究，并起草审计意见（代拟稿）；履行审计意见及相关材料的报送复核和审理程序。将审理后的审计意见提交审理委员会审定，将审定的审计报告报送审计机关负责人签发。

（三）案例分析

1. 审计概述

四川省 M 市 Y 区审计局以生态文明建设目标为导向、以责任评价为手段，对中共 M 市 Y 区 C 乡委员会（以下简称 C 乡党委）和 C 乡人民政府（以下简称 C 乡政府）2018 年度自然资源资产和生态环境保护工作情况进行了就地审计。此次审计的主要目标是，以 C 乡党委和 C 乡政府在 2018 年对土地、森林、水资源资产管理以及生态环境保护监管情况为主攻方向，以自然资源资产管理和生态环境保护政策贯彻落实为主线，在关注涉及自然资源和生态环境资金收支的真实性、合法性和绩效性的基础上，重点审查、评价该领导干部对土地、森林和水资源以及生态环境的管理、利用、保护等职责的履行情况，以强化对领导干部自然资源资产管理和生态环境保护责任履责的考核评价，以促进自然资源可持续化利用，保护好当地的生态环境。

2. 重点审计内容、实施程序及其评价

（1）在土地资源资产管理方面，总体表现良好，具体情况如下。一是法律法规及政策执行方面。C 乡制定了领导分工文件，建立了相关管理制度，明确了土地资源资产管理权力运行方面的分管领导，并绘制了土地利用总体规划图。二是权力运行方面。C 乡无违规开采矿产资源情况，无上级交办的信访件，及时处理砖厂占地案件和 J 村土地流转案件等本级上访事件两起。三是目标和约束指标完成方面。C 乡分别与 Y 区人民政府、村民委员会签订了农田保护工作责任书，按要求完成了上级部门下达的土地利用规划控制指标、永久基本农田保护面积考核指标，乡镇级规划各项控制指标均符合上级部门要求。四是重大事件预警及处置方面。C 乡制定了《2018 年地质灾害防治预警预案》。根据收集到的资料，C 乡未涉及土地整理、地灾治理、征地拆迁补偿安置补助费等方面的内容，所以本次审计对其不予考虑。发现的主要问题是对土地利用总体规划的宣传覆盖率未达到30%。

（2）森林资源资产管理方面表现较好，主要体现在以下三个方面。一是法律法规及政策执行方面。C乡认真贯彻落实了《M市Y区森林火灾应急预案》，明确了分管领导、林业有害生物村级护林员监测人员，组建了各村森林防火义务防火队，制定了森林防火处置预案、森林防火值班安排表，做好了森林防火工作计划，签订了天然林资源管理、森林防火、病虫防治、野生动物疫源疫病监测目标管理责任书以及天然林资源保护工程目标责任书，加强了森林防火宣传，建立了森林防火物质储备台账。二是目标和约束性指标完成方面。C乡2018年度全面完成了林地保有量、森林面积和覆盖率、森林蓄积量任务，实际采伐未超限额，无林地征占情况及毁林开荒事件发生。建立了2018年林业有害生物灾情疫情处置处罚台账、林业有害生物调查汇总台账。2018年内未发生收购、贩卖野生动物情况，未发生森林火灾。三是相关资金征管用和项目建设运行情况。根据提供的资料，未发现C乡存在挤占、挪用项目资金和虚报、重复申报骗取补助资金的情况。

（3）水资源资产管理方面，总体表现良好。一是贯彻落实中央关于生态文明建设和重大决策部署方面。C乡落实了乡、村、社三级河（湖）长制，建立了河湖巡查制度、河长制工作信息报送制度、河长制工作考核问责激励制度、河长制工作督查制度。二是遵守自然资源资产管理法律法规方面。C乡开展了2018年春节科技赶场、安全宣传周活动。根据实际情况，及时调整了乡抗旱防汛应急指挥部成员，落实了2018年水库、电站防汛责任人。三是自然资源重大决策方面。C乡制定了防洪度汛应急预案、山洪地质灾害防御预案，储备了防汛物资，明确了人员分工，建立了防汛抗旱值班制度，2018年度未出现重大事件。四是自然资源资产目标完成方面。C乡2018年度未发生水土流失事件，能及时有效处置相关事项。不足之处在于未实施饮用水安全事故应急处理演练、突发水污染事故应急处置类事故演练，并存在资金收入未及时上交的问题。

（4）生态环境保护方面，主要考虑以下三个方面。一是法律法规及政策执行方面。C 乡制定了《关于扎实做好 2018 年禁烧和秸秆综合利用工作的通知》，明确了相关工作的分管领导和具体工作人员，并根据实际情况及时进行了人员分工调整，实时加强了生态环境保护工作安排部署和督查督办。二是目标和约束指标完成方面。C 乡与各村民委员会签订了秸秆禁烧目标责任书、城乡环境综合治理工作目标责任书，建立了秸秆禁烧巡值班记录及秸秆禁烧督查台账，实现了“不烧一处火、不冒一缕烟”的工作目标，开展了“散乱污”企业专项整治，加大了安全生产检查力度，强化了畜禽养殖等问题的整改，实施了非正规垃圾填埋场无害化处理，配备了村级保洁员，购置了塑料垃圾桶，做到了垃圾定期收集处理。促进了农村农业面源污染防治。三是重大事件预警及处置方面。C 乡制定了饮用水水源地污染事故应急预案和环境污染公共监测预警办法，2018 年未发生突发环境事件。发现的主要问题是涉及乡镇的工程项目未进行环评。

总体上，C 乡党委、C 乡政府主要领导切实履行了属地主体责任，C 乡严格规范自然资源资产管理，加强生态环境保护，健全督查考核机制，积极完成了上级下达的自然资源资产管理和生态环境保护的相关目标任务。

3. 审计评价结果

为了准确评价 C 乡党委和 C 乡政府领导在自然资源资产管理和生态环境保护方面的责任履行情况，审计组成员加强了与自然资源局、环保局、农业局等相关职能部门的合作，通过邀请专家参与，搜集、查阅、整理相关资料后，根据指标体系进行打分评价。最终确定了 C 乡党委和 C 乡政府领导干部评价结果。根据审计情况分类对土地资源、森林资源、水资源以及生态环境监管情况进行打分，并确定最终得分为 83.6 分，评价结果为“较好”。该审计结果反映了 C 乡领导干部在 2018 年认真贯彻中央、省、市、区关于生态文明建设决策部署，落实自然资源资产管理和生态环境保护“党政同责”和“一岗双责”工作责任，积极采取多种举措并取得了一定成效。总体上，C 乡党委、C 乡政府在涉及自然资源资产、生态环境保护的工作方面均由主要领导亲自部署，上级反馈的环境治理等方面问题均由主要领导亲自督办，将自然资源资产管理和生态环境保护纳入了全乡年度综合考核，积极完成了上级下达的耕地保有量、永久基本农田保护、城乡环境综合治理等目标任务。但是，由于乡镇档案管理不完善，还存在2018年度固体废弃物污染防治相关隐患排查记录缺失的情况。此外，在宣传、应急演练等方面也存在不足。

三　结语

领导干部自然资源资产离任审计的常态化是总体的发展趋势，乡镇作为最基层的党政机构，对其领导干部在自然资源资产管理和生态环境保护方面的履职情况进行审计是大势所趋。然而，由于相关法律法规、政策和制度对乡镇一级领导干部在自然资源资产管理和生态环境保护中的权责规定较笼统、乡镇相关基础数据不完善、乡镇档案管理制度建设不完备等情况，加之相关理论研究和实践探索也均未形成权威的、被广泛接受的理论框架、研究方法、评价指标等，本研究在梳理乡镇在自然资源资产管理和生态环境保护方面的主要职责的前提下，对开展乡镇领导离任审计存在的主要问题进行阐述，并在对乡镇领导自然资源资产离任审计的重点内容及评价标准进行探索的基础上构建起一套涵盖土地资源、森林资源、水资源和生态环境保护的指标体系，并将指标体系应用于四川某乡镇领导干部离任审计实践检验。本研究成果可以为开展乡镇领导自然资源资产离任审计工作提供参考。然而，由于受主体功能区定位、自然资源资产禀赋特点、资源环境承载能力等方面影响，不同区域在自然资源资产离任审计中的侧重点会有所不同，在不同指标的权重设定、具体指标的取舍方面需要具体问题具体分析，才能增强本指标体系的适用范围。此外，由于自然资源和生态环境始终处于一个动态过程中，而外界影响会存在潜在性、综合性和滞后性，审计工作不可能对历史、现在和今后的自然资源资产管理和生态环境保护履责情况进行全面评价，且不可避免地存在一定的主观性，在实际操作中该如何尽量减小这些因素的影响是今后需要研究的问题。

参考文献

安徽省审计厅课题组:《对自然资源资产离任审计的几点认识》,《审计研究》2014年第6期。

蔡春、毕铭悦:《关于自然资源资产离任审计的理论思考》,《审计研究》2014年第5期。

蔡华浩:《开展乡镇领导干部自然资源资产离任审计的困难及解决思路》,《现代审计与经济》2019年第2期。

顾奋玲、吴佳琪:《乡镇领导干部土地资源资产离任审计探索与实践——以北京某乡镇领导干部离任审计为例》,《审计研究》2017年第6期。

黄溶冰:《基于PSR模型的自然资源资产离任审计研究》,《会计研究》2016第7期。

翁俊涵:《乡镇领导干部自然资源资产离任审计研究》,《中国经贸》2017年第7期。

徐泓、曲婧:《自然资源绩效审计的目标、内容和评价指标体系初探》,《审计研究》2012年第2期。

张宏亮、刘长翠、曹丽娟:《地方领导人自然资源资产离任审计探讨——框架构建及案例运用》,《审计研究》2015年第2期。

B.12
成都市外来入侵植物类型分析及风险评估*

苟小林　涂卫国　樊　华　李　玲**

摘　要：　我国受到外来入侵植物严重困扰，但是针对我国内陆大型城市生态系统外来入侵植物的调查和风险评估极为缺乏。本文以成都市作为典型的内陆大型城市，通过外来入侵植物调查和风险评估系统构建，来分析我国典型内陆大型城市生态系统外来入侵植物类型，并对外来入侵植物风险进行评估。本研究发现成都市外来入侵植物超过 80 种，其中菊科（Compositae）为入侵的大科；草本入侵数量超过 70 种，成都市外来入侵物种数量巨大，防治困难，亟须提供防治解决方案，以保障城市生态系统安全。成都市外来入侵植物主要来源于热带和亚热带区域，主要的来源地区为美洲，成都市温暖潮湿的气候适宜这些地区的外来植物入侵和定殖，为防治增加了难度。本文采用的风险评估系统评价的恶性外来入侵植物与我国恶性外来入侵植物相似，成都市恶性外来入侵植物数量较大，急需相应政策、法规、方法进行防治。

关键词：　外来入侵植物　生态风险评估　成都

---

* 本文为四川省重点研发项目、四川省国际合作项目阶段性研究成果。

** 苟小林，博士，四川省自然资源科学研究院助理研究员，主要研究方向为生态学；涂卫国，博士，四川省自然资源科学研究院研究员，主要研究方向为植物生态学和环境安全；樊华，硕士，四川省自然资源科学研究院助理研究员，主要研究方向为生态学；李玲，博士，四川省自然资源科学研究院副研究员，主要研究方向为植物学。

伴随着全球人文交流和物质转运，外来入侵物种已经成为区域化资源面临的重要生态问题。外来入侵物种致使本地生物多样性锐减，部分敏感物种灭绝，对生态系统功能长期稳定造成毁灭性打击。外来入侵植物在入侵物种中占有很大比例。我国也是外来入侵物种问题严重的国家之一，现在已知报道的外来入侵植物在我国有800余种，排除中国国产类（7级）后，外来入侵物种有584种，其中恶性入侵类（1级）有34种、（2级）有69种。外来入侵物种在我国的分布根据区域和物种类型斑块化明显，现阶段的研究主要集中于东南沿海，并且研究内容主要针对单一物种或单一功能类型，而对于内陆生态系统外来入侵植物的研究相对较少，特别是对于内陆人口主导的复杂生态系统内外来入侵植物的调查研究及其缺乏。这对于内陆人口主导的大型生态系统安全和可持续发展极为不利，亟须进行深入研究。

成都市地处四川盆地西部，是典型的内陆城市，也是由人口主导的大型城市生态系统。作为典型的内陆大型城市，成都市也面临严重的外来入侵植物的困扰，但是前期的研究相对较为缺乏，只是简单地介绍园林入侵植物，并且只是简单调查了成都市外来入侵物种。而针对成都市外来入侵植物的详细名录、类型的研究较为缺乏，并且没有一个可以用于成都市外来入侵植物等级评价的标准，对成都市大型城市生态系统安全和可持续发展不利。因此本研究通过样方调查来明确成都市城市外来入侵植物的详细名录和分类，并且结合成都市内陆城市生态系统性质，初步确定成都市外来入侵植物风险评估标准，以为成都市外来入侵植物的管理和生态系统长期稳定提供参考。

一　成都市外来入侵植物风险评估方法

（一）研究区域概况

成都市（东经102°54′～104°53′，北纬30°05′～31°26′）位于中国西南地区，四川盆地西部，成都平原腹地，境内地势平坦、河网纵横，属亚热带季风性湿润气候，多云雾，日照短。全市辖区面积14335平方公里，常住人口 1633 万人，是典型的内陆大型城市生态系统。成都市年均气温 15℃左右，夏季高温不超过 35℃，冬季均温 5℃以上。全年降水量能达到 1000mm 左右，降雨最大的年份超过了 1300mm，最大的降雨量集中在 7 月和 8 月。成都市小区域生境复杂，生态类型多样，植物资源丰富，黄心树（Machilus bombycina）、川芎（Ligusticum chuanxiong）、黄连（Coptis chinensis）等都是有代表性的珍贵植物资源。

（二）外来入侵植物调查

成都市外来入侵植物调查采用铺网式展开调查，以成都市市中心为中轴，横跨成都市各条交通路线，以各交通路线为调查路线，在各路线周边选取农业生态系统（农田、菜地、经济林、养殖场、育苗圃）、草地生态系统（人工草地、荒地、天然草坪）、森林生态系统（原始林、次生林）、湿地生态系统（河流、湿地、滩涂）进行调查。本研究先后对成都市覆盖的武侯区、锦江区、青羊区、金牛区、成华区、龙泉驿区等 11 个区，蒲江县、大邑县、金堂县、新津县等 4 个县，彭州市、邛崃市、崇州市和简阳市等 4 个市进行调查，以线状纵横交错进行样斑调查，以野外调查为主，并且询问当地居民，记录所有俗名、中文名、学名、科、属，鉴别特征、原产地等，然后将资料汇总，统一规范。

（三）风险评估体系构建

不同外来植物的入侵能力有所差异，为了明确不同的植物对成都市生态系统的入侵能力，需要构建完整的科学指标框架。以《外来物种环境风险评估技术导则》为基准，结合成都市社会生态和地理历史条件，筛选实用、确切、可行的指标用于构建成都市外来入侵物种风险评价体系。

本研究以完整的植物入侵过程和在本地区的生态定殖作为初步标准，对植物入侵可能对成都市大型生态系统造成的影响或危害程度进行综合分析。因此采用二级权重赋值，通过综合评分方法来进行评估。在国家标准技术导则中，入侵物种风险评估一级标准中需要注意引进可能性、建立自然种群性、扩散可能性以及生态危害的评估。四点评估标准中涉及植物的内容包括其原产地生物形态及生态现状、繁殖方式及生态适应能力、种子及传播形态、寄生及各类灾害等诸多项目。本研究参照四点评估标准和其中涉及的全部内容，将标准运用于成都市，最终形成一级指标——传入与定殖分析（30分）、扩散与管理分析（20分）、生态系统分析（25分）、社会与人身分析（25分）。二级指标涵盖了引入途径、繁殖能力、适应能力、种间杂交能力、自然扩散、防治技术、病虫害寄生体、天敌与否、直接对人类物理/化学伤害性、对人类生活/社会影响等（见表1）。

表1　成都市外来入侵植物风险评估指标体系

单位：分

一级指标	权重	二级指标	权重	标准(赋值)
传入与定殖分析	30	引入途径	4	有意引入(4)；无意引入(3)；自然传入(2)；无传播性(0)
		国家重视程度	5	检疫对象(5)；入侵物种(4)；归化/入侵潜在对象(3)；待考察(2)；确定无危害性(0)
		国内分布	2	十个省以上(2)；五个省以上(1.5)；二省以上(1)；一省跨气候区(0.5)；无分布(0)
		成都分布	5	十区以上(5)；五区以上(4)；二区以上(3)；一区属武侯、锦江、青羊、金牛、成华(2)；一区以上(1)；无分布(0)
		繁殖能力	3	三种以上繁殖特征(3)；两种以上繁殖特征(2)；单一繁殖特征(1)；单一繁殖特征且需要人工辅助(0)
		适应能力	3	适应能力极强且不惧人为干扰(3)；适应成都三种以上小生境(2.5)；适应成都两种以上小生境(2)；仅适应成都一种小生境(1)；无适应生境(0)
		种间繁殖竞争能力	5	与本土三种以上形成竞争关系且生长良好(5)；与本土两种以上形成竞争关系且生长良好(4)；与本土一种以上形成竞争关系且生长良好(3)；与一种以上有竞争关系(2)；与一种以上有竞争关系且能够生长(1)；无竞争关系(0)
		生长周期	1	多年生(1)；二年生、跨年生、一年生、短命植物(0.5)

续表

一级指标	权重	二级指标	权重	标准(赋值)
传入与定殖分析	30	生态位宽度	2	在三个以上生态因子下生态位宽度占前30%(2);两个以上生态因子下生态位宽度占前30%(1.5);一个因子下生态位宽度占前30%(1);一个以上因子生态位宽度占前50%(0.5);一个因子生态位宽度排末尾5%(0)
扩散与管理分析	20	生物/交通扩散	4	三种以上的传递介质扩散且扩散范围超过1千米(4);三种以上的传递介质扩散且扩散范围超过0.5千米(3);一种以上的传递介质扩散且扩散范围超过1千米(2);一种以上介质较难扩散(1);无介质传播(0)
		自然扩散	3	两种以上自然介质传播且超过1千米(3);两种以上自然介质传播且超过0.5千米(2.5);一种以上自然介质传播且超过1千米(2);一种以上自然介质传播且超过0.5千米(1.5);一种以上自然介质较难传播(1);无自然传播途径(0)
		种间杂交能力	1	能与本地两种以上物种杂交(1);能与本地一种以上物种杂交(0.5);无杂交现象(0)
		物种辨识	4	各生理阶段都难于识别,且需要借助实验室和专业人员鉴定(4);生理阶段有显著特征,但需要专业人员鉴定(3.5);专业人员现场容易识别(3);相关从业人员可以识别(2);大众皆知(1);图书网络等随时可以准确识别(0)
		防治技术	2	无切实可行办法(2);一种不成熟防治办法(1.5);仅一种成熟防治办法(1);两种以上成熟防治办法或三种以上防治办法(0.5);三种以上成熟可靠防治办法(0)
		根除难度	3	无法根除(3);根除困难且复发(2.5);根除困难但不复发(2);易根除不复发(1.5);根除操作便捷且不复发(1);简单便捷完全根除且不复发(0)
		经济/人力投入	2	成本极高且效果不良(2);成本极高但效果显著(1.5);成本不高效果较差(1);成本不高效果较好(0.5);成本低且效果良好(0)
		利用价值	1	利用价值极高,用途广泛(0);有利用价值(0.5);无利用价值或极小(1)

续表

一级指标	权重	二级指标	权重	标准(赋值)
生态系统分析	25	生长特征	2	攀援或高密度,强烈侵占光、水、肥条件(2);植株高大,空间侵占效应明显(1.5);小型乔、灌木,常绿(1);小型乔、灌木,季节性落叶(0.5);低矮草本(0)
		病虫害寄生体	5	一种以上本土未见病虫害或三种以上本土可见病虫害(5);两种以上本土可见病虫害(4);一种以上本土常见病虫害(3);疑似一种以上本土病虫害(2);一种以上潜在病虫害潜力(1);确定不携带病虫害(0)
		对本地物种危害	5	生长和繁殖过程可导致本土一种以上物种大量死亡或灭绝(5);造成两种以上物种死亡(4);可对一种以上物种寄生,特定生理时期对本土一种以上物种生长产生抑制或毒害作用(3);对本土物种无危害(0)
		水土危害	4	破坏土壤,导致水土流失(4);引起土壤水分大量损耗,不利于土壤水分保持(3);土壤养分大量损耗(2);正常生长,对土壤水、肥耗损较少(1);有利于水土保持,改善土壤水分、养分等条件(0)
		基因库危害	2	基因漂变和交流严重,影响本土生态系统基因库(2);可以产生基因交流(1);存在基因交流潜力(0.5);完全无基因交流(0)
		化感作用	2	化感作用强烈,影响生态系统食物链运转(2);具有化感作用,可影响本土植物生长发育(1.5);潜在化感作用,对植物生长发育不利(1);无化感作用,对本土植物无影响(0)
		物理灾害	2	强烈堆积,难以处理,火灾风险(2);堵塞水体,淤塞管道(1);妨碍道路、交通、牲畜通行等(0.5)
		天敌与否	3	无天敌(3);有1种以上寄生种,但不能有效抑制扩散(2.5);有两种以上寄生种且能防止扩散(1.5);有一种天敌(1);有两种天敌且能防止扩散(0.5);有三种以上天敌(0)

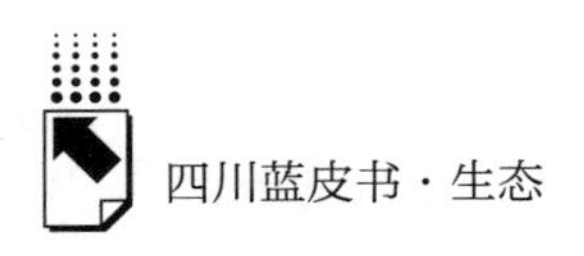

续表

一级指标	权重	二级指标	权重	标准(赋值)
社会与人身分析	25	潜在对人类身体健康影响	4	对人类健康产生潜在危害(4);通过一次以上传播危害人类身体健康(3);通过两次以上传播危害人类身体健康(2);对人类身体健康无潜在危害(0)
		直接对人类物理/化学伤害性	8	通过植物形态结构或化学物质能够对人体产生较大伤害(8);通过植物形态结构或化学物质对人体产生伤害(4);通过植物形态结构或化学物质对人体产生潜在伤害(2);对人体无伤害(0)
		直接对人类生物伤害性	8	共生或寄生病毒直接对人体产生较大伤害(8);产生花粉、孢子等对人体产生伤害(4);产生花粉、孢子等成为伤害人体寄生源(3);对人体无生物伤害(0)
		对人类生活/社会影响	5	严重影响了本土文化背景植物认知、寄托、定义(5);对本土植物文化传承、社会认知产生冲击(3);混淆了本土植物文化、医疗等认知(1);对人类社会无影响(0)

注：括号内为赋值。

二　成都市外来入侵植物风险评估结果与分析

（一）成都市代表性外来入侵植物名录

通过调查发现，成都市外来入侵植物超过80种，其中在我国入侵较为严重并且较为常见的喜旱莲子草（空心莲子草、水花生）、凤眼蓝（水葫芦）、加拿大飞蓬、苏门白酒草、加拿大一枝黄花等已经在成都市都有发现（见表2）。而相对少见的（如毒麦）则是在调查过程中偶然发现，并没有见到复数分布。而二球悬铃木（法国梧桐）、大桉（巨桉）等都已经成为成都市常见物种，并且为人们所熟知。

表 2　成都市代表性外来入侵植物名录

物种	科	属	原产地
喜旱莲子草(Alternanthera philoxeroides)	苋科(Amaranthaceae)	莲子草属(Alternanthera)	巴西
凤眼蓝(Eichhornia crassipes)	雨久花科(Pontederiaceae)	凤眼蓝属(Eichhornia)	巴西
钻叶紫菀(Aster subulatus)	菊科(Compositae)	紫菀属(Aster)	北美洲
加拿大飞蓬(Conyza canadensis)	菊科(Compositae)	白酒草属(Conyza)	北美洲
一年蓬(Erigeron annuus)	菊科(Compositae)	飞蓬属(Erigeron)	北美洲
加拿大一枝黄花(Solidago canadensis)	菊科(Compositae)	一枝黄花属(Solidago)	北美洲
飞机草(Eupatorium odoratum)	菊科(Compositae)	泽兰属(Eupatorium)	墨西哥
落葵薯(Anredera cordifolia)	落葵科(Basellaceae)	落葵薯属(Anredera)	南美洲
苏门白酒草(Conyza sumatrensis)	菊科(Compositae)	白酒草属(Conyza)	南美洲
毒麦(Lolium temulentum)	禾本科(Gramineae)	黑麦草属(Lolium)	欧洲
二球悬铃木(Platanus acerifolia)	悬铃木科(Platanaceae)	悬铃木属(Platanus)	欧洲
紫茉莉(Mirabilis jalapa)	紫茉莉科(Nyctaginaceae)	紫茉莉属(Mirabilis)	热带美洲
黑麦草(Lolium perenne)	禾本科(Gramineae)	黑麦草属(Lolium)	欧洲
土人参(Talinum paniculatum)	马齿苋科(Portulacaceae)	土人参属(Talinum)	美洲
大桉(Eucalyptus grandis)	桃金娘科(Myrtaceae)	桉属(Eucalyptus)	澳大利亚东南部
珊瑚豆(Solanum pseudocapsicum)	茄科(Solanaceae)	茄属(Solanum)	巴西
水金英(Hydrocleys nymphoides)	黄花蔺科(Limnocharitaceae)	水金英属(Hydrocleys)	巴西、委内瑞拉
大狼杷草(Bidens frondosa)	菊科(Compositae)	鬼针草属(Bidens)	北美洲
马缨丹(Lantana camara)	马鞭草科(Verbenaceae)	马缨丹属(Lantana)	美洲
大丽菊(Dahlia pinnata)	菊科(Compositae)	大丽花属(Dahlia)	墨西哥
乌桕(Sapium sebiferum)	大戟科(Euphorbiaceae)	乌桕属(Triadica)	世界广布

（二）成都市外来入侵植物类型

成都市外来入侵植物中双子叶植物共计分属 24 科 60 属，共计 76 种；单子叶植物共计分属 4 科 6 属，共计 7 种；蕨类植物只有 2 种，同属于 1 科

1 属（见表3）。

在外来双子叶植物中，菊科（Compositae）数量最多，有26种之多，占成都市外来入侵物种的30%，菊科中鬼针草属（Bidens）和白酒草属（Conyza）分别达到4种和3种。其次分布较多的科为苋科（Amaranthaceae）和豆科（Leguminosae），都达到8种；苋科物种主要集中在苋属（Amaranthus），共计6种，其他两种分别是莲子草属（Alternanthera）和青葙属（Celosia）；而豆科除车轴草属（Trifolium）有2种外，其他分属于不同属。双子叶植物中外来入侵较少的科如桃金娘科（Myrtaceae）、紫薇科（Bignoniaceae）等都只有1种分布。

外来单子叶植物共计分属4科，其中禾本科（Gramineae）一共4种；另外3科分别为黄花蔺科（Limnocharitaceae）、竹芋科（Marantaceae）、美人蕉科（Cannaceae），都只有1种分布。

外来蕨类植物一共1科1属，为木贼科（Equisetaceae）木贼属（Equisetum）。

表3　成都市外来入侵植物种、属、科数量

外来入侵植物类型	种	属	科
双子叶植物	76	60	24
单子叶植物	7	6	4
蕨类	2	1	1
合计	85	67	29

在所有外来入侵植物中，菊科植物26种，数量最多（见表4）。菊科植物分布于18个属，除去分布较多的鬼针草属和白酒草属外，常见的紫菀属（Aster）、飞蓬属（Erigeron）、千里光属（Senecio）、菊苣属（Cichorium）、向日葵属（Helianthus）等都有分布，而已明确较大危害的一枝黄花属（Solidago）在成都市也有较为广泛的分布。菊科植物中的加拿大飞蓬（Conyza canadensis）、一年蓬（Erigeron annuus）、加拿大一枝黄花（Solidago canadensis）、大狼杷草（Bidens frondosa）等常见较难防控的外来

入侵植物都分布广泛。虽然豆科和苋科有 8 种外来入侵物种分布，但是豆科植物共有 7 属，唯一包含两种的是车轴草属（Trifolium），并且是已经常见绿化草种红车轴草（Trifolium pratense）和白车轴草（Trifolium repens）；苋科植物只有 3 属分布，最多的为苋属，莲子草属中是高危入侵物种喜旱莲子草（Alternanthera philoxeroides），青葙属中的物种是人为引进物种鸡冠花（Celosia cristata）。禾本科（Gramineae）和茄科（Solanaceae）各有 4 种和 3 种外来入侵物种；禾本科植物包含黑麦草属（Lolium）、燕麦属（Avena）、狗尾草属（Setaria），其中成都新发现了未记载的黑麦草属毒麦（Lolium temulentum）；茄科（Solanaceae）植物包含茄属（Solanum）和曼陀罗属（Datura），茄属中的珊瑚豆（Solanum pseudocapsicum）在前期已有的调查中未见报道。

在所有调查发现的外来入侵植物种中，苋属植物最多为 6 种，鬼针草属有 4 种，白酒草属有 3 种，茄属有 2 种，常见的紫菀属、芸薹属（Brassica）、藜属（Chenopodium）等都只有 1 种分布。

外来苋属植物反枝苋（Amaranthus retroflexus）、绿穗苋（Amaranthus hybridus）、尾穗苋（Amaranthus caudatus）、凹头苋（Amaranthus blitum）在四川外来入侵植物的调查中已有报道，而千穗苋（Amaranthus hypochondriacus）和苋（Amaranthus tricolor）在此次调查中是首次发现的入侵物种。

外来鬼针草属中鬼针草（Bidens pilosa）和白花鬼针草（Bidens alba）在四川外来入侵植物名单中已有记载，但是婆婆针（Bidens bipinnata）和大狼杷草（Bidens frondosa）并没有被记录进四川外来入侵植物名单。

外来白酒草属中加拿大飞蓬（Conyza canadensis）和苏门白酒草（Conyza sumatrensis）在四川外来入侵植物名单中有记载，但是香丝草（Conyza bonariensis）却没有相关记载。

茄属除去喀西茄（Solanum khasianum）外，珊瑚豆（Solanum pseudocapsicum）没有在四川外来入侵植物名单中有所记载。常见的紫菀属的钻叶紫菀（Aster subulatus）、芸薹属的芥菜（Brassica juncea）都在成都市有分布。

表4　成都市外来入侵植物主要科的种、属数量

科名	含属数量	含种数量
菊科(Compositae)	18	26
豆科(Leguminosae)	7	8
苋科(Amaranthaceae)	3	8
禾本科(Gramineae)	3	4
茄科(Solanaceae)	2	3

（三）成都市外来入侵植物生活型构成

成都市外来入侵植物有乔木、灌木/乔木、灌木、藤状灌木、木质化草本/小灌木、草本、缠绕草本、蔓生草本（见表5）。乔木有6种，并且全部为多年生，其中较为常见的为二球悬铃木（Platanus acerifolia）作为成都市的景观树种种植，刺槐（Robinia pseudoacacia）、巨桉（Eucalyptus grandis）等则已经成为野外逸生树种。

灌木/乔木、灌木、藤状灌木共计6种，除去蓖麻（Ricinus communis）为一年或多年生灌木外，其余都是多年生灌木。藤状灌木有且只有一种为常见的三角梅（Bougainvillea spectabilis），作为常见的观赏花卉广泛种植，而与其相似的灌木或乔木龙牙花（Erythrina corallodendron）也作为观赏花卉广泛种植。

木质化草本/小灌木、草本、缠绕草本、蔓生草本占所有外来入侵植物的绝大多数，共计达到73种。木质化草本或小灌木共计4种，其中喀西茄和曼陀罗（Datura stramonium）为一年生。普通草本最多，达到63种，其中一年生草本36种，一年或二年生草本6种，一年或多年生草本2种，二年生草本1种，多年生草本18种；凹头苋（Amaranthus blitum）、紫茉莉（Mirabilis jalapa）、野燕麦（Avena fatua）等为典型的一年生草本，菊科的苏门白酒草和野茼蒿（Crassocephalum crepidioides）为典型的一年或二年生草本，土人参（Talinum paniculatum）为一年或多年生草本，而再力花（Thalia dealbata）、水金英（Hydrocleys nymphoides）、红花酢浆草（Oxalis corymbosa）、棕叶狗尾草（Setaria palmifolia）等为多年生草本。缠绕草本只有5种，并且一年生的只有圆叶牵牛（Pharbitis purpurea）和裂叶牵牛（Pharbitis nil），多年生的有五爪金龙（Ipomoea cairica）、落葵薯（Anredera cordifolia）、翼叶山牵牛（Thunbergia alata）。蔓生草本只有多年生的一种苘麻（Abutilon theophrasti）。

表5　成都市外来入侵植物生活型

类型	一年生	一年或二年生	一年或多年生	二年生	多年生
乔木					6
灌木/乔木					1
灌木			1		3
藤状灌木					1
木质化草本/小灌木	2				2
草本	36	6	2	1	18
缠绕草本	2				3
蔓生草本					1
总计	40	6	3	1	35

（四）成都市外来入侵植物原产地

成都市外来入侵植物原产地大致可以分为22个类型，其中大部分物种原产自美洲，热带或亚热带地区。在所有的外来入侵植物中，原产于北美洲的植物有10种，而原产于欧洲和地中海区域的只有9种，并且巴西和委内瑞拉、美国和墨西哥、南美洲、热带美洲的入侵植物种类都达到8种（见表6）。

在成都市调查到的外来入侵植物中，原产于美洲的外来入侵物种占比最大。美洲斑块化区域的巴西和委内瑞拉、美国和墨西哥、墨西哥至巴西原产的成都市外来入侵植物占入侵植物总量的比重高达20%。原产于北美或整个美洲的典型草本如反枝苋、鬼针草、土人参、钻叶紫菀、加拿大飞蓬、一年蓬等都属于典型的代表物种，具有较强的入侵能力。而原产于欧洲和地中海区域的二球悬铃木、野胡萝卜（Daucus carota）、欧洲千里光（Senecio vulgaris）等是较有代表性的物种。而原产于美洲不同区域的如巴西和委内瑞拉的凤眼蓝（Eichhornia crassipes）、喜旱莲子草、喀西茄、水金英等是较为典型的代表物种，如原产于美国和墨西哥的飞机草（Eupatorium odoratum）、曼陀罗、再力花则很具有代表性；原产于南美洲的苏门白酒草、香丝草、旱金莲（Tropaeolum majus）很具有代表性；同样原产于热带美洲的藿香蓟（Ageratum conyzoides）、白花鬼针草、土荆芥也具有代表性。

原产于非洲和澳大利亚等地区的外来入侵物种较少。如原产于澳大利亚南部的巨桉主要是通过人工引种传入，并且作为人工林树种种植多年后才发现对本地物种和生态系统的危害作用；如东非传入的蓖麻也主要是通过经济作物引种；如热带非洲传入的翼叶山牵牛（Thunbergia alata）主要是通过观赏物种引入等。

表6　成都市外来入侵植物原产地占比

单位：种，%

原产地	包含物种数	物种占比
澳大利亚东南部	1	1.18
巴西和委内瑞拉	8	9.41
北美洲	10	11.76
地中海	1	1.18
东非	1	1.18
非洲	3	3.53
美国和墨西哥	8	9.41
美洲	10	11.76
墨西哥至巴西	1	1.18
南美及西印度岛	1	1.18
南美洲	8	9.41
欧亚及非洲	1	1.18

续表

原产地	包含物种数	物种占比
欧洲和地中海	9	10.59
热带	1	1.18
热带非洲	1	1.18
热带美洲	8	9.41
热带亚洲非洲	1	1.18
世界广布	4	4.71
西亚	2	2.35
亚欧大陆	2	2.35
亚欧及非洲	1	1.18
印度	3	3.53
合计	85	100

（五）成都市外来入侵植物风险评估

成都市外来入侵植物排名前30的物种风险值都在50分及以上（见表7）。参照海南岛外来植物入侵等级划分，将60分及以上划分为高危（恶性入侵）物种，则成都市有17种外来高危物种，需要进一步处理和禁止进入。这17种中常见的喜旱莲子草、凤眼蓝、加拿大飞蓬、苏门白酒草等都属于恶性入侵物种，需要严加防控。而40～60分的具有一定风险，需要获取更多信息，这其中二球悬铃木是常见的绿化树种，而曼陀罗是有毒性杂草，白车轴草、五爪金龙、含羞草等都属于常见的绿化或观赏植物，因此需要针对不同的物种进行特例分析和考证，再进一步确定是否可用于引种。40分以下的植物属于可接受范围，而在本研究中排名在30位之后，如节节草、百日菊等都属于危害较低的植物。成都市外来入侵植物中高危和一定风险的草本已经占了较大比例，成都市外来入侵植物的防控和管理迫在眉睫，亟须制定方针策略，保障本土资源库，维系城市生态系统的稳定和可持续性。

表 7　成都市主要外来植物风险评估

单位：分

序号	物种	风险值	序号	物种	风险值
1	喜旱莲子草	78	16	尾穗苋	60
2	凤眼蓝	76.5	17	土荆芥	60
3	飞机草	73	18	喀西茄	59.5
4	加拿大飞蓬	72	19	白花鬼针草	59
5	鬼针草	72	20	二球悬铃木	58
6	一年蓬	69	21	含羞草	58
7	圆叶牵牛	69	22	绿穗苋	57
8	落葵薯	69	23	五爪金龙	56.5
9	反枝苋	68.5	24	曼陀罗	52.5
10	钻叶紫菀	68	25	野茼蒿	52
11	苏门白酒草	68	26	蓖麻	51.5
12	加拿大一枝黄花	65	27	香丝草	51
13	马缨丹	65	28	花叶滇苦菜	51
14	藿香蓟	61.5	29	白车轴草	50
15	毒麦	60.5	30	牛膝菊	50

三　研究结论与探讨

成都市作为典型的内陆大型城市生态系统，人口作为生态系统的引导和推动因素，城市的发展受人口活动影响强烈。在人为活动过程中，频繁的物质转运和交流过程造成了大量资源的空间置换，随之而来的外来入侵植物已经成为成都市严重的生态问题，可能对成都市生态安全和本土生物多样性造成毁灭性影响。并且基于成都市内陆平原特性，河流交错横行、道路网络复杂、农业系统斑块化严重，导致了植物迁移和定居的小生境多样化，为外来入侵植物的扩散和定居提供了优良的条件，管理和治理更加困难。

现已知成都市外来入侵植物超过 80 种，最多的菊科 26 种分布于 18 个属。菊科已经成为成都市外来入侵物种的大科。这可能是由于成都市地处内陆，陆地生态系统是其主要组成部分，并且菊科的传播方式和繁殖方式更加适合于成都市的陆地生境。草本植物中值得关注的是毒麦，已经在成都市偶然发现，虽然没有见到复数分布，但是毒麦只见报道于我国西北地区，在西南地区见到属于首次，应该引起更多的关注。入侵的草本植物中有很多已经成为成都市常见的物种，如大丽菊、鸡冠花、粉美人蕉等，而部分草本已经逸生为野生状态，如加拿大飞蓬、鬼针草、喜旱莲子草等，这些草本已经成为极难去除和根治的外来入侵物种，对本土生态系统造成破坏性影响。草本入侵植物为73种，是成都市外来入侵物种的最多类型，而非草本类超过10种。草本类作为主要的入侵物种，对成都市生态系统影响巨大，首先对草本入侵物种的管控极为困难，由于草本体积较小，传播能力极强，生长方式多样，对不同生态类型的适应能力极强，导致防控和根除极为困难，其次草本因其多样化更加容易与本土植物之间进行基因交流，可能导致本土基因库功能化丧失，对成都市生物多样性系统造成毁灭性打击。

成都市外来入侵植物原产地类型极其多样，基本上覆盖了全球各大产区，最主要的原产地主要分布于热带和亚热带区域，而美洲作为成都市外来入侵植物的主要原产地，可能和我国外来入侵植物的传播方式和传播历史密切相关。原产于美洲的大量外来入侵植物由东南沿海蔓延至内陆，并且西南地区温暖湿润的气候给这些入侵物种提供了良好的栖息地。而内陆和美洲地区直接或间接贸易的频繁，导致美洲大量的物种逸生、定居于成都市。成都市外来入侵物种的入侵形势已经到了极为严峻的时期，需要在源头上和渠道上严格把控，为成都市城市生态系统的长治久安提供保障。

成都市外来恶性入侵植物与我国恶性入侵植物相似，在已经进行评估的前30种高分外来入侵植物中，喜旱莲子草、凤眼蓝、飞机草等都位居前列。在成都市的外来入侵植物中，喜旱莲子草在成都市基本能见到分布，对农田、草地、公园生态系统造成强烈影响；凤眼蓝已现于成都市及其周边的部分水体，虽然被应用于实体污染防治，但是现阶段出现监管和控制问题，导致部分地区逸散呈野生状态。恶性入侵植物侵占了成都市生态系统，为生态安全带来隐患，亟须做出相应防护，加强保护和治理。

四 结语

（1）成都市外来入侵植物已经超过80种，数量巨大的外来入侵植物已经对成都市生态系统造成影响，本土生物多样性受到极大威胁，基因库的保存迫在眉睫。

（2）成都市外来入侵物种以草本为主，入侵的草本超过70种，增加了成都市外来入侵植物的防控和治理难度，需要深入发掘防控措施，提出切实可行方案。

（3）成都市外来入侵植物原产地分布极广，最大的入侵原产地为美洲，大量入侵植物主要来源于热带和亚热带，成都市温暖湿润的气候为外来入侵植物提供了良好的定居条件，使得防控更加艰难。

（4）成都市恶性外来入侵植物与我国恶性外来入侵植物相似，并且成都市恶性外来入侵植物数量较大，亟须出台相应政策法规，有针对性地加强治理和防范，避免大规模风险发生。

参考文献

何兵、崔莉、宋丽娟、罗新、马丹炜：《成都园林入侵植物的调查及区系分析》，《西南农业学报》2011年第5期。

黄义雄、查轩：《福建植物生物多样性的特点及其生物安全问题》，《生态学杂志》2003年第6期。

类延宝、肖海峰、冯玉龙：《外来植物入侵对生物多样性的影响及本地生物的进化响应》，《生物多样性》2010年第6期。

李德刚、霍娅敏、罗霞：《成都公路主枢纽总体布局规划后评价研究》，《公路交通科技》2005年第9期。

李永慧、李钧敏、闫明：《喜旱莲子草入侵群落土壤对植物生长的影响》，《生态学杂志》2012年第6期。

林金成、强胜：《空心莲子草对南京春季杂草群落组成和物种多样性的影响》，《植物生态学报》2006 年第 4 期。

吕玉峰、付岚、张劲林、边勇、刘若思：《苋属入侵植物在北京的分布状况及风险评估》，《北京农学院学报》2015 年第 2 期。

马金双主编《中国入侵植物名录》，高等教育出版社，2013。

彭宗波、蒋英、蒋菊生：《海南岛外来植物入侵风险评价指标体系》，《生态学杂志》2013 年第 8 期。

全威、王明、桑卫国：《外来入侵植物风传扩散过程模拟模型选择》，《生态学杂志》2018 年第 9 期。

王济宪：《阿合奇县毒麦发生的生态特点及生态防除》，《生态学杂志》1983 年第 3 期。

王坤、周伟奇、李伟峰：《城市化过程中北京市人口时空演变对生态系统质量的影响》，《应用生态学报》2016 年第 7 期。

徐海根、强胜、韩正敏、郭建英、黄宗国、孙红英、何舜平、丁晖、吴海荣、万方浩：《中国外来入侵物种的分布与传入路径分析》，《生物多样性》2004 年第 6 期。

许桂芳、刘明久、李雨雷：《紫茉莉入侵特性及其入侵风险评估》，《西北植物学报》2008 年第 4 期。

闫小玲、刘全儒、寿海洋、曾宪锋、张勇、陈丽、刘演、马海英、齐淑艳、马金双：《中国外来入侵植物的等级划分与地理分布格局分析》，《生物多样性》2014 年第 5 期。

曾珍香、李艳双：《复杂系统评价指标体系研究》，《河北工业大学学报》2001 年第 1 期。

朱栩、钱毅、罗杰：《成都市外来入侵物种调查研究》，《四川环境》2008 年第4 期。

附　　录

Appendices

B.13 四川自然保护地大事记

卿明梁　庞　淼*

1950 年 5 月　中央人民政府政务院规定古迹、珍贵文物、图书及稀有生物保护办法，并颁布《古文化遗址及古墓葬之调查发掘暂行办法》的命令，规定："珍贵化石及稀有生物（如四川万县之水杉，松潘之熊猫等），各地人民政府亦应妥为保管，严禁任意采捕。"

1955 年 5 月　中国政府在苏联最高苏维埃主席团主席伏罗希洛夫访华后，赠送大熊猫"平平""碛碛"给苏联，之后这两只熊猫在莫斯科落户。

1956 年 10 月　林业部颁布《关于天然森林禁伐区（自然保护区）划定方案》，并在其中指出，大熊猫是世界罕见的动物，应该给予保护。

1959 年 2 月　林业部发出《关于积极开展狩猎事业的指示》，指示提出

* 卿明梁，四川省社会科学院专业硕士研究生，主要研究方向为农村发展；庞森，四川省社会科学院农村发展研究所研究员，主要研究方向为社区发展、生态环境保护。

要严格保护大熊猫、金丝猴等珍稀野生动物。

1961 年 11 月 世界野生生物基金会（WWF）成立，并以大熊猫作为该组织的会旗与会徽图案，此时大熊猫已经成为世界上保护自然资源的象征。

1962 年 9 月 国务院发布《关于积极保护和合理利用野生动物资源的指示》，指示中规定在大熊猫、东北虎等 56 种珍稀野生动物主要栖息、繁殖地区建立自然保护区加以保护。

1963 年 4 月 建立阿坝藏族羌族自治州汶川县卧龙国家级自然保护区、绵阳市平武县王朗国家级自然保护区、阿坝藏族羌族自治州九寨沟县白河国家级自然保护区、雅安市天全县喇叭河省级自然保护区，凉山彝族自治州木里藏族自治县鸭咀省级自然保护区。保护区总面积达到 282952 公顷，主要保护大熊猫、川金丝猴、扭角羚、马鹿等珍稀野生动物及其栖息地。

1965 年 6 月 建立阿坝藏族羌族自治州若尔盖县铁布省级自然保护区，保护区面积为 27408 公顷，主要保护动物为梅花鹿等珍稀动物。

1975 年 3 月 在雅安市宝兴县建立四川蜂桶寨国家级自然保护区。四川蜂桶寨国家级自然保护区是世界上第一只大熊猫的发现地和模式标本产地。保护区面积为 39039 公顷，主要保护生物为大熊猫等珍稀野生动物及森林生态系统。

国务院批准将阿坝藏族羌族自治州汶川县卧龙国家级自然保护区由原来的 2 万公顷扩大到 20 万公顷。卧龙国家级自然保护区成为国家级第三大自然保护区，是四川省面积最大、自然条件最复杂、珍稀动植物最多的自然保护区，主要保护西南高山林区自然生态系统及大熊猫等珍稀动物。①

1976 年 3 月 农林部向四川、甘肃、陕西省林业部门发出《关于加强大熊猫保护工作的紧急通知》，提出甘肃文县，四川平武、南坪、青川等县因箭竹大面积开花死亡，大熊猫缺少食物，受灾严重，要求采取紧急保护措

---

① 《我国十大自然保护区》，《辽宁经济》2015 年第 5 期，第 20～21 页。

施，迅速控制大熊猫灾情，并布置开展大熊猫灾情调查工作。

1976 年 10 月 农林部向四川、甘肃、陕西递送大熊猫死亡数量报告的函。同时指出，在四川省大小凉山大熊猫分布区，以及岷山分布区的四川省青川、北川等地划出适当范围的自然保护区，以利于大熊猫保护。

1978 年 12 月 国务院转发国家林业总局《关于加强大熊猫保护、驯养工作的报告》（国发〔1978〕256 号），提出在四川凉山马边大风顶、四川美姑大风顶、四川青川岷山唐家河、四川九寨沟建立四个国家级自然保护区，主要保护大熊猫等珍稀野生动物以及森林生态系统，总面积达到 185116 公顷，同时提出在四川卧龙、甘肃白水江、陕西岳坝划建大熊猫驯养繁殖中心。

1979 年 3 月 四川省革委会发出文件《关于加强自然保护区建设的通知》，要求认真贯彻落实国务院指示，迅速将四个自然保护区建立起来。这四个保护区分别是蜂桶寨国家级自然保护区（39039 公顷）、九寨沟国家级自然保护区（64297 公顷）、马边大风顶国家级自然保护区与美姑大风顶国家级自然保护区（共计 80819 公顷）。

1979 年 5 月 在绵阳市北川羌族自治县建立四川小寨子沟国家级自然保护区，保护区面积 44394. 7 公顷，主要保护大熊猫、扭角羚、金丝猴等珍稀动物，珙桐、红豆杉、连香树等珍稀濒危植物。此为目前亚洲自然保护最好的地区之一，也是世界同纬度森林生态系统保存最完好的地区。

1980 年 5 月 联合国教科文组织将卧龙国家级自然保护区列入世界生物圈保护区网，同时与世界野生生物基金会（WWF）共同合作，在卧龙国家级自然保护区建立了中国保护大熊猫研究中心。

1982 年 10 月 中华人民共和国国务院审定黄龙为国家级重点风景名胜区。黄龙海拔 1700 ~ 5588 米，总面积 700 平方千米，外围保护地带面积 640 平方千米。该地最高峰岷山主峰雪宝峰终年积雪，是中国存有现代冰川的最东点。

1983 年 3 月 四川省人民政府决定成立汶川卧龙特别行政区，设立特区办事处，管辖卧龙、耿达两个公社。卧龙国家级自然保护区与卧龙特别行政区实行一个班子、两块牌子。

在攀枝花市建立苏铁国家级自然保护区,[①] 区内现有天然生长的攀枝花萝铁 234776 株，总面积为 1400 公顷，是一个天然的物种基因库。该保护区拥有中国乃至亚洲苏铁类植物自然分布纬度最北、面积最大、株数最多、分布最集中的天然苏铁林，也是全国苏铁类植物唯一的国家级自然保护区。

1983 年 9 月 在阿坝藏族羌族自治州松潘县设立四川黄龙省级自然保护区，主要保护对象为大熊猫及森林生态系统，总面积为 55050. 5 公顷。

1984 年 1 月 在甘孜藏族自治州炉霍县设立卡莎湖省级自然保护区，保护区位于充古乡境内，马日贡山西南麓，主要保护对象为湿地生态系统及中华秋沙鸭、黑颈鹤、雪豹等野生动物，总面积为 31700 公顷。

1984 年 2 月 四川省阿坝藏族羌族自治州九寨沟县的九寨沟列入第一批国家重点风景名胜区，相应建立了南坪县九寨沟风景名胜区管理局，九寨沟正式对外开放。

1985 年 6 月 国务院批准实施《森林和野生动物类型自然保护区管理办法》，于 6 月 26 日由林业部公布实施，从此将自然保护区纳入法制化管理轨道。

1986 年 1 月 经批准在巴中市通江县建立四川诺水河省级自然保护区，主要以河流及珍稀鱼类为保护对象，总面积为 63000 公顷。

1986 年 10 月 经批准在自贡市荣县正式成立金花桫椤省级自然保护区，主要以桫椤及其生境为保护对象，总面积为 110 公顷。

1989 年 10 月 林业部与世界自然基金会共同编制《中国大熊猫及其栖息地保护管理计划》。

1990 年 5 月 在甘孜藏族自治州白玉县建立火龙沟省级自然保护区，主要以森林生态系统及珍稀野生动物为保护对象，总面积为 139600 公顷。

1992 年 6 月 经国家计划委员会批准，中国保护大熊猫及其栖息地工程正式立项，计划完善已经建立的 13 个大熊猫自然保护区，新建 14 个大熊

---

① 该保护区 1996 年晋升为国家级自然保护区。

猫自然保护区，同时修建 15 条大熊猫走廊带。[①]

1992 年 12 月　阿坝藏族羌族自治州的黄龙风景名胜区和九寨沟风景名胜区正式被联合国教科文组织作为世界自然遗产列入《世界遗产名录》，成为世界具有突出价值与意义的，需要世界共同保护的世界自然遗产地。

1993 年 4 月　在都江堰市建立龙溪—虹口国家级自然保护区，主要保护对象是大熊猫、扭角羚、川金丝猴、连香树、珙桐等珍稀濒危野生动植物及其森林生态系统，是全国 35 个大熊猫保护区之一。保护区总面积为 310 平方千米，其中核心区 203 平方千米，缓冲区 37 平方千米，实验区 70 平方千米。外围保护带面积 1.17 平方千米。

1993 年 8 月　在绵阳市平武县建立雪宝顶国家级自然保护区，主要保护对象是金丝猴、大熊猫、扭角羚等珍稀濒危野生动物及其栖息地，保护区总面积为 63615 公顷。

在绵阳市安县与北川羌族自治县建立千佛山国家级自然保护区。主要保护对象为川金丝猴、大熊猫等珍稀野生动物及其栖息地。保护区总面积为 11083 公顷。

四川省建立 9 个省级自然保护区：阿坝藏族羌族自治州九寨沟县勿角省级自然保护区、绵阳市平武县小河沟省级自然保护区、阿坝藏族羌族自治州松潘县白羊省级自然保护区、阿坝藏族羌族自治州茂县宝顶沟省级自然保护区、绵阳市北川羌族自治县店口省级自然保护区、崇州市鞍子河省级自然保护区、成都市大邑县和雅安市芦山县黑水河省级自然保护区、眉山市洪雅县瓦屋山省级自然保护区、凉山彝族自治州冕宁县冶勒省级自然保护区。主要保护对象为大熊猫、扭角羚、川金丝猴等珍稀濒危野生动物及森林生态系统。9 个省级自然保护区总面积达到 317789 公顷。

1994 年 6 月　在甘孜藏族自治州巴塘县建立竹巴笼省级自然保护区，主要以矮岩羊等野生动物及其生境为保护对象，总面积为 28198 公顷。

---

① 范志勇：《野生动物保护管理　中国保护大熊猫及其栖息地工程》，载《中国林业年鉴 1992》，中国林业出版社，1992，第 30 页。

1994 年 7 月 林业部以林函护字（1994）174 号文确认九寨沟为国家级自然保护区，旨在保护大熊猫、金丝猴等珍稀动物及其自然生态环境。

1994 年 9 月 国务院第 24 次常务会议讨论通过《中华人民共和国自然保护条例》，并以中华人民共和国国务院令第 167 号公布，自 1994 年 12 月 1 日正式施行，至此将包括大熊猫保护区在内的各类自然保护区纳入法制管理轨道。

1994 年 11 月 在阿坝藏族羌族自治州若尔盖县建立若尔盖国家级自然保护区，① 主要保护对象为白尾海雕、黑颈鹤、胡兀鹫、玉带海雕等珍稀濒危野生鸟类以及世界最大的高原泥炭沼泽生态系统，总面积为 166571 公顷。

1995 年 3 月 在阿坝藏族羌族自治州小金县建立小金四姑娘山国家级自然保护区。主要保护对象为雪豹、大熊猫、白唇鹿、牛羚、金丝猴、原始暗针叶林等濒危动植物以及以冰川为主的独特地质地貌，总面积为 56000 公顷。

1995 年 11 月 在甘孜藏族自治州理塘县、稻城县建立梅子山国家级自然保护区，保护区以高寒湿地生态系统及白唇鹿、马麝、藏马鸡等珍稀野生动物为主要保护对象，总面积为 459161 公顷。

在甘孜藏族自治州石渠县建立长沙马贡国家级自然保护区。保护区以高寒湿地生态系统和藏野驴、雪豹、野牦牛等珍稀动物为主要保护对象，总面积为 669800 公顷。

在甘孜藏族自治州白玉县建立察青松多白唇鹿国家级自然保护区。保护区以白唇鹿、雪豹、金钱豹、金雕等珍稀野生动物及其自然生态系统为主要保护对象，总面积为 143683 公顷。

建立四个省级自然保护区：甘孜藏族自治州石渠县洛须省级自然保护区、甘孜藏族自治州德格县新路海省级自然保护区、甘孜藏族自治州丹巴县莫斯卡省级自然保护区、甘孜藏族自治州康定县金汤孔玉省级自然保护区。主要以白唇鹿、雪豹、藏野驴、野牦牛、黑颈鹤、金丝猴、牛羚等珍稀野生

① 若尔盖国家级自然保护区在 2008 年列入“国际重要湿地”。

动物及其生境为保护对象，总面积为 222996.6 公顷。

1996 年 1 月 在达州万源市建立花萼山国家级自然保护区，保护区以珍稀动植物及其北亚热带常绿阔叶林生态系统为主要保护对象，总面积为 48203.4 公顷。

在巴中市南江县建立光雾山国家级自然保护区，保护区以水青冈林、珍稀动物及森林生态系统为主要保护对象，总面积为 24988 公顷。

1996 年 3 月 在甘孜藏族自治州稻城县建立亚丁国家级自然保护区。主要保护对象为野生动植物、森林生态系统与冰川，总面积为 145750 公顷。

1996 年 10 月 经批准在四川省、云南省、贵州省、重庆市“三省一市”建立长江上游珍稀特有鱼类国家级自然保护区。保护区主要保护对象为河流生态系统以及珍稀特有鱼类，总面积为 31713.8 公顷。

在宜宾市长宁县建立长宁竹海国家级自然保护区，保护区以竹类生态系统为主要保护对象，总面积为 28919 公顷。该保护区分布有散生竹、丛生竹、混生竹种，在海拔 1300 多米的原始丛林中，分布有筇竹、刺方竹、刺竹等古老竹种。

1996 年 12 月 在成都市彭州市建立白水河国家级自然保护区，保护区以大熊猫、金丝猴等珍稀野生动物及森林生态系统为主要保护对象，总面积为 31150 公顷。

经联合国教科文组织审定，峨眉山—乐山大佛列入《世界文化与自然遗产名录》，成为自然与文化双重遗产。

1997 年 1 月 在乐山市峨边彝族自治县建立黑竹沟国家级自然保护区，保护区主要以大熊猫及其栖息地为保护对象，总面积为 29643 公顷。

1997 年 3 月 在甘孜藏族自治州康定县、甘孜藏族自治州泸定县、雅安市石棉县、甘孜藏族自治州九龙县建立贡嘎山国家级自然保护区，保护区以大雪山系贡嘎山为主的山地生态系统、各类珍稀野生动植物资源、海螺沟低海拔现代冰川为主的各种自然景观资源为主要保护对象，总面积为 400000 公顷。

1997 年 4 月 在甘孜藏族自治州九龙县建立湾坝省级自然保护区，保护区主要保护对象为大熊猫等珍稀野生动物以及高山自然生态系统，面积为41824公顷。

1997年10月　在甘孜藏族自治州丹巴县建立墨尔多山省级自然保护区，保护区以亚高山针叶林为保护对象，总面积为62103公顷。

1998年1月　在甘孜藏族自治州丹巴县墨尔多山等16个自然保护区合并建立大小兰沟省级自然保护区。保护区主要以巴山水青冈为保护对象，总面积为6932公顷。

在巴中市通江县建立诺水河珍稀水生动物国家级自然保护区，保护区主要以大鲵、水獭、岩原鲤、重口裂腹鱼、青石爬鮡、鳖、乌龟等珍稀水生动物，中华倒刺鲃、白甲鱼、华鲮、南方鲇、鳜、黄颡鱼等名贵经济鱼类及其生活的水生生态系统为保护对象，总面积为9220公顷。

在泸州市叙永县建立画稿溪国家级自然保护区，保护区主要以亚热带原始常绿阔叶林生态系统和第三纪残遗物种——桫椤群落及其伴生的珍稀野生动植物为保护对象，总面积为23827公顷。

在资阳市安岳县建立安岳恐龙化石群省级自然保护区，保护区主要以恐龙化石为保护对象，总面积为5000公顷。

1998年4月　在雅安市天全县建立天全河珍稀鱼类省级自然保护区。保护区以川陕哲罗鲑、大鲵、水獭等水生野生动物为主要保护对象，总面积为3618.61公顷。

1998年7月　在绵竹市、什邡市建立九顶山省级自然保护区，保护区以大熊猫等珍稀动植物为主要保护对象，总面积为614640公顷。

1999年1月　在广元市旺苍县建立米仓山国家级自然保护区，保护区以森林及野生动物为主要保护对象，总面积为23411公顷。

在阿坝藏族羌族自治州理县建立米亚罗省级自然保护区，保护区以熊猫、林麝、川金丝猴等珍稀野生动物及森林生态系统为主要保护对象，总面积为160732公顷。

1999年3月　在凉山彝族自治州金阳县建立百草坡自然保护区，保护区以林麝及湿地生态系统为主要保护对象，总面积为25597.4公顷。

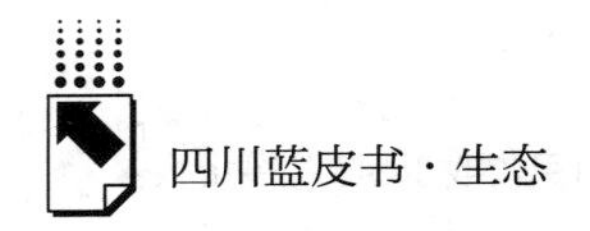

1999年5月 在眉山市洪雅县、雅安市雨城区建立周公河省级自然保护区，保护区以大鲵、水獭等水生野生动物及珍稀特有鱼类为主要保护对象，总面积为3170公顷。

在达州市宣汉县建立百里峡省级自然保护区，保护区以大鲵、水獭等水生野生动物主要保护对象，总面积为26260公顷。

1999年10月 在甘孜藏族自治州道孚县建立泰宁玉科省级自然保护区，保护区以森林植被、地形地貌为主要保护对象，总面积为141475公顷。

2000年1月 在成都市简阳市建立龙泉湖省级自然保护区，保护区以水域生态系统为主要保护对象，总面积为522公顷。

在绵阳市安县建立安县海绵礁省级自然保护区，保护区以海绵生物遗骸遗迹为主要保护对象，面积为5230公顷。

2000年2月 在宜宾市屏山县建立老君山山鹧鸪国家级自然保护区，主要保护对象为四川山鹧鸪以及森林生态系统，面积为3500公顷。

2000年3月 在绵阳市梓潼县、广元市剑阁县建立翠云廊古柏省级自然保护区，保护区主要保护对象为古柏及其森林生态系统，总面积为27155公顷。

2000年5月 在巴中市平昌县建立驷马河流域湿地省级自然保护区，主要保护对象为湿地生态系统，总面积为12162公顷。

2000年6月 在广元市朝天区建立水磨沟省级自然保护区，保护区以森林生态系统及林麝、红豆杉等珍稀野生动植物为主要保护对象，总面积为7337公顷。

2000年8月 在甘孜藏族自治州得荣县建立下拥省级自然保护区，主要保护对象为野生动植物及其生存的森林生态系统，总面积为23693公顷。

2000年9月 在甘孜藏族自治州新龙县建立熊龙省级自然保护区，保护区以湿地生态系统及白唇鹿、黑颈鹤等珍稀野生动物为主要保护对象，总面积为171065公顷。

2000年10月 在凉山彝族自治州越西县建立申果庄大熊猫省级自然保护区，保护区以大熊猫等珍稀野生动物及其生境为主要保护对象，总面积为

33700 公顷。

2000 年 11 月 经联合国教科文组织审定，都江堰—青城山共同作为一项世界文化遗产列入《世界遗产名录》。

2000 年 12 月 在阿坝藏族羌族自治州阿坝县建立曼则唐湿地省级自然保护区，保护区以黑颈鹤等珍稀野生动物及高原沼泽湿地生态系统为主要保护对象，总面积为 165874 公顷。

在广元市苍溪县建立苍溪省级自然保护区，保护区以林麝、红腹锦鸡及森林生态系统为主要保护对象，总面积为 8043 公顷。

在阿坝藏族羌族自治州黑水县建立三打古省级自然保护区，保护区以川金丝猴、扭角羚、林麝、红豆杉等珍稀野生动植物为主要保护对象，总面积为 62319. 3 公顷。

2001 年 1 月 在阿坝藏族羌族自治州汶川县建立草坡省级自然保护区，保护区以大熊猫、川金丝猴等珍稀野生动植物为主要保护对象，总面积为 55612. 1 公顷。

在广元市青川县建立毛寨省级自然保护区，保护区以金丝猴、大熊猫、扭角羚等珍稀濒危野生动物为主要保护对象，总面积为 20800 公顷。

2001 年 2 月 在巴中市通江县五台山建立五台山猕猴省级自然保护区，保护区以猕猴等珍稀濒危野生动物、野生兰科植物为主要保护对象，总面积为 27900 公顷。

2001 年 3 月 在凉山彝族自治州雷波县建立嘛咪泽省级自然保护区，保护区以大熊猫、四川山鹧鸪等珍稀濒危野生动物及森林生态系统为主要保护对象，总面积为 38800 公顷。

在攀枝花市盐边县建立二滩省级自然保护区，保护区以黑颈鹤等珍稀野生鸟类及湿地生态系统为主要保护对象，总面积为 74960 公顷。

2001 年 5 月 在绵阳市江油市建立观雾山省级自然保护区，保护区以森林生态系统及野生动植物为主要保护对象，总面积为 21034 公顷。

2001 年 6 月 在攀枝花市米易县建立白坡山省级自然保护区，保护区主要保护对象为扭角羚、四川山鹧鸪与森林生态系统，总面积为 23620

公顷。

在凉山彝族自治州甘洛县建立甘洛马鞍山省级自然保护区，保护区以大熊猫、四川山鹧鸪、红豆杉等珍稀野生动植物为主要保护对象，总面积为27981公顷。

2001年7月 在广元市青川县建立东阳沟省级自然保护区，保护区主要保护对象为金丝猴、大熊猫、扭角羚等珍稀濒危野生动物，总面积为30760公顷。

2001年9月 在雅安市石棉县建立栗子坪国家级自然保护区，保护区以大熊猫、红豆杉、连香树等珍稀濒危野生动植物为主要保护对象，总面积为479400公顷。

2002年3月 在甘孜藏族自治州雅江县建立神仙山省级自然保护区，保护区以湿地生态系统为主要保护对象，保护区面积为39114公顷。

在泸州市古蔺县建立古蔺黄荆省级自然保护区，保护区以森林生态系统为主要保护对象，总面积为36522公顷。

2002年9月 在阿坝藏族羌族自治州壤塘县建立南莫且湿地省级自然保护区，保护区为湖泊、沼泽等高原湿地生态系统，总面积为82834公顷。

2003年4月 在雅安市荥经县建立大相岭省级自然保护区。保护区以大熊猫及其生态系统为主要保护对象，总面积为29000公顷。

2004年1月 在甘孜藏族自治州道孚县、康定县、雅江县建立亿比措湿地省级自然保护区。保护区以高寒湿生态系统为主要保护对象，总面积为27275.7公顷。

2005年11月 在乐山市沐川县建立芹菜坪省级自然保护区，保护区以四川山鹧鸪、白腹锦鸡、红腹锦鸡等珍稀野生动物为主要保护对象，总面积为362公顷。

2006年7月 联合国第30届世界遗产大会审议通过“四川大熊猫栖息地”为世界自然遗产，标志着该区域范围内的成都市青城山—都江堰、西岭雪山、鸡冠山—九龙沟和天台山4个风景名胜区同时被列为“四川大熊猫栖息地”世界自然遗产。

2007年5月 青城山—都江堰旅游景区经国家旅游局正式批准为首批国家5A级旅游景区。

2007年11月 在凉山彝族自治州德昌县、普格县建立螺髻山省级自然保护区，保护区以森林生态系统、高山草原及白唇鹿等珍稀野生动物为主要保护对象，总面积为21900公顷。

2009年9月 在阿坝藏族羌族自治州九寨沟县、若尔盖县建立贡杠岭省级自然保护区，保护区以大熊猫及其栖息地为主要保护对象，总面积为147844公顷。

2009年12月 在广元市利州区建立南河国家湿地公园，这是四川第一个国家级湿地公园，湿地公园以珍禽以及鱼类为主要保护对象，总面积为110.64公顷。

2010年9月 广元市剑阁县剑门关景区被评定为国家4A级旅游景区。

2011年7月 乐山大佛景区被授予国家5A级旅游景区称号。该景区位于乐山市郊，岷江、大渡河、青衣江三江交汇处，景区面积17.88平方千米。

2013年12月 在凉山彝族自治州西昌市建立邛海国际湿地公园，这是中国最大的国际湿地公园，湿地公园主要以湖泊水质、鸟类栖息地为保护对象，总面积为3728.7公顷。

2014年3月 在广元市旺苍县建立四川汉王山东河湿地省级自然保护区，保护区以河流湿地生态系统、珍稀水生生物及物种多样性为主要保护对象，尤其是保护大鲵等濒危物种，总面积为585.97公顷。

2015年7月 广元市剑阁县剑门蜀道剑门关旅游景区被列入国家级5A风景名胜区，总规划面积为84平方千米，核心区面积为6平方千米。

2015年10月 在达州市万源市建立蜂桶山省级自然保护区，保护区以森林生态系统及林麝、毛冠鹿、大鲵、红豆杉等珍稀野生动植物为主要保护对象，总面积为13650.2公顷。

2015年12月 在南充市阆中市建立构溪河国家湿地公园，湿地公园主要以湿地生态系统为保护对象，总面积为3014.99公顷。

2016年1月 习近平总书记主持召开中央财经领导小组第十二次会议，要求“着力建设国家公园，保护自然生态系统的原真性和完整性，给子孙后代留下一些自然遗产，要整合设立国家公园，更好地保护珍稀濒危动物”。①

2016年5月 四川作为牵头省份，与陕西、甘肃合作，研究制定大熊猫国家公园划定范围、机构人员安置、划定区域内自然资源财产处置等方案。同年8月，川陕甘三省编制的相关方案上报中央。

2016年7月 在广元市元坝区建立柏林湖国家湿地公园，湿地公园主要以河流、湖泊、水库等为保护对象，总面积为390.5公顷。

在乐山市金口河区建立大瓦山国家湿地公园，湿地公园以古代冰川地貌以及湖泊、沼泽为保护对象，总面积为2812.2公顷。

在阿坝藏族羌族自治州若尔盖县建立若尔盖国家湿地公园，湿地公园以若尔盖生态恢复为核心，以湿地保育为重点，若尔盖国家湿地公园是全世界面积中最大、保存最为完好的高原泥炭沼泽湿地。总面积为2662.7公顷。

2016年12月 习近平总书记主持中央全面深化改革领导小组第三十次会议，审议通过《大熊猫国家公园体制试点方案》。

2017年1月 中共中央办公厅、国务院办公厅印发《大熊猫国家公园体制试点方案》，要求试点期间落实加强以大熊猫为核心的生物多样性保护、创新生态保护管理体制、探索可持续的社区发展机制、构建生态保护运行机制以及开展生态体验和科普宣教等任务。

2017年9月 在乐山市犍为县建立桫椤湖国家湿地公园，湿地公园主要以河流、库塘湿地为保护对象，总面积为436.29公顷。

在南充市西充县建立青龙湖国家湿地公园，湿地公园主要以河流、库塘、沼泽为保护对象，总面积为411.11公顷。

---

① 《习近平主持召开中央财经领导小组第十二次会议　研究供给侧结构性改革方案》，《中国农业会计》2016年第2期，第1页。

2018 年 10 月 大熊猫国家公园管理局在四川省成都市成立，标志着大熊猫国家公园体制试点工作开始进入全面推进新阶段。根据《大熊猫国家公园总体规划》，大熊猫国家公园总面积为 27227 平方千米，所涉四川境内的集体土地面积占大熊猫国家公园集体土地总面积的 70.94%，主要保护对象为大熊猫，以及其他一级重点保护野生动物 22 种，包括川金丝猴、云豹、金钱豹、雪豹、林麝、马麝、羚牛、中华秋沙鸭、玉带海雕、金雕、白尾海雕、白肩雕、胡兀鹫、绿尾虹雉、雉鹑、斑尾榛鸡、黑鹳、东方白鹳、黑颈鹤、朱鹮等。

2019 年 9 月 为进一步提升大熊猫科研水平，四川新组建了大熊猫科学研究院。该科学研究院将瞄准大熊猫前沿科学领域开展重点课题研究，并与全球知名研究机构、国际组织开展长期合作交流，以高水平的科研成果引领四川大熊猫保护事业迈上新的台阶。

2019 年 12 月 在成都市新津县建立新津白鹤滩国家湿地公园，眉山市仁寿县建立仁寿黑龙滩国家湿地公园，阿坝藏族羌族自治州松潘县建立松潘岷江源国家湿地公园，南充市营山县建立营山清水湖国家湿地公园，南充市蓬安县建立蓬安相如湖国家湿地公园。5 个国家湿地公园总面积为 9110.13 公顷，主要保护对象为湿地植物以及水禽、鱼类。

B.14
四川污染防治大事记

陈 巨 甘庭宇*

1949 年 成都市共有八大排水沟体系（同仁路下水道系、东城根街下水道系、环御河下水道系、王家塘下水道系、通顺桥下水道系、鼓楼下水道系、庆云下水道系、瘟祖庙下水道系）及若干支系和大小街沟组成，均系雨水、污水合流制，到 1949 年共有 252 千米。

1956 年 在成都市总体规划中，第一次提出按雨水、污水的分流制进行排水工程建设，在东北郊新兴工业区按分流制规划修建，并开始一级污水处理厂（站）的建设。

1958 年 成都市为消除东郊工业区水质污染，于 1958 年在麻石桥修建污水处理厂，日处理污水能力为 1 万吨（工艺：格栅集水池—泵站—沉沙池—平式沉淀池—加氯接触池—出水管）。

1963 年 11 月 中国共产党四川省委员会、四川省人民委员会发出《关于植树造林的指示》，要求从 1964 年起，每年开展一次大规模的群众性植树造林活动，除继续发展用材林外，应把种植油桐、茶树、桑树等经济林木列为植树造林的中心任务。在山区还要注意发展木本粮食，川中燃料缺乏地区要特别加紧发展薪炭林。

1963 年 成都市集中力量对下水道“病害”工程进行治理。

1964 年 7 月 中共四川省委发文指出，全省森林资源不断减少，森林破坏十分严重。至 1963 年末，全省森林面积比 1950 年下降 29.62%，文件

* 陈巨，四川省社会科学院专业硕士研究生，主要研究方向为农村发展；甘庭宇，四川省社会科学院农村发展研究所研究员，主要研究方向为农村发展。

强调保护好现有森林资源，严禁毁林开荒、乱砍滥伐，贯彻合理经营、合理采伐、合理利用的方针，积极封山育林、植树造林，大抓森林更新。

1968 年 成都市锦江区狮子山建立一座日处理污水量 8.6 万吨的污水处理厂，处理后的污水开始用于农业灌溉。

1971 年 3 月 康定、雅江、丹巴、新龙、西昌、木里、马尔康、茂汶、黑水、汉源等县先后发生森林大火 106 起，烧毁森林 10 余万亩，损失大小林木 200 余万株、木材半成品 8000 余立方米，死亡 10 人，重伤 11 人。4 月四川省革委会、成都军区发出通知，要求各单位切实加强防火护林工作。

1974 年 11 月 根据 1974 年 8 月国务院召开的第一次环境保护会议做出的《关于保护政策和政策环境的若干规定》，四川省革委会决定建立环境保护办公室，负责污染调查、环境管理、环境保护与防治工作。

1974 年 11 月 四川省革委会批准成立环境保护办公室，为局一级机构，并制订《四川省环境保护十年规划》。

1975 年 1 月 四川省发展计划委员会、省环办联合通知各地区、各部门编制环境保护十年规划。

1975 年 6 月 省环办提出四川省环境保护十年规划意见，要求大干五年，控制污染，奋斗十年，基本解决污染问题。

1975 年 四川省环境保护机构成立后，从 1975 年起即对全省的环境状况、大气与水质的污染状况、污染源展开调查，编写出《环保情况反映》，为国务院环保办收入《环境保护简报》第一期，四川省各有关厅局、各工业企业开始重视污染防治。

1976 年 3 月 第一次四川省环境保护会议召开，中共四川省委批转了这次会议《会议情况和意见的报告》，要求各级政府认清污染的危害性，消除环境污染的可能性，意识环境保护的重要性，同时提出全部项目必须做到“三同时”（防止污染的工程都要同时设计、同时施工、同时投产使用）。

1976 年 3 月 全省第一次环境保护工作会议在成都召开，会议对加强环保工作的领导、建立健全环保工作机构、编制环保“五五”规划以及防止新的污染等问题提出具体意见。

1976 年 4 月 四川省革委会批准建立成都市、重庆市、自贡市、渡口市、成都市青白江区环境保护监测站。

1977 年 4 月 四川省发展计划委员会、省环办联合召开沱江釜溪河环境保护规划会，安排釜溪河“三废”治理规划任务，成立了沱江流域环境保护领导小组。

1977 年 9 月 四川省革委会批准建立四川省环境保护科研监测所，内江地区、宜宾地区、绵阳地区、泸州市建立环境保护监测站。

1977 年 10 月 省财政局、省环办印发《关于环境保护事业费、业务费开支范围的规定》。

1978 年 9 月 四川省革委会在成都召开全省重点厂矿单位环境保护工作会议。

1978 年 11 月 四川省发展计划委员会、省经济委员会、省环办联合转发“国家第一批 167 个限期治理企业名单”，其中四川省有 16 家企业，共 29 个项目，要求 1979 ~ 1981 年完成。

1979 年 4 月 四川省财政局、省环办联合发出《关于工业企业利用“三废”生产的产品免税问题的通知》，从 1979 年 1 月 1 日起免税 3 年。

1979 年 11 月 四川省发展计划委员会、省环办联合召开沱江流域环境保护工作会议，落实全国人大五届二次会议第 555 号关于治理沱江污染的提案。

1979 年 经有关部门检测，处理后的水质远未达到排入水体和农田灌溉的要求。

1980 年 4 月 以中共四川省委书记杨超为团长的中国生物能源代表团应邀参加在美国召开的世界生物能源大会。四川沼气建设在国际上具有较大影响，因其起步早、发展快、规模大，被称为“沼气之乡”。沼气资源开发利用，对四川农村发展循环经济、改善生活方式、增加农民收入、建设生态农业产生了巨大推动作用。

1980 年 4 月 四川省环境保护办公室更名为四川省环境保护局，列入省政府工作部门。

1980 年 4 月　在成都召开全省环境保护大会，会议总结了环境保护宣传月活动。8 月省政府颁布《四川省排放污染物收费与罚款暂行办法》，用经济手段推动污染治理。

1980 年 7 月　四川省人民政府公布《四川省排放污染物收费与罚款的暂行办法》，通过经济手段促进污染治理。

1980 年 7 月　邓小平在四川视察，在峨眉山期间说道："大自然是不同寻常的课本，也是一本永远读不完的书啊！"并且多次强调："峨眉山风景区要退耕还林，加强保护。"

1980 年　有关部门投资 4.3 亿元，省里投资 6.85 亿元，治理污染严重的化工、磷肥、农药等工厂排出的有害污水、废气。

1980 年　全省工业废水处理量为 1.4 亿立方米，处理率为 5.6%，到 1990 年处理量达到 4.8 亿立方米，处理率由 5.6% 提高到 24.5%。省各主管部门、各工业企业开始重视污染的治理，全省治理工业废水的资金投入 6.85 亿元，占污染治理总资金的 38.7%。

1980 年　四川省人民政府决定，将环境办改建成环境保护局，到 1983 年机构改革时，与省基本建设委员会合并组成四川省城乡建设环境保护厅，设环境管理等四个处，具体负责环境管理、污染管理、开发建设、科研监测等工作。

1981 年 1 月　四川省为促进企业和事业单位在建设与发展生产的同时，避免环境污染，省政府颁布《四川省基本建设环境保护管理暂行办法》，旨在保护人民健康的同时促进产业发展。

1981 年 2 月　省环保局局长陈华第一次向省人大常务委员会做《全省执行环境保护法和环境保护工作情况的汇报》。

1981 年 8 月　四川省人民政府批准成立四川省沱江流域环境保护领导小组。

1982 年 1 月　四川省发展计划委员会、四川省经济贸易委员会、四川省住房和城乡建设委员会、四川省环保局联合发布《关于防治工业污染的意见》。12 月经省政府同意，省环保局颁布《四川省环境污染物排放标准》，

1983 年 7 月 1 日起施行，该标准对大气、水污染物排放的分类、分级做了明确界定，对标准的实施和监督检查做出了规定。

1982 年 4～5 月 中共四川省委第一书记谭启龙在“川北农村怎样翻身致富”的调研中提出，山区振兴要“挖掉穷根，栽上富根，站稳脚跟”，要停止乱砍滥伐，因地制宜发展林、草、牧业和多种经营，《红旗》杂志刊载了此行调查报告。

1982 年 7 月 川东 61 个县发生暴雨洪灾。鉴于四川连续两年发生暴雨洪灾，中共四川省委第一书记谭启龙接受《人民日报》记者采访，提出要建设长江上游生态保护林，否则长江就有成为第二条黄河的危险，贻害无穷。

1982 年 10 月 四川省环境保护研究所启动沱江流域生态环境考察，1984 年考察工作结束，这是四川省第一次进行全流域性的生态环境考察。

1983 年 1 月 四川省《印铁机有机废气处理及热能回用工业性实验研究》成果鉴定会在四川省军区招待所召开。

1983 年 10 月 四川省城乡建设环境保护厅在自贡市召开全省重点企业防治工业污染经验交流会。

1984 年 1 月 《中国环境报》四川记者站正式成立。

1984 年 2 月 四川省人民政府召开第二次四川省环境保护会议，副省长顾金池主持，副省长何赫炬总结，会议报经省编制委员会批准，增加全省环保机构的人员编制，全省建立 150 多个环境监测站，积极开展环境污染的监测和防治。

1984 年 3 月 省政府决定成立四川省环境保护委员会，7 月召开第一次会议，讨论防治土法炼焦和造纸污染问题。

1984 年 11 月 四川省政府为贯彻落实《中华人民共和国环境保护法（试行）》第十九条的规定，改善环境和保障人们身体健康，省政府制定了《四川省消烟除尘管理暂行办法》。

1984 年 12 月 省农牧厅、省城乡建设环境保护厅、省卫生厅等联合出台了《关于禁止购进、销售及使用六六六、滴滴涕农药的通知》。

1985 年 1 月 省政府决定在全省开展工业污染源调查，全省调查企业的废水、废气治理项目 3395 个，部门投资 4.3 亿元。工业固体废弃物年利用量为 774.8 万吨，年处理量为 686 万吨。

1985 年 4 月 省城乡建设环境保护厅向全省发出《建设烟尘控制区的意见》。

1985 年 8 月 省环境保护委员会发出通知，要求市、地、州、县建立环境保护委员会。

1985 年 全省 19 个建制市除新建的华蓥市外，排水沟管长增加到 1298 千米。到 1990 年，建制市增加到 23 个，排水沟管长增加到 2353 千米。县镇排水沟管长由 1985 年的 1269 千米增加到 3099 千米。

1986 年 2 月 省政府出台了《关于加强城市环境综合整治的决定》，全省各个城市在改造锅炉、茶炉，推广型煤，建立烟尘控制区、无黑烟一条街，控制噪声等方面做了大量工作。

1986 年 9 月 在省人大常委会第二十一次会议上，专门听取了省城乡建设环境保护厅副厅长焦成斌关于全省环境工作状况及意见的汇报后，形成了《加强环境保护工作的决议》。

1987 年 6 月 省政府为降低能源消耗，提高经济效益，结合四川省实际颁布了《四川省〈节约能源管理暂行条例〉实施细则》。

1987 年 7 月 省环境保护委员会、省计委、省建设委员会联合颁布了《四川省建设项目环境保护管理办法实施细则》。

1987 年 成都市环卫处与环卫所合作，开展“有机生物质垃圾系统处理工程”“陈腐垃圾制肥开发利用”等课题研究，并获得进展。

1988 年 5 月 省建设委员会与成都科技大学共同创办城建环保学院，每年可培养环保工程、科研、监测技术人员近 100 名。

1988 年 6 月 四川省建设委员会与美国国家公园管理局在成都签订合作交流协议书，双方约定在风景名胜保护利用、生物多样性和生态环境保护、规划设计人员培训等方面开展合作。

1988 年 全省工业废气排放量超过 5000 亿立方米，到 1990 年，排放量约为20世纪80年代初的3倍。80年代初，废气处理率为15%～18%，从1985年起，每年的处理率都接近或超过50%。“七五”期间，投入治理工业废气的资金共4.848亿元，是“六五”期间的3.3倍。

1988年 乐山市凌云场建50立方米垃圾焚烧炉1座，焚烧炉点火以后，连续自燃5个月，情况良好，炉温870摄氏度，实现了垃圾完全燃烧，达到了无害化处理的目的。

1989年2月 四川省环境保护委员会进一步宣传国务院环境保护委员会出台的《关于城市环境综合整治定量考核的决定》与《城市环境综合整治定量考核实施办法》，并且要求各级党政部门和环保主管部门将环保列入考核中。

1989年3月 省政府出台了《关于加强工业企业环境管理的若干规定》，对治理环境的措施、方法、标准、监督、考核等做出具体要求。

1989年3月 四川省绿化委员会第九次全体（扩大）会议召开，会议的奋斗目标是“绿化全川”。随后，四川先后开展实施了长江中上游防护林建设、天然林资源保护、退耕还林、退牧还草、水土保持、城乡绿化等工程，提出建设“长江上游生态屏障”的目标。

1989年12月 为促进经济社会的可持续发展、改善生态环境，当时四川最大的一项生态建设示范工程——长江中上游防护林工程启动。

1990年1月 省政府召开全省森林资源新闻发布会宣布：经第三次森林资源清查，四川森林资源面积为1087.2万公顷，活立木蓄积量14.09亿立方米，森林覆盖率为19.21%。

1990年4月 《四川省〈中华人民共和国渔业法〉实施办法》实施，四川成为长江流域第一个采取禁渔措施的省份，规定每年的2月1日至4月30日为全省天然水域的禁渔期，阿坝州、甘孜州、凉山州和雅安地区可以根据当地的不同情况确定禁渔期。

1990年7月 省环保局首次发布了《四川省环境状况公报（1989年）》，对于全省各地的空气质量、水源质量、污染指数、环境保护状况等分别予以阐述。

1990 年　1980 年后加强了城市绿化工作，城市园林绿地由 1980 年的 4219 公顷增至 33914 公顷；公共绿地由 782 公顷增至 2242 公顷；建成区绿化覆盖面积由 3865 公顷提高到 9297 公顷；覆盖率由 13.6% 上升到 19.1%；城市人均公共绿地由 1.5 平方米增至 2.7 平方米；5000 万人参加城市植树，10 年共植 1 亿株。

1990 年　当年全省工业固体废弃物产生量约为 4000 万吨，主要包括工业矿山的煤矸石、尾矿、粉煤灰、冶炼渣等。从 1980 年到 1990 年的 11 年中，处理率已由 2.5% 提高到 59.4%，综合利用率由 10% 提高到 22.5%，排放率也由 87.5% 下降到 18.1%。

1991 年 1 月　经省政府同意，省环保局、省人事厅联合发布了《四川省环境保护目标责任书考核奖励办法》，3 月成立四川省环保目标考核领导小组。

1991 年 7 月　省七届人大常委会第二十四次会议通过了《四川省环境保护条例》，这是推进绿色发展、促进人与自然和谐相处、进一步推动四川生态文明建设、有四川特色的综合性环境保护地方法规。

1991 年 10 月　省环保局与日本广岛环境保护视察团签订了第一个《四川省与广岛县环境保护合作协议》。

1991 年　位于成都市东南三瓦窑镇西侧、采用生物接触氧化工艺的二级污水处理厂投入试运行，污水处理厂服务人口达 119 万人，总汇水面积约 5718 公顷。

1992 年 3 月　中共四川省委、省政府决定将环保计划纳入四川省国民经济和社会发展计划，对环保问题的重视进一步加强。

1992 年 7 月　四川省人大常务委员会通过并颁布实行《四川省城市园林绿化条例》，至此，全省城市园林绿化步入法制化管理轨道。

1992 年 12 月　四川省为有效控制四川省区域环境的大气污染，保障群众健康，防止由大气污染带来的生态破坏，省环保局发布了《四川省大气污染物排放标准》。

1993 年 3 月　成都市府南河综合整治工程启动，这是一项集综合治污、防洪、绿化、安居、文化、道路和管网改造于一体的工程，工程竣工时间为1997 年 12 月。1998 年 10 月，成都市府南河综合整治工程获“世界人居奖”。

1993 年 3 月　中共四川省委、省政府发布《关于加强环境保护促进经济发展的通知》，同月，省委宣传部、省人大城环委、省广播电视厅、省环保局决定在全省联合开展“四川环保纪实”宣传活动，1993 年主题为“向环境污染宣战”。

1993 年 7 月　省环保局、省物价局、省财政厅联合制定并发布了《四川省征收污水排污费暂行规定》，自发布之日起实施。

1993 年底　1982 年 10 月在宜宾地区珙县正式开工的联合国粮食计划署援助中国的造林工程经过十余年努力造林 19000 余公顷，超额完成 12500 公顷的目标。

1994 年 8 月　省环保局、省发展计划委员会、省住房和城乡建设委员会、省国土局联合印发《关于加强建设项目选址定点环境管理工作的通知》。

1994 年 9 月　在成都举办第二届中德环保研讨会，德国北威州政府赠款 10 万马克支持造纸黑液处理研究项目。

1994 年 10 月　为维护国家对矿产资源的财产权益，促进矿产资源的合理开发与利用，省政府颁布《四川省矿产资源补偿费征收管理办法》。

1995 年 3 月　为了进一步有效保护和改善生态环境，省人大常委会做出《关于进一步加强环境保护工作的决定》。

1995 年 5 月　省环保局、省计委、省经委、省建设委员会联合印发《关于加强开发建设项目环境保护设计管理的通知》。

1995 年 10 月　省人大常委会颁布《四川省饮用水源保护管理条例》，自公布之日起施行。

1996 年 5 月　四川省开始全面整顿矿业秩序，清理查处违反矿产资源法律法规的行为。重点开展矿产资源法律法规宣传教育，全面整顿矿业企业和重点矿种开采，责令停止不具备条件的采矿和无证采矿行为，严格对黄金、稀土等矿产的管理等。

1996 年 10 月　中共中央政治局常委、国务院副总理朱镕基在四川攀枝花市、凉山州、绵阳市、德阳市等地视察。朱镕基强调，“少砍树，多栽树”“把森老虎请下山”。

1996 年 10 月　省环保局在成都举办’96 四川国际环保技术设备展览会。

1997 年 7 月　省政府印发《关于加快环境保护产业发展的通知》。省环保局在同年 9 月制定《四川省环境保护产品认定管理办法》《四川省环保实用技术评审办法》。

1997 年 8 月　省政府颁布《关于实施天然林资源保护工程的决定》，9 月省政府办公厅决定，从 10 月 1 日开始，停止采伐全省范围内所有天然林资源。

1997 年 9 月　“温郫都”生态示范区入选全国第一批国家级生态示范区，该区是全国唯一连片建设的生态示范区，成都市郫县、温江、都江堰生态示范区森林覆盖率达到33%，山地655.9 平方千米，丘陵台地143.3 平方千米。

1998 年 6 月　经四川省机构编制委员会批准同意成立四川省环保产业发展中心，中心为省环保局直属事业单位，在省环保局环保产业发展小组领导和监督下开展工作。

1998 年 9 月　中共四川省委、省政府决定启动川西天然林保护工程和实施“禁伐令”，从 9 月 1 日起禁止采伐上游天然林木。

1998 年 9 月　成都市锦江环境综合整治工程获联合国人居中心颁发的“联合国人居奖”。

1999 年 1 月　四川省九届人大七次会议审议通过《四川省天然林保护条例》，这是我国第一部关于天然林保护的地方法规，四川在全国率先实施天然林资源保护工程。

1999 年 7 月　成都市、乐山市、峨眉山市和都江堰市停止使用含铅汽油，其他城市从 2000 年 7 月 1 日起停止使用。

1999 年 10 月　全省退耕还林试点工作会议在成都市召开，是在四川先

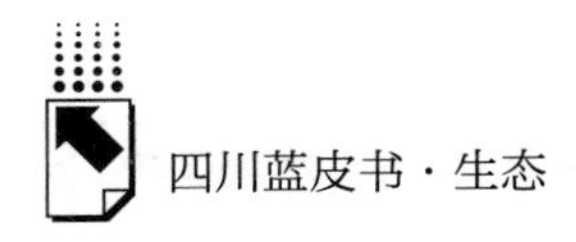

行启动的战略部署，旨在落实中共中央、国务院关于退耕还林相关事宜，布置1999～2000年退耕还林20万公顷的工程任务。

2000年4月 省政府办公厅转发省环保局《关于“一控双达标”工作实施意见》，并将省控重点污染源限期治理任务和城市空气、水环境质量指标作为省政府的单项目标下达各市执行。

2000年8月 经四川省环保局研究同意成立四川自然生态保护协会。

2000年12月 为加强岷江水污染治理防控，省政府决定从零时起禁止一切企业向岷江流域排放超标污水。

2001年3月 世界银行贷款四川城市环保工程项目启动会在成都召开，这是四川在城建环保领域第一次使用世界银行贷款的重大建设项目，涉及成都、德阳、乐山、泸州四个城市的供水、污水处理、垃圾处理等八个子项目。

2001年6月 四川省机构编制委员会批准成立四川省环境保护对外经济合作服务中心，同年11月批准成立四川省固体废物处置中心。

2001年11月 经四川省环保局研究同意成立四川省室内环境污染检测中心。

2002年1月 都江堰市以城市园林绿化与生态改善、泸州市以滨江路环境综合整治工程获得建设部2001年“中国人居环境范例奖”，成为四川省第一批获得国家人居环境大奖的城市。

2002年7月 为加强全省放射源安全管理，避免发生重特大安全事故，省环保局、省卫生厅、省公安厅联合决定，2002年7月20日至9月5日，在全省范围内开展放射源安全管理专项整治工作。

2002年11月 中国加拿大政府合作项目——环境宣教绵阳示范项目地区研讨会在绵阳召开。

2003年6月 四川亚丁国家级自然保护区被联合国环境署列入“世界人与自然生物圈保护网络”。

2003年10月 省政府第十九次常务会议通过《四川省危险废物污染环境防治办法》，2004年1月1日起施行。

2003 年 12 月 绵阳市通过国家环保总局的验收和公示，成为西部地区第一个国家环保模范城市。

2004 年 4 月 全国绿化委员会授予乐山市全国绿化模范城市荣誉证书和奖牌，乐山市成为首批九个全国绿化模范城市之一，也是四川省唯一获此殊荣的城市。

2004 年 5 月 国务院副总理曾培炎到四川沱江特大污染事故现场，代表中共中央、国务院看望沿江群众，并主持召开现场会，强调吸取教训、强化管理，切实维护人民群众的环保权益。

2004 年 10 月 成都第二、第三、第四污水处理厂正式通水，使污水处理率由原来的 36% 提高到 82%，在全国省会城市中达到一流水平。

2005 年 2 月 国家环保总局授予成都市“国家环境保护模范城市”称号。

2005 年 9 月 在深圳闭幕的“2005 全球人居环境论坛”上，峨眉山风景名胜区被授予“全球优秀生态旅游景区”奖牌，成为中国世界遗产景区中唯一获此称号的景区。

2005 年 10 月 由四川省人民政府主办，中华环保联合会、四川省环保局承办的联合国建立 60 周年系列活动之一——九寨天堂国际环境论坛在九寨沟举行。

2006 年 2 月 嘉陵江流域水质自动监测系统正式投入运行，标志着四川岷江、沱江、嘉陵江等三江流域各市（州）交界断面水质自动监测与管理系统全面建成，四川成为中西部地区第一个建成流域水质自动监测系统的省份。

2006 年 6 月 四川省委常委会审定通过《四川生态省建设规划纲要》。9 月 8 日，中共四川省委、省政府出台《关于建设生态省的决定》。9 月 21 日，省政府举行新闻发布会，宣布《四川生态省建设规划纲要》即日起正式实施。四川省是西部地区第一个全面启动生态省建设的省份。

2006 年 8 月 四川长江上游生态环境综合治理项目在成都启动，这是四川首次将大额国外贷款投入生态环境建设，项目建设包括农村沼气建设、植树造林、草地建设以及水利设施配套四大工程，总建设期为6年。

2006年9月 四川省完成21个市（州）、246个城市和3472个农村建制乡镇集中式饮用水源保护区的依法划定工作，四川省成为全国首个全面完成城乡集中式饮用水源保护区划定的省份。

2007年1月 省政府出台《关于加强节能工作的决定》，文件中提出，全省在“十一五”期间单位GDP能耗降低20%和万元GDP能耗降至1.22吨标准煤的节能减排目标。

2007年5月 在成都举行国家林业局、省政府等共同举办的“第四届中国城市森林论坛”。论坛上公布了修订的《国家森林城市评价指标》，成都市被授予“国家森林城市”称号，这是四川省首个被授予该称号的城市。

2007年12月 省政府印发《四川省环境保护“十一五”规划》，以“还三江清水，建生态四川”为主要目标，提出逐步将四川省建设成为污染全面控制的清洁社会、资源合理利用的节约社会、天蓝水清地绿的生态社会、经济环境双赢的和谐社会。

2007年12月 为落实《国务院关于开展第一次全国污染源普查的通知》《四川省政府贯彻〈国务院关于开展第一次全国污染源普查的通知〉的通知》，在四川省全面启动第一次全国污染源普查，包括工业污染源、农业污染源、第三产业中有污染物排放的单位和城镇居民生活污染源排查。

2008年1月 《四川省建设项目环境影响评价分级审批办法》出台，国家环保总局、国家发展改革委印发《三峡库区及其上游水污染防治规划（修订本）》，在“十一五”期间开展污水处理厂和城镇垃圾处理场建设、工业污染源治理，为三峡库区输送达到Ⅱ类标准的清澈水质。

2008年4月 包括四川省在内的共11个省（区、市）环保局代表在成都签署了《西南地区及其相邻省区跨省流域（区域）水污染纠纷协调合作备忘录》，此举标志着西南地区率先在全国建立区域水环境安全纠纷协调机制。

2008年9月 《四川省汶川地震灾区生态环境恢复重建规划》出台，规划提出，恢复重建规划工程项目共计591个，总投资63亿元。

2008 年 10 月 全省城乡环境综合整治试点工作会议召开，省委、省政府决定在成都市、松潘县、峨眉山市、什邡市等 11 个不同层次、不同类型的市、县开展城乡环境综合整治试点。

2009 年 6 月 四川在全国率先出台《四川省城市排水管理条例》。明确规定要缩小实行许可证的范围、管住排污大户，并对费用的收取进一步明确。

2009 年 8 月 中共四川省委、省政府出台《关于全面开展城乡环境综合治理的决定》，12 月《四川省城乡环境综合治理总体规划》出台，规划中明确了近期（2009 年）专项治理、中期（2010 年）全面治理、远期（2011 年）优化提高等不同阶段的工作目标。

2009 年 11 月 四川西北部退化土地的造林再造林项目在联合国应对气候变化框架公约下的清洁发展机制执行理事会成功注册，该项目由四川省大渡河造林局作为中方机构实施。此项目是四川省第一个、中国第二个根据《京都议定书》规则成功注册的造林再造林碳汇项目，也是全球第一个基于生物多样性标准、气候、社区的清洁发展机制造林再造林碳汇项目。

2009 年 12 月 设立四川省环境保护厅，为省政府组成部门。

2009 年 12 月 省政府印发《关于进一步推进节能降耗工作的意见》，就节能降耗总体要求、目标、实现路径、落实责任等做出进一步的明确规定。

2010 年 2 月 《第一次全国污染源普查公报》由环保部、国家统计局发布，四川省普查对象数量共计 291659 个。

2010 年 7 月 省十一届人大常委会第十七次会议通过《关于加强城乡环境综合治理的决议》。

2010 年 11 月 省政府出台《四川省“十一五”节能减排工作目标考核问责办法》，截至 2010 年，省政府先后出台 5 份文件，对“十一五”期间全省节能减排工作进行科学规划和全面部署。“十一五”期间，全省单位 GDP 能耗下降 20. 31%，万元工业增加值能耗累计下降 32. 03%，二氧化硫排放量下降 11. 9%，化学需氧量排放量下降 5%。

2010 年 12 月 四川省召开了天然林保护工程一期建设情况发布会。从 1998 年四川率先在全国试点天然林保护工程以来，到 2010 年底，天然林商品性采伐被全面禁止，并且落实包括灌木林和稀林地在内的常年森林管护责任面积 3.23 亿亩。

2010 年 12 月 省政府出台《安宁河谷地区跨越式发展规划（2010 ~ 2020 年）》，规划提出到 2020 年森林覆盖率超过 60% 的目标。

2011 年 4 月 广元环境交易所成立，这是四川省第一家环境权益交易机构、首个“碳交所”。

2011 年 7 月 成都市双流县、温江区被环境保护部授予“国家生态县（区）”称号，成为中西部地区首批获得正式命名的国家生态县（区）。

2011 年 7 月 四川省十一届人大常委会第二十四次会议通过《四川省城乡环境综合治理条例》，10 月 1 日施行，这是全国第一部把市容市貌和环境卫生规制空间拓展至乡村的省级地方性法规。

2012 年 6 月 遂宁市在巴西里约热内卢召开的联合国可持续发展大会专题会议——全球电动绿色出行论坛暨可持续人居发展会议上获评“全球绿色城市”，遂宁市成为四川省首个“全球绿色城市”。

2012 年 8 月 在成都开幕的第一届四川绿色金融博览会旨在为四川省提供针对绿色产业金融服务的交流学习平台。

2012 年 11 月 国家发展改革委出台《关于开展第二批低碳省区和低碳城市试点工作的通知》，广元市是四川省首个获批低碳试点的城市。

2013 年 2 月 《四川省环境监测中心站城市环境空气质量应急监测预案》出台，旨在确保全省出现区域性、大范围空气污染时“测得准、说得清、判得明”，及时发布空气质量信息，预警空气污染发展趋势。

2013 年 4 月 省政府批复同意《重点流域水污染防治规划（2011 ~ 2015 年）四川省实施方案》。

2013 年 4 月 省政府印发《四川省主体功能区规划》，总体上将全省划分成三大功能区，分别为禁止开发、限制开发和重点开发，提出到 2020 年森林覆盖率达到 37%，大中城市空气质量基本达到Ⅱ级标准，长江出川断面水质达到Ⅲ类以上。

2013 年 5 月 省环保厅印发《关于成立四川盆地城市群灰霾污染防控研究项目指导委员会的通知》，推动大气污染防治。

2013 年 5 月 省政府出台《关于进一步加强重点污染防治工作的意见》，明确提出四川省要实施碧水、蓝天、净土、无害化等多项污染治理工程，到 2015 年主要河流污染减轻、水更清，城乡空气好转、天更蓝，人居环境改善、更宜人。至 2017 年全省生态环境质量明显好转，城市空气质量创多年来最好水平，地表水水质优良水体比例达 78.2%，率先实现省级环保督查全覆盖。

2013 年 9 月 阿坝州若尔盖县启动川西藏区生态保护与建设工程，这项工程在四川生态保护与建设中投资规模最大、建设内容最全面。

2013 年 11 月 成都市被确定为全国首批新能源汽车推广应用城市。至 2017 年，成都、南充川东北、川南三大新能源汽车应用基地初具规模，从电池开发到充电设施建设，基于科技创新的全产业链逐步形成。

2013 年 12 月 省环保厅发布《四川省水污染物排放标准》，进一步加强水污染治理，改善水环境质量，加强水污染物管制。

2014 年 1 月 省政府办公厅印发《四川省重污染天气应急预案》，按照区域重污染天气污染的严重性、发展趋势和紧急程度制订不同规划。

2014 年 4 月 《关于实行最严格水资源管理制度的实施意见》经省政府常务会议审议通过，要求建立三项制度，分别为水总量控制、用水效率控制、水功能区限制纳污。

2014 年 5 月 省政府成立四川省大气污染防治工作领导小组。年底成都市及周边、川东北、川南地区区域大气污染防治工作联席会议制度纷纷建立。

2014 年 9 月 《四川省环境污染防治改革方案》出台，方案明确，到 2020 年，形成完善的全过程污染控制制度、源头污染防治制度和责任追究制度，把解决空气、水、土壤和辐射环境污染防治作为重点任务。

2014 年 12 月 省政府宣布启动新一轮退耕还林还草任务，四川省率先在全国启动。

2015 年 1 月 省政府办公厅出台《关于实施新一轮退耕还林还草的意见》，至 2018 年 12 月，四川省已下达 263 万亩退耕任务。

2015 年 2 月 省政府常务会议审议通过《四川省灰霾污染防治办法》，同年 5 月施行，这是全国范围内关于灰霾治理率先制定的专门规章制度。

2015 年 4 月 “森林康养”发展理念和模式在四川省率先提出，而后“森林康养”成为中国农业供给侧结构性改革的新业态。7 月，眉山市洪雅县举办首届中国·四川森林康养年会，四川省首批十个“森林康养示范基地”正式启动建设。

2015 年 11 月 中共四川省委十届七次全体会议做出“大规模绿化全川”决定，这是时隔 26 年后，四川就“绿化全川”的再次全面部署。

2015 年 12 月 省政府发出《关于印发水污染防治行动计划四川省工作方案的通知》（又称“水十条”）。

2015 年 12 月 住建部、中央农办、中央文明办等十部门共同举办的四川省农村生活垃圾治理验收会在丹棱县召开，四川省成为全国首个通过农村生活垃圾治理验收的省份。

2016 年 4 月 国家发展改革委发出《温室气体自愿减排交易机构备案通知书》，12 月四川碳市场开市，四川成为全国非试点地区唯一拥有国家备案碳交易机构的省份。

2016 年 5 月 中共四川省委、省政府出台《四川省生态文明体制改革方案》。提出到 2020 年，全省生态文明制度体系和政府、企业、公众共治的环境保护体系基本建成。

2016 年 6 月 首届“中国生态文明奖”揭晓，该奖每三年评选一次，是中国生态建设领域唯一的政府奖项，眉山市洪雅县生态文明建设委员会获得“中国生态文明奖先进集体”称号，是四川省唯一获奖的先进集体。

2016 年 7 月 四川省绿化委员会出台《大规模绿化全川筑牢长江上游生态屏障总体规划（2016～2020 年）》，标志着新一轮“大规模绿化全川”开始启动。

2016 年 7 月　中共四川省委十届八次全体会议审议通过《中共四川省委关于推进绿色发展建设美丽四川的决定》，强调要加快建设美丽四川。

2016 年 9 月　省政府出台《四川省生态保护红线实施意见》，明确了 13 个生态保护红线区块、主导生态功能以及保护重点。

2016 年 9 月　省政府办公厅出台《大规模绿化全川行动方案》，方案提出了九大行动的实施，分别为重点工程造林、森林质量提升、长江廊道造林、草原生态修复、荒漠生态治理、森林城市建设、绿色家园建设、多彩通道建设、生态成果保护。

2016 年 12 月　省政府办公厅出台《四川省重污染天气应急预案（2016 年修订）》，预案将重污染天气预警等级由三个增加至四个。

2016 年 12 月　四川省环境污染防治“三大战役”全面展开，省委办公厅、省政府办公厅出台《四川省环境污染防治“三大战役”实施方案》。

2017 年 1 月　国家发展改革委出台《关于开展第三批国家低碳城市试点工作的通知》，成都成为国家低碳试点城市。

2017 年 2 月　四川省农业厅发布《关于加强 2017 年全省天然水域春季禁渔管理工作的通知》，从 2017 年 1 月 1 日零时起至 2026 年 12 月 31 日 24 时止，赤水河流域全面禁渔十年。

2017 年 4 月　省政府出台《四川省城镇污水处理设施建设三年推进方案》《四川省城乡垃圾处理设施建设三年推进方案》。

2017 年 9 月　四川省十二届人大常委会第三十六次会议通过修订的《四川省环境保护条例》，重在说明经济社会发展和环境保护之间的关系。

2017 年 12 月　四川完成退耕还林 1336.4 万亩，荒山造林和封山育林 1646.33 万亩，涉及 21 个市（州）178 个县（市、区），惠及 620 余万农户 2200 余万农民，以森林植被为主体的国土生态屏障基本形成，被誉为德政工程、民生工程和扶贫工程。

2017 年 12 月　四川省出台《第二次全国污染源普查实施方案》，从 2018 年正式开展为期 2 年的普查工作。

2018 年 1 月　省政府办公厅出台《四川省绿色金融发展规划》，计划到

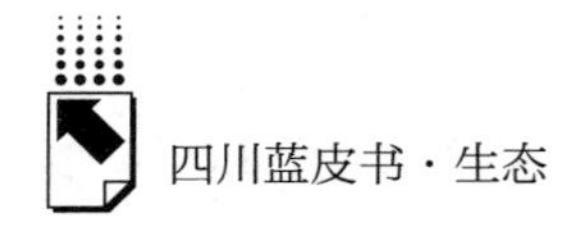

2020年绿色信贷占15%，全省绿色企业实现债券融资累计1000亿元、股权融资500亿元。

2018年2月 省政府办公厅出台《四川省农村生活污水治理五年实施方案》。提出从2018年起，在未来五年内实现全省约4.5万个行政村全面覆盖生活污水处理设施。

2018年3月 四川省发展改革委联合省住房和城乡建设厅出台《四川省生活垃圾分类制度实施方案》，方案提出，2020年底全省基本建立垃圾分类相关法规以及标准体系。

2018年6月 为贯彻落实全国生态环境保护大会精神以及中共中央、国务院关于坚决打好污染防治攻坚战以及全面加强生态环境保护的决策部署，成都召开四川省生态环境保护大会，全面部署四川省生态文明建设及生态环境保护工作。

2018年7月 省政府出台《四川省生态保护红线方案》，文件中提出四川省生态保护红线总面积为14.80万平方千米，占全省总面积的30.45%。

2018年11月 中共四川省委办公厅、省政府办公厅出台《"美丽四川·宜居乡村"推进方案（2018~2020年）》，提到关于四川省2020年行政村生活垃圾处理、生活污水处理、卫生厕所普及、自来水普及率等具体规划目标，并且"美丽四川·宜居乡村"达标村数量要达到2.5万个。

2018年11月 四川省生态环境厅挂牌成立。

2018年11月 中共四川省委、省政府出台《关于全面加强生态环境保护坚决打好污染防治攻坚战的实施意见》，提出到2020年，四川的生态环境保护水平与全面建成小康社会目标相适应；到2035年基本实现美丽四川建设目标。

2018年12月 四川森林覆盖率提高到38.83%，超过全国平均值15%以上。

2019年1月 省政府出台《四川省打赢蓝天保卫战等九个实施方案的通知》，会议对四川污染防治、美丽四川建设、长江上游生态屏障建设等提出重要要求。

2019 年 4 月　省政府第 26 次常务会议原则通过《四川省流域横向生态保护补偿奖励政策实施方案》。

2019 年 5 月　经中共中央、国务院批准，中央第五生态环境保护督查组向中共四川省委、省政府通报和反馈四川省第一轮中央环境保护督查整改情况，并提出对沱江流域水污染防治工作的督查意见。

2019 年 6 月　栗战书委员长到四川开展《中华人民共和国水污染防治法》执法检查，并且主持召开座谈会传达有关精神。

2019 年 9 月　四川省生态环境厅会同省市场管理局在成都组织召开了《四川省农村生活污水处理设施水污染物排放标准》相关会议，旨在为打好污染防治攻坚战，推进农村生活污水治理，改善农村水环境质量提供重要支撑。

2019 年 11 月　四川省生态环境厅为部署开展市（州）温室气体清单编制，印发《关于开展温室气体清单编制工作的通知》。

2019 年 12 月　为落实《中华人民共和国环境保护法》，贯彻宣传生态环境标准及提升环境标准监督实施水平，四川省生态环境厅在成都举办四川省生态环境标准培训班。

B.15

四川绿化大事记

郭济美　骆　希*

1953 年 2 月　中共四川省委出台的《关于发展农业生产的十项政策》中提到“奖励兴修水利，发动植树造林”。

1959 年 1 月　中共四川省委召开一届九次全体会议，通过了《关于贯彻执行中共中央〈关于人民公社若干问题的决议〉的决定》，决定指出，要逐步改变耕作制度，实现耕作田园化、大地园林化、机械化、电气化。

1936 年 11 月　中共四川省委、省人民委员会发出《关于植树造林的指示》，要求从 1964 年起，每年开展一次大规模的群众性植树造林活动，除继续发展用材林外，应把种植油桐、茶树、桑树等经济林木列为植树造林的中心任务。在山区还要注意发展木本粮食，川中燃料缺乏地区要特别加紧发展薪炭林。

1964 年 1 月　中共四川省委召开市、地委书记会议，对发展经济作物和经济林木等提出具体要求。同月，鉴于经济作物和经济林木大部分恢复较慢，中共四川省委发出文件，对发展经济作物和经济林木的方针、政策、规划、综合利用、组织领导等方面的问题做了具体规定，要求力争三五年内有很大的发展。

1964 年 7 月　中共四川省委发出文件指出，全省森林资源不断减少，森林破坏十分严重。截至 1963 年末，全省森林面积比 1950 年减少 29. 62% 。文件强调，保护好现有森林资源，严禁毁林开荒、乱砍滥伐，贯彻合理经营、合理采伐、合理利用的方针，积极封山育林、植树造林，大抓森林

---

* 郭济美，四川省社会科学院农村发展研究所硕士研究生，主要研究方向为农村生态经济；骆希，四川师范大学经济与管理学院讲师，主要研究方向为农村贫困治理、农村政策。

更新。

1965年9月 国务院批准成立林业部开发金沙江林区①会战指挥部。该指挥部系国家开发川、滇两省金沙江、雅砻江林区的指挥机构。

1980年7月 邓小平在四川视察，对四川加快山区经济发展、退耕还林还草、发展多种经营、让农民休养生息的政策表示赞成，鼓励四川解放思想，大胆放手干。

1981年 全省各地陆续落实山林所有制和林业生产责任制（简称“两制”）。至年底，全省成片造林382万亩，零星植树13.9亿株。全省有30万个生产队发放了林权颁发证，占生产队总数的48%；有413万户社员划到自留山，共划荒山1280万余亩；有953万户社员允许放宽房前屋后栽树种竹范围，面积达295万亩；在稳定和落实山林权的同时，有28万余个生产队落实了管理责任。“两制”的落实极大地调动了各方面造林护林的积极性。

1989年2月 省环境保护委员会出台《关于城市环境综合整治定量考核的决定》《城市环境综合整治定量考核实施办法》，要求各级党政部门和环保主管部门将环保列入考核。

1989年3月 省政府出台《关于加强工业企业环境管理的若干规定》，对全省工业企业治理环境的措施、方法、标准、监督、考核分别做出具体要求。

省绿化委员会召开的第九次全体（扩大）会议提出了“绿化全川”的奋斗目标，讨论修订了15年绿化四川省的造林规划。②

省林业厅在重庆召开长江防护林体系建设工程启动工作会议。会议决定，四川作为长江防护林工程试点省区，率先在全国开展工作；全省纳入长江上游防护林体系建设第一期工程规划的69个县中，首批乐至县等20个县

① 金沙江林区是中国的重点林区之一，涉及云南、四川两省的6个地州28个县市，总面积为1261.6万公顷。

② 中共四川省委党史研究室、四川省地方志工作办公室编著《中华人民共和国70年四川大事记（1949—2019）》（第一版），中共党史出版社，2019。

开始启动，预计安排工程造林3.6万公顷。

1989年8月 遵照国务院关于在长江流域实施长江防护林体系建设的相关指示，四川率先正式启动长江防护林体系建设工程。该工程建设范围包括长江干支流域79个县（市、区），占全省县（市、区）总数的43.6%；建设任务分阶段进行，计划到2000年完成造林面积186.8万公顷，森林覆盖率由20.31%提高到27.97%；力争通过多期工程建成一个林种布局比较合理、自然生态转向良性循环、水土保持功能明显、有较好经济效益的长防林体系。①

根据巴金小说《家》对高家庭院的描写而设计的园林"慧园"，在巴金故乡成都百花潭公园建成。

专题介绍：四川长江防护林体系②

长江防护林体系建设工程是中国最早实施的林业重点工程之一，其首要目的是恢复植被、涵养水源、保持水土、维护长江流域生态安全，四川在工程实施中起到了示范带动作用。四川长江防护林工期启动于1989年。截至2000年，一期工程经过十余年建设共计完成造林面积187.7万公顷，其中重点工程108.2万公顷，占完成总量的57.7%；一般造林79.5万公顷，占完成总量的42.3%；共计完成投资90068.6万元，其中资金投入42452.6万元，占47.1%，投劳按规划确定的1985年不变价折合资金47616.0万元。2000~2010年开展第二期工程。2001年后，该工程全部纳入当地天然林和退耕还林还草工程建设范围。长江防护林体系建设大大增强了全流域抵御旱、洪、风沙等自然灾害的能力，显著减轻了水土流失。依托森林景观资源，目前流域各地普遍发展起生态产业。

1990年1月 省政府召开全省森林资源新闻发布会宣布，经第三次森

① 邓绍辉：《四川植树造林重点工程建设40年》，《巴蜀史志》2018年第6期，第26~28页。

② 代玉波：《四川长江防护林体系建设发展战略初探》，《四川林业科技》2011年第2期，第70~74页。

林资源清查，四川森林资源面积为1087.2万公顷，活立木蓄积量14.09亿立方米，森林覆盖率为19.21%。

1990年5月 省绿化委员会第十次全体（扩大）会议在成都召开，审议通过了《关于设立义务植树登记制度的决定》《关于设立“四川绿化奖章”的决定》《四川省义务植树当量折算办法》。

1993年3月 成都市府南河综合整治工程启动，该工程包括防洪、治污、绿化、安居、文化、道路和管网改造等项目。①

中共四川省委、省政府印发《四川省各市（州）党政“一把手”环境保护工作实绩考察办法》，同时下达“十五”期间各市（州）党政“一把手”环境保护目标。

1996年10月 中共中央政治局常委、国务院副总理朱镕基在四川攀枝花市、凉山州、德阳市、绵阳市等地视察，明确指示，“少砍树，多栽树”“把森老虎请下山”。

1997年2月 四川省重要软科学项目“黑竹沟区域资源综合考查及开发战略研究”通过了省级评审，该项目被联合国教科文组织列入“生态教学项目组”。②

1997年9月 都江堰市龙溪—虹口国家级自然保护区正式启动。该保护区位于都江堰市西北部的龙池镇和虹口镇，总面积31000公顷。保护区的主要任务是保护大熊猫、金丝猴、羚羊等珍稀野生动物和森林生态系统，是中国西南地区距离大城市最近的国家级自然保护区，有着最好的外部条件。③

成都市温江、郫县、都江堰生态示范区被选入全国首批国家级生态示范区，作为全中国唯一连片建设的生态示范区，“温郫都”生态示范区有山地655.9平方千米，丘陵台地143.3平方千米，森林覆盖率33%。在此之后，

① 中共四川省委党史研究室、四川省地方志工作办公室编著《中华人民共和国70年四川大事记（1949—2019）》，中共党史出版社，2019。

② 《四川省70年大事辑要》，《四川档案》2019年第4期，第9~12页。

③ 《四川省70年大事辑要》，《四川档案》2019年第4期，第9~12页。

四川大力推进生态示范区建设。①

1997 年 12 月 成都市府南河综合整治工程竣工。位于四川省泸州市合江县境内的福宝森林公园经原国家林业部批准建立国家级森林公园。

1998 年 8 月 省政府颁布《关于实施天然林资源保护工程的决定》，从当年 9 月 1 日起，停止凉山州、甘孜州、攀枝花市、阿坝州、乐山市、雅安地区天然林的经营性采伐，并关闭工程区内所有木材交易市场。②

1998 年 9 月 省政府办公厅发出紧急通知，从当年 10 月 1 日起，停止采伐全省范围内所有天然林资源。③

1998 年 10 月 成都市府南河综合整治工程获“世界人居奖”。

1999 年 1 月 省九届人大七次会议审议通过《四川省天然林保护条例》，这是我国第一部关于天然林保护的地方法规。四川在全国率先实施天然林资源保护工程，对维护长江流域生态平衡、保护森林资源、改善生态环境具有重要意义。

1999 年 9 月 中共中央政治局常委、国务院总理朱镕基在四川成都、绵阳、阿坝等地视察时强调，保护天然林资源，加强生态环境建设，已成为当务之急，这也是一项长期而艰巨的任务。必须全面规划，综合治理，大力采用先进技术，提倡科学造林，大力调整经济结构，转变经济增长方式，摆脱“木材金融”区域经济模式。朱镕基在四川视察期间，确定在四川进行 300 万亩“以粮代赈，退耕还林”工程试点。

省政府印发《关于首批四川省园林城市的命名通知》，绵阳市、乐山市、峨眉山市成为省级园林城市。

1999 年 10 月 省政府在成都召开全省退耕还林试点工作会议，落实中共中央、国务院关于退耕还林在四川先行启动的战略部署，布置 1999 ~ 2000 年退耕还林 20 万公顷的工程任务。

2001 年 6 月 中共中央政治局常委、国务院总理朱镕基在四川成都、

---

① 《四川省 70 年大事辑要》，《四川档案》2019 年第 4 期，第 9 ~ 12 页。

② 《四川省 70 年大事辑要》，《四川档案》2019 年第 4 期，第 9 ~ 12 页。

③ 《四川省 70 年大事辑要》，《四川档案》2019 年第 4 期，第 9 ~ 12 页。

雅安、甘孜等地视察时强调，加快四川民族地区发展，应当突出抓好以下几个方面：扩大退耕还林规模，帮助农牧民增收，拓宽生产渠道，充分发挥优势，大力发展特色民族地区经济，重点发展旅游和旅游相关服务，决不搞对生态环境造成严重污染和破坏的“五小”工业项目。

专题介绍：武警四川省森林总队

我国的武警森林部队是一支担负着1.6亿多公顷森林、草原安全任务的部队，为保护国家森林资源做出了不可磨灭的贡献。2001年12月，国务院和中央军委批准组建中国人民武装警察部队四川省森林总队。次年10月，武警四川省森林总队正式成立，国家林业局和武警总部为四川省森林总队授牌，来自全国各地的武警森林官兵奔赴四川，履行保护西部生态环境的重任。

2002年1月 都江堰市以城市园林绿化与生态改善、泸州市以滨江路环境综合整治工程获得建设部2001年“中国人居环境范例奖”，成为四川省第一批获得国家人居环境大奖的城市。

2003年10月 峨眉山市获得国家园林城市称号，成为西部地区首个国家园林城市。

2004年4月 全国绿化委员会授予乐山市全国绿化模范城市荣誉证书和奖牌，乐山市成为首批九个全国绿化模范城市之一，也是四川省唯一获此殊荣的城市。同时，四川省沐川县、南部县获得全国绿化模范县称号。

2004年11月 四川省首次为生态小区进行授牌，邓小平纪念馆生态园、五粮液生态园等38个区域成为生态小区。已命名的生态小区需每两年接受一次复查，不符合要求的小区将被取消称号。

2006年6月 四川省委常委会审定通过《四川生态省建设规划纲要》。

2006年9月 中共四川省委、省政府出台《关于建设生态省的决定》。同月，《四川生态省建设规划纲要》正式实施，此举标志着四川省成为西部

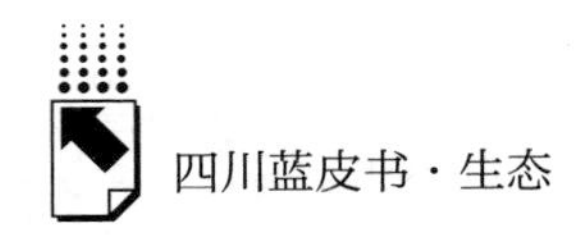

地区第一个全面启动生态省建设的省份。[1]

成都市沙河综合整治工程获国际舍斯河流奖，成为中国第一个获此奖项的河流治理项目。

2007 年 5 月 国家林业局、四川省政府等共同举办的“第四届中国城市森林论坛”在成都举行。论坛公布了重新修订的《国家森林城市评价指标》，并授予成都市“国家森林城市”称号，成为全国第二批之一、四川省首个“国家森林城市”。

2007 年 12 月 省政府印发《四川省环境保护“十一五”规划》。该规划以“还三江清水，建生态四川”为主要目标，提出逐步将四川省建设成为污染全面控制的清洁社会、资源合理利用的节约社会、天蓝水清地绿的生态社会、经济环境双赢的和谐社会。

2008 年 5 月 四川省汶川县发生 8.0 级特大地震。汶川大地震主要影响区位于四川盆地西缘，是四川盆地向青藏高原的过渡地带，具有重要生态服务功能，是长江上游生态安全的重要屏障。汶川大地震造成严重的生态破坏，形成汶川县、彭州市、绵竹市等 10 县市的地震生态破坏重灾区，导致 65584 公顷大熊猫生境丧失。[2]

当月 30 日，四川省启动灾后重建规划工作，规划编制包括总体规划和九个专项规划，其中涵盖生态环境恢复和防灾减灾专项规划。

2008 年 9 月 国家发展改革委、国家林业局、环保部、农业部、水利部联合发布了《汶川地震灾后恢复重建生态修复专项规划》，明确了生态系统修复、环境整治、大熊猫栖息地及自然保护区恢复、林区基础设施恢复重建的任务和要求等。

四川省环境保护局依据国务院部署，出台了《四川省汶川地震灾区生态环境恢复重建规划》。全省地震灾区计划用七年时间实施生态环境恢复重建，到 2015 年灾区的区域水源涵养、水土保持和生物多样性保护等生态主

---

① 《四川生态省建设锁定五大主攻方向》，《领导决策信息》2007 年第 1 期，第 32 页。

② 欧阳志云、徐卫华、王学志等：《汶川大地震对生态系统的影响》，《生态学报》2008 年第 12 期，第 5801～5809 页。

导功能基本恢复。

2009 年 11 月 四川西北部退化土地的造林再造林项目在联合国应对气候变化框架公约下的清洁发展机制执行理事会成功注册，并由四川省大渡河造林局作为中方机构落实项目。大渡河造林局向中国香港低碳亚洲有限公司共出售大约 46 万吨二氧化碳减排当量。本次碳汇贸易所采取的业主投资完成项目、再寻找买家的交易单边模式开全国先河，标志着四川省森林碳汇贸易进入实质性实施阶段。

2010 年 4 月 全省 39 个汶川地震重灾县（市）林业生态修复项目累计开工 64 个，占恢复重建项目总数的 88. 89%，完成林草植被恢复 177. 56 万亩，占规划任务的 38. 52%。

2010 年 6 月 四川省乐山市犍为县嘉阳矿山公园获得国家矿山公园资格，这是四川唯一获评的全国第二批国家矿山公园，也是四川仅有的两家国家矿山公园之一。

2010 年 12 月 四川省天然林保护工程一期建设情况发布会召开。自 1998 年率先在全国试点天然林保护工程以来，至 2010 年底，四川省全面停止天然林的商品性采伐，落实常年森林管护责任面积 3. 23 亿亩。全省天然林保护工程的实施范围覆盖了除成都和自贡 7 个城区以外的 176 个县（市、区）、22 个国有重点森工采伐企业、3 户木材水运企业、3 户林业筑路企业以及卧龙、唐家河国家级自然保护区；全省累计营造公益林 8082 万亩，完成森林抚育 870 万亩次；全省森林面积由项目初期的 1. 76 亿亩增加到 2. 5 亿亩，森林覆盖率由 24. 23% 提高到 34. 41%。

2011 年 7 月 成都市双流县、温江区被环境保护部授予“国家生态县（区）”称号，成为中西部地区首批获得正式命名的国家生态县（区）。

2012 年 6 月 在巴西里约热内卢召开的联合国可持续发展大会专题会议——全球电动绿色出行论坛暨可持续人居发展会议上，遂宁市获评“全球绿色城市”。“全球绿色城市”自 2005 年首次开展评选表彰活动以来，已评选表彰“全球绿色城市”24 个，其中中国 6 个。遂宁市是四川省第一个“全球绿色城市”。

2013年3月 国家发展改革委正式批复《川西藏区生态保护与建设规划（2013～2020年）》，规划估算总投资94.06亿元，范围包括32个县，面积24.59万平方千米，是当时四川省建设内容最全面、治理措施最有力、投资规模最大的区域生态建设规划。

2013年4月 省政府印发《四川省主体功能区规划》，将全省大体划分为“重点开发”、“限制开发”和“禁止开发”三大功能区，并提出到2020年，全省要基本形成城镇化、农业和生态安全等三大战略格局，粮食产量超过375亿公斤，森林覆盖率达到37%，大中城市空气质量基本达到Ⅱ级标准，长江出川断面水质达到Ⅲ类以上。

2013年9月 川西藏区生态保护与建设工程在阿坝州若尔盖县启动。这是四川省在生态保护与建设方面投资规模最大、建设内容最全面的工程。

2013年10月 广元南河国家湿地公园由“国家湿地公园试点”正式转为“国家湿地公园”，这是全省建成的首个国家湿地公园。

2014年6月 四川省成都市、雅安市入选全国首批生态文明先行示范区。

2014年10月 省林业厅发布了《四川省林业推进生态文明建设规划纲要（2014～2020年）》，提出了“构建五大体系、推进十大工程、实施十大行动”的战略部署，划定了森林与林地、湿地、沙区植被和物种四条林业生态红线。①

2014年11月 唐家河国家级自然保护区经过世界自然保护联盟（IUCN）严格评估和筛选，成功被列入全球最佳管理保护地绿色名录，成为全球首批23个最佳管理保护地之一。这也标志着唐家河国家级自然保护区的建设和管理达到了国际先进水平。②

四川省十二届人大常委会第十三次会议审议通过《四川省野生植物保护条例》。该条例将于2015年3月1日起施行，填补了四川作为野生植物资

① 张杨：《四川评出2014年林业十件大事》，《中国绿色时报》2015年3月2日，第2版。

② 张杨：《四川评出2014年林业十件大事》，《中国绿色时报》2015年3月2日，第2版。

源大省在野生植物保护方面的立法空白。①

2014 年 12 月 省政府宣布四川在全国率先正式启动新一轮退耕还林还草任务，计划 2014 年度完成退耕还林任务 72 万亩。②

2015 年 1 月 省政府办公厅印发《关于实施新一轮退耕还林还草的意见》。

2015 年 4 月 四川在全国率先提出“森林康养”发展理念和模式，森林康养已经成为我国农业供给侧结构性改革的一种新型产业态势。

2015 年 7 月 首届中国·四川森林康养年会在洪雅县举办，宣布四川正式启动首批十个“森林康养示范基地”建设。此后，该模式在全国范围内推广实践。

2015 年 11 月 时隔 26 年之后，中共四川省委十届七次全体会议上再次做出“大规模绿化全川”的决定。1989 ~ 2015 年，全省共实施植树造林 100 多万亩，森林经营 100 多万亩。森林面积增加了 1 亿多亩，森林覆盖率从 1989 年的 19.21% 上升到 2015 年的 36.02%，与 1989 年相比，每年流入长江的泥沙量减少了 3 亿吨以上。③

2015 年 12 月 四川省川西北地区、嘉陵江流域入选全国第二批生态文明先行示范区。

2016 年 6 月 中共四川省委、省政府印发《四川省生态文明体制改革方案》。方案明确提出，到 2020 年，全省生态文明制度体系基本建成，政府、企业、公众共治的环境保护体系基本建立，生态建设和环境治理取得显著成效，为建设长江上游生态屏障和美丽四川提供了有力支撑。

2016 年 7 月 省绿委会印发《大规模绿化全川　筑牢长江上游生态屏障总体规划（2016 ~ 2020 年）》，新一轮大规模绿化全川行动启动。

2016 年 7 月 中共四川省委十届八次全体会议在成都召开。全会审议通过《中共四川省委关于推进绿色发展建设美丽四川的决定》，并强调应推

---

① 张杨：《四川评出 2014 年林业十件大事》，《中国绿色时报》2015 年 3 月 2 日，第 2 版。

② 张杨：《四川评出 2014 年林业十件大事》，《中国绿色时报》2015 年 3 月 2 日，第 2 版。

③ 《四川省 70 年大事辑要》，《四川档案》2019 年第 4 期，第 9 ~ 12 页。

进绿色发展，协同推进新型工业化、信息化、城镇化、农业现代化和绿色化，构建适应绿色发展的空间体系、产业体系、城乡体系和制度体系，加快建设天更蓝、地更绿、水更清、环境更优美的美丽四川。①

2017 年 9 月　省政府印发《四川省生态保护红线实施意见》，明确四川省 13 个生态保护红线区块的地理分布、主导生态功能及保护重点，提出了管理管控要求。

2018 年 1 月　乐山市犍为县桫椤湖和南充市西充县青龙湖通过验收，正式成为“国家湿地公园”。至此，四川省已有国家湿地公园 8 个、试点 21 个。

2018 年 5 月　四川省住房和城乡建设厅发布《四川省生态园林城市系列评定管理办法》和《四川省生态园林城市系列标准》，将原有的省级园林城市系列创建升级提质为生态园林城市系列创建。

2018 年 6 月　四川省人民政府印发《关于命名第一批省级生态园林城市（县城）的通知》，隆昌市、什邡市为省级生态园林城市，珙县、营山县、犍为县、江安县、剑阁县、南江县、兴文县、苍溪县、叙永县为省级生态园林县城。

四川省生态环境保护大会在成都召开，会议贯彻落实全国生态环境保护大会精神和中共中央、国务院关于全面加强生态环境保护、坚决打好污染防治攻坚战的决策部署，全面部署全省生态文明建设和生态环境保护工作。

2018 年 7 月　省政府印发《四川省生态保护红线方案》，明确四川省生态保护红线总面积为 14.80 万平方千米，占全省总面积的 30.45%。

2018 年 10 月　大熊猫国家公园管理局在成都成立。

2018 年 11 月　首届“河湖公园”建设论坛在四川省凉山彝族自治州举办，四川省正式授牌首批 9 个“河湖公园”试点，分别是凉山州邛海—安宁河流域、青川县青竹江、绵阳市仙海、巴中市化湖、苍溪县白鹭湖、开江

① 《中共四川省委十届八次全会举行　全会由省委常委会主持　省委书记王东明做重要讲话》，《四川党的建设》（城市版）2016 年第 8 期，第 12 ~ 15 页。

县宝石湖、大竹县百岛湖、南部县八尔湖、都江堰东风渠。

成都首个采用外挑平台、覆土后进行植树绿化的“垂直森林”小区示范点在新都区亮相。

2018 年 12 月 武警四川省森林总队转为非现役专业队伍，现役编制转为行政编制，整体移交应急管理部门，承担森林灭火等应急救援任务。

2019 年 1 月 四川省绿化委员会第 23 次全体会议在省政府召开。会议总结了 2018 年大规模绿化全川行动开展情况，并要求 2019 年实施以天然林保护、退耕还林、长江上游干旱河谷生态治理产业脱贫等生态保护治理工程，带动高质量、全方位绿化，开展植树履责示范、森林质量精准提升示范，国有林区、国有林场生态治理，绿色发展示范等，发挥绿化引领作用，推进产业绿化，紧紧围绕乡村振兴和脱贫攻坚，通过大力营造花果林、景观林、文化林、新建 150 万亩现代林业绿色产业基地、加强碳汇造林等方式助力精准扶贫、精准脱贫。

2019 年 4 月 第 50 个“世界地球日”当天，由自然资源部、住房和城乡建设部以及四川省人民政府为指导单位，成都市人民政府主办的首届公园城市论坛在成都举行，主题为“公园城市 · 未来之城——公园城市的理论研究和路径探索”。国内外众多知名专家学者齐聚一堂，共同探讨公园城市理念探索路径。论坛上形成了《成都共识》，并发布了专著《公园城市——城市建设新模式的理论探索》。

2019 年 5 月 眉山市仁寿县黑龙滩湿地公园、成都市新津县白鹤滩湿地公园和遂宁市船山区观音湖湿地公园通过国家湿地公园验收评估。

2019 年 9 月 全省退耕还林还草 20 周年工作总结会公布。退耕还林 20 年来，四川省累计完成还林还草 3994 万亩，位居全国第三。通过退耕还林还草，四川结束了毁林开荒—粮食歉收—继续开荒的恶性循环，转为修复生态。目前，川内还林还草区域每年可固定土壤 6900 余万吨。四川流入长江干流泥沙量较 1998 年减少 46%。

阿坝州松潘县岷江源国家湿地公园、阿坝县多美林卡国家湿地公园通过国家湿地公园验收评估。

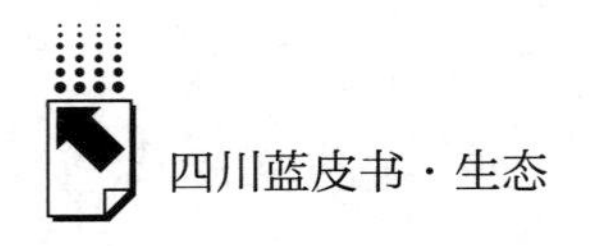

2019 年 10 月 光雾山—诺水河世界地质公园获得 2020 年中国世界地质公园年会举办权。第十七届中国·四川光雾山红叶节在巴中开幕。

第三届中国森林康养与乡村振兴大会顺利召开，会议公布 2019 年全国森林康养基地试点建设单位名单，四川入围 24 处。至此，四川已获评全国森林康养基地试点建设单位 52 处。

10 月 27 日是由世界自然基金会发起的国际熊猫日。四川省林业和草原局、四川省社会科学院和世界自然基金会在成都联合举办“大熊猫保护与生态文明建设暨纪念大熊猫科学发现 150 周年学术论坛”。本次论坛也是“中国（四川）大熊猫国际生态旅游节”的系列活动之一，论坛就生物多样性保护与社区生计绿色高质量发展、传统文化与生态保护、大熊猫国家公园建设、企业和公众参与生态保护等议题做出探讨。

2019 全球植物保护战略（GSPC）国际研讨会在成都举行，省林业和草原局公布了全省植物保护现状。截至目前，四川已有 90 种植物列入国家和省级保护名录，位居全国前列。

2019 年 11 月 省林业和草原局印发的《四川林草 2025》提出全省生态文明建设新目标：四川省将全力构建“一轴五屏”的自然保护空间格局，不断修复全省生态环境，预计到 2025 年底，全省森林覆盖率将达到 41%，在 2019 年基础上增加 2. 17 个百分点。

Abstract

2020 is a milestone year. China will complete the building of a moderately prosperous society in all respects and achieve the first centennial goal. The construction of ecological civilization is an important part to build socialism with Chinese characteristics and also the key content of building a moderately prosperous society in all respects. Sichuan is an important ecological barrier in the upper reaches of the Yangtze River and a province with large ecological resources, which shoulders the important mission of maintaining the national ecological security. In recent years, Sichuan Province has promoted the construction of ecological civilization through multiple measures, achieved remarkable results in practice and explored important models. This book is closely related to the key points, difficulties, highlights and focuses of Sichuan ecological construction, and comprehensively presents the frontier exploration of Sichuan ecological protection and construction. In this crucial and special year, this book sorts out the major events of ecological construction and development in the whole province on the occasion of the 70th anniversary of the founding of the People's Republic of China, in order to through historical perspective, look back on the past, look forward to the future, and provide important reference for the new stage of ecological construction in the new era.

The whole book is divided into six parts. The first part "general report" systematically evaluates and summarizes the main actions, effects and challenges of Sichuan ecological construction. The second part "natural protection system" focuses on the capacity – building for community planning in Giant Panda National Park, how the collective forest is transferred in constructing nature reserves, and the experience of nature reserve construction based on cultural and economic utility values. The third part focuses on the typical patterns and important experiences of ecological poverty alleviation in ethnic areas and ecological rich areas, and explores the effective way to build a long-term mechanism of poverty alleviation from the perspective of ecological construction. In the fourth part, "eco-environmental pollution prevention and control" is studied from different dimensions, such as water environment control, energy conservation and environmental protection industry development, and construction of ecological environment damage compensation system, highlighting the innovation and effectiveness of Sichuan in the field of ecological environment pollution prevention and control. The fifth part "natural resource management" focuses on the current situation, problems and countermeasures of water resource management and natural resource leaving audit from the township level, and discusses the frontier issues such as risk assessment of alien invasive plants. The sixth part "appendices" sorting out the major events of ecological construction and development in Sichuan from three dimensions: natural reserves, pollution prevention and control, and afforestation, systematically presenting the key process and important achievements of Sichuan ecological construction and development.

Keywords: Ecological Construction; Natural Protection System; Ecological Poverty Alleviation; Prevention and Control of Ecological Environment Pollution; Natural Resource Management

Contents

Ⅰ General Report

Abstract: Employing the PSR Structure Model, this report collects and analyzes data per three groups of indicators, namely pressure, state and response, to systematically assess the issues, inputs and achievements of Sichuan's ecological construction. It also prospects some emerging issues of the province's ecological construction in 2020.

Keywords: PSR Structure Model; Ecological Construction; Ecological Assessment; Sichuan

Ⅱ Natural Protection System

Abstract: In recent years, China has made preliminary achievements in the construction of Giant Panda National Park and the improvement of national park system. This paper analyzes the economic status and development trend of Giant Panda National Park Community, namely, it establishes communication channels between protected areas and communities, partially alleviates contradiction between communal development and protected areas, accumulates experiences about community planning, and elevates the community's mobility. It's pointed out that there are three major shortcomings in the planning and construction of the Community of Giant Panda National Park, i. e. low coverage of the community planning, insufficient investment in the community planning, and extensive community planning needs. Based on the above research, related recommendations to boost the capacity of planning Giant Panda National Park Community are put forward, including setting up a sustainable planning system for the sustainable development growth of the community, building high - quality planning teams with sustainable effectiveness, and forming far - reaching planning and coordination mechanisms.

Keywords: Pandas; National Park; Community Sustainable Development; Planning Capacity Building

Abstract: With the deepening of the construction of Giant Panda National Park, it is urgent to solve the problem of collective forest circulation. In the plan of Giant Panda National Park, the collective forest not only occupies the core protected area of Giant Panda National Park, but also plays an important role in the construction of Giant Panda National Park. Based on the physical investigation and related policies of collective forests in Caoyuan Village, Huangyangguan Tibetan Ethnic Town, Pingwu County, Mianyang City, Sichuan Province, this paper demonstrates the status and willingness of community collective forests at a micro level, and discusses the transfer of collective forests to nature reserves from different dimensions. The feasibility of the management department puts forward information and reflections from the bottom up for collective forest land management in the future Giant Panda National Park, and explores a new way of collective forest circulation.

Keywords: Giant Panda National Park; Collective Forest; Collective Forest Circulation

Abstract: Taking the Pamuling Nature Conservation District in Yajiang County as an example, this paper elaborates on its development status, opportunities and challenges confronted and puts forward countermeasures for better growth, including sustainably utilizing resources, maximumly preserving ecological balance, taking the initiative in promotion and education on right ideas, and vigorously training and developing talents on the basis of local cultural and economic utility values.

Keywords: Nature Reserve; Nature Conservation Community; Pamuling; Cultural Values; Economic Utilization Values

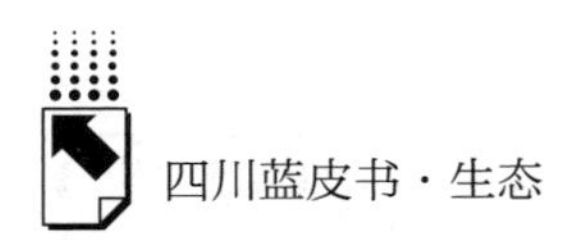

Ⅲ Ecological Poverty Alleviation

B. 5 Research on the Long-Term Mechanism of Ecological Poverty Alleviation in Biodiversity – Rich Regions in Sichuan Province

Liu De, *Du Chan* / 080

Abstract: National key poverty alleviation counties in Sichuan Province are mainly distributed in Liangshan Prefecture (11), Ganzi Prefecture (5), Aba Prefecture (3), Guangyuan City (3) and other biodiversity-rich regions, most of which are located in remote mountains, rock hills, and plateaus, with complex topography and landform. It is urgent to strengthen the research on the long-term mechanism of ecological poverty alleviation in Sichuan biodiversity-rich regions. This paper describes the significance of ecological poverty alleviation in biodiversity conservation and building a well-off society in an all-round way, and reveals the importance of ecological poverty alleviation for poverty-stricken areas in Sichuan Province. Then, this paper analyzes the primary problems and challenges facing socio-economic development and biodiversity conservation in the region from the aspects of threatened survival of biodiversity, high risk of ecological environment being damaged, conflicts between traditional lifestyles and nature protection, and lack of scientific and reasonable ecological compensation mechanisms. It also studies the basic meaning of poverty alleviation through the development and conservation of local ecological resources and the poverty – causing factors in Sichuan's biodiversity – rich regions. On this basis, the paper proposes different characteristics and fundamental connotations of the ecological poverty alleviation model of both the forestry and the grassland husbandry, exemplified by the ecological poverty alleviation model of grassland husbandry in Liangshan Yi Autonomous Prefecture. Finally, through multi – level analysis and exploration of ecological poverty alleviation, it is proposed to promote ecological protection and construction for poverty alleviation centering on ecosystem restoration at the basic level, sourcing from ecological resources' consumption at the service level, marketing ecological products at the industrial level, and building a sound ecological protection system at the guarantee level to make ecological compensation for poverty alleviation. That's how we can establish a long – term poverty alleviation mechanism in a systematical way.

Keywords: Biodiversity – Rich Regions; Biodiversity Conservation; Poverty Alleviation in Ecological Way

Abstract: Lucid waters and lush mountains are invaluable assets. The Sichuan Tibetan areas, which is defined by the state as the national key ecological function area, undoubtedly play an important role in poverty alleviation and reduction through ecological protection and construction. In order to consolidate the key achievements of poverty alleviation and cope with the more complex relative poverty, it is undoubtedly of special significance to refine the unique eco-poverty reduction model of the region, give full play to the comparative advantages of the ethnic areas with important and fragile ecological environment, and improve the ability of lucid waters and lush mountains to transform into gold and silver mines and to get rid of poverty. Starting with the specific cases of eco-poverty reduction in Tibetan areas, this paper analyzes the theory, method and prospect of eco-poverty reduction from the three dimensions of theoretical logic, practical model and evolution direction, and puts forward specific poverty reduction modes such as "ecological compensation", "eco-tourism", "ecological industry", "ecological migration", "e-commerce" and "photovoltaic power generation" . The research attempts to infuse new contents into the theoretical research of poverty governance in ethnic areas , to provide the typical empirical analysis

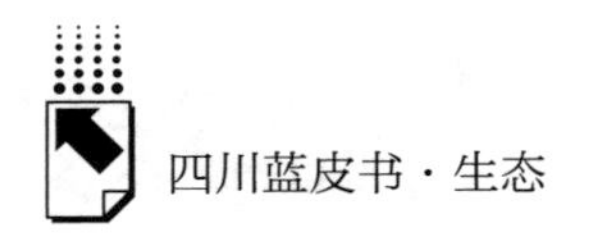

samples for the farmers and herdsmen to solve the poverty problem, and to provide the referential and easy-to-operate toolbox and method base for the governance of relative poverty in China and even in the world.

Keywords: Eco-Poverty Reduction; Poor Governance; Sichuan Tibetan Areas

Ⅳ Eco-Environmental Pollution Prevention and Control

Abstract: The mechanisms on eco-compensation is a basic mechanisms in China. In response to *The State Council's Decision on Implementing the Scientific Development Concept and Strengthening Environmental Protection*, Sichuan Province has been exploring the establishment of eco-compensation mechanisms for basin water environment in recent years, and has achieved certain achievements. This article summarizes the achievements, the successful practical experiences, and the problems since *The Measures on Water Environment Eco-Compensation of Sanjiang River Basin in Sichuan Province* implemented, and gives suggestions.

Keywords: Eco-Compensation Mechanism; Water Environment Treatment; Sichuan

B. 8 Research on the Development of Energy Conservation and Environmental Protection Industry in Sichuan Province

Xia Rongjiao / 147

Abstract: The development of energy conservation and environmental protection industry is an important support for resource conservation and environmental protection, and the only way to achieve green economy and sustainable development. Energy conservation and environmental protection industry is different from the general industry, which is doomed to rely on the combination of government regulation and market mechanism and technological innovation. On the basis of clarifying the concept of energy conservation and environmental protection industry, focusing on the current situation of the development of energy conservation and environmental protection industry in Sichuan Province, this paper sortes out the long – standing problems in the development of energy conservation and environmental protection industry in Sichuan Province, that is, insufficient knowledge of energy conservation and environmental protection industry, decentralized management, inadequate play of advantages in the industry, a low conversion rate of scientific and technological achievements, and difficulty for enterprises in financing. Suggestions and countermeasures to drive the growth of energy conservation and environmental protection industry in Sichuan Province are proposed as follows: initiate a leading and coordinated mechanism for the development of energy conservation and environmental protection industry, set up a scientific and optimized statistical system for energy conservation and environmental protection industry, divert efforts on key areas, highlight kernel area, cultivate pillar enterprises, establish industrial development funds, underpin the construction of industrial platforms, and vigorously support and encourage energy conservation and environmental protection industry to enter markets of the countryside.

Keywords: Energy Conservation and Environmental Protection Industry; Environmental Protection; Sichuan

B. 9 Research on the Legal Interest of Ecological Environment Damage Compensation System and Related Issues

Ma Rumeng, Cheng Diya / 169

Abstract: The design and arrangement of eco-environment compensation system has been gradually clear after the pilot operation stage and national trial stage, but the basic problem of eco-environment compensation system legal interest is still unclear. From the definition of "ecological environment damage", the definition of total economic value of environmental resources and the theory of public shared physics, the legal interest of ecological environment damage compensation system protection is public, and ecological environment damage compensation litigation is a special environmental public interest litigation.

Keywords: Ecological Environment Damage Compensation System; Environmental Resource; Public Commons

V Natural Resource Management

B. 10 Current Situation, Problems and Countermeasures of Township Water Resources Management in Sichuan Province

He Meng, Long Li, Xu Mingxi and Wang Junqin / 186

Abstract: Since the State Council issued *The Advice on Applying the Strictest Water Resources Control System* in 2012, the rural economy has developed rapidly, and people's demand for water resources and water environment is increasing. Being the most basic management unit in China, how can the villages and towns manage water resources effectively and reasonably have become an important issue in the current social development. This paper analyzes the problems of water resources management system in typical villages and towns by means of investigation in typical areas and comprehensive analysis based on the analysis of the characteristics of water resources, distribution of water conservancy projects and water resources management in villages and towns in Sichuan Province. Through the research, the study reveals that loopholes in water resources management are caused by regional differences in water resources which lead to differences in management systems, unclear responsibilities for villages and towns water resources management, lack of water resources management personnel, and dificient villages and towns water resources management systems. Therefore, some suggestions are put forward for improving the water resources management system, reasonably allocating the structure of water resources managers, and promoting the audit system of water resources asset in villages and towns. It has certain reference significance for the government to implement the strict water resources management system and the principle of "water saving priority".

Keywords: Water Resources Management; Water Conservancy Project; Sichuan

Abstract: As the most grass-roots level political organization in China, villages and towns take on the important responsibility of natural resources assets management and ecological environment protection. It's important to audit its performance in natural resource asset management and ecological environment protection. Based on the analysis of the main responsibilities of the villages and towns in the management of natural resources assets, this study explores the key contents and evaluation criteria of the audit of the township leaders. The applicability of the index system constructed in this study in the audit of natural resource assets of villages and towns is tested through the practice of the accountability audit in a village and town leading cadres in Sichuan Province. The results of this study can provide a reference for the audit of natural resources accountability assets leaving office of township leaders.

Keywords: Natural Resources; Accountability Audit; Sichuan

Abstract: A serious problem with alien invasive plants always with China and little researches pay close attention to survey and risk assessment of invasive plants in land huge city of our country. Chengdu was set as typical land huge city to survey and create assessment system of invasive plants what was used to analyze the invasive types and assess the risk. In our research, there was more than 80 species of invasive plants in Chengdu, the most family was Compositae, and invasive herb had more than 70 species. As it, there was heavy invasive plant which was difficult to prevent and control in Chengdu, a project for preventing and controlling of invasive plants was needed to protect safety of city ecosystem in Chengdu right now. The main origin areas of invasive plants were tropical and subtropical; the main origin place of invasive plants was America. Warmly and wetly factors of Chengdu provided beneficial environment to invasive plants growth what raised difficulty for control. Serious invasive plants were assessed by the system in our research was the same as our country, there was many serious invasive plants in Chengdu what urgent needed policy, legislation and method to control the problem.

Keywords: Invasive Plants; Risk Assessment; Chengdu

Ⅵ Appendices

皮 书

智库报告的主要形式
同一主题智库报告的聚合

✤ 皮书定义 ✤

皮书是对中国与世界发展状况和热点问题进行年度监测，以专业的角度、专家的视野和实证研究方法，针对某一领域或区域现状与发展态势展开分析和预测，具备前沿性、原创性、实证性、连续性、时效性等特点的公开出版物，由一系列权威研究报告组成。

✤ 皮书作者 ✤

皮书系列报告作者以国内外一流研究机构、知名高校等重点智库的研究人员为主，多为相关领域一流专家学者，他们的观点代表了当下学界对中国与世界的现实和未来最高水平的解读与分析。截至 2020 年，皮书研创机构有近千家，报告作者累计超过 7 万人。

✤ 皮书荣誉 ✤

皮书系列已成为社会科学文献出版社的著名图书品牌和中国社会科学院的知名学术品牌。2016 年皮书系列正式列入“十三五”国家重点出版规划项目；2013~2020 年，重点皮书列入中国社会科学院承担的国家哲学社会科学创新工程项目。

中国皮书网

（网址：www.pishu.cn）

发布皮书研创资讯，传播皮书精彩内容
引领皮书出版潮流，打造皮书服务平台

栏目设置

◆ **关于皮书**

何谓皮书、皮书分类、皮书大事记、
皮书荣誉、皮书出版第一人、皮书编辑部

◆ **最新资讯**

通知公告、新闻动态、媒体聚焦、
网站专题、视频直播、下载专区

◆ **皮书研创**

皮书规范、皮书选题、皮书出版、
皮书研究、研创团队

◆ **皮书评奖评价**

指标体系、皮书评价、皮书评奖

◆ **互动专区**

皮书说、社科数托邦、皮书微博、留言板

所获荣誉

◆ 2008 年、2011 年、2014 年，中国皮书网均在全国新闻出版业网站荣誉评选中获得“最具商业价值网站”称号；

◆ 2012 年，获得“出版业网站百强”称号。

网库合一

2014年，中国皮书网与皮书数据库端口合一，实现资源共享。

中国社会发展数据库（下设 12 个子库）

整合国内外中国社会发展研究成果，汇聚独家统计数据、深度分析报告，涉及社会、人口、政治、教育、法律等 12 个领域，为了解中国社会发展动态、跟踪社会核心热点、分析社会发展趋势提供一站式资源搜索和数据服务。

中国经济发展数据库（下设 12 个子库）

围绕国内外中国经济发展主题研究报告、学术资讯、基础数据等资料构建，内容涵盖宏观经济、农业经济、工业经济、产业经济等 12 个重点经济领域，为实时掌控经济运行态势、把握经济发展规律、洞察经济形势、进行经济决策提供参考和依据。

中国行业发展数据库（下设 17 个子库）

以中国国民经济行业分类为依据，覆盖金融业、旅游、医疗卫生、交通运输、能源矿产等 100 多个行业，跟踪分析国民经济相关行业市场运行状况和政策导向，汇集行业发展前沿资讯，为投资、从业及各种经济决策提供理论基础和实践指导。

中国区域发展数据库（下设 6 个子库）

对中国特定区域内的经济、社会、文化等领域现状与发展情况进行深度分析和预测，研究层级至县及县以下行政区，涉及地区、区域经济体、城市、农村等不同维度，为地方经济社会宏观态势研究、发展经验研究、案例分析提供数据服务。

中国文化传媒数据库（下设 18 个子库）

汇聚文化传媒领域专家观点、热点资讯，梳理国内外中国文化发展相关学术研究成果、一手统计数据，涵盖文化产业、新闻传播、电影娱乐、文学艺术、群众文化等 18 个重点研究领域。为文化传媒研究提供相关数据、研究报告和综合分析服务。

世界经济与国际关系数据库（下设 6 个子库）

立足“皮书系列”世界经济、国际关系相关学术资源，整合世界经济、国际政治、世界文化与科技、全球性问题、国际组织与国际法、区域研究 6 大领域研究成果，为世界经济与国际关系研究提供全方位数据分析，为决策和形势研判提供参考。

法律声明